程 娜／著

可持续发展视阈下
中国海洋经济发展研究

RESEARCH OF CHINESE

MARINE

ECONOMY DEVELOPMENT

IN THE SUSTAINABLE DEVELOPMENT PERSPECTIVE

社会科学文献出版社
SOCIAL SCIENCES ACADEMIC PRESS (CHINA)

序 一

探索可持续发展的海洋经济

当陆地对人类生活的承载力日趋极限，人口增长、环境恶化、资源短缺等种种困境日益威胁着人类的生存时，寻找新的生存和发展空间已经是各国政府及科学家们面临的重大课题。于是，人们将目光转向了占据着地球表面面积 70.8%、拥有着地球总水量 96.5% 的海洋。作为人类赖以生存的"第二疆土"，海洋逐渐成为人类生命的摇篮、资源的宝藏、风雨的温床、贸易的通道、国防的屏障。

但随着人类社会以各种姿态向海洋的大举进军，国际海洋竞争也变得日趋激烈。尤其是自 20 世纪 90 年代海洋逐渐吸引越来越多国家的关注开始，世界主要海洋国家更是纷纷制定并调整各自的海洋发展战略，并在将本国主权管辖海域作为"蓝色国土"加以开发、利用和保护的同时，加紧向海底和大洋的勘探开发，意欲向广袤的海洋索取战略资源，争取在海洋中的有利地位和战略利益。但人类对陆域资源的疯狂掠夺带来的种种后果时刻提醒着我们在对海洋资源开发、利用过程中，必须走集约型的发展道路，注意海洋发展的可持续性。

自 20 世纪 60 年代在中国近海发现油气资源开始，中国与周边国家的海洋权益之争越来越频繁，尤以日本妄图霸占中国东海岛屿并插手南海，越南、菲律宾等国妄图霸占中国南海岛屿，掠夺海洋资源为甚。积极应对海洋资源的国际竞争、大力发展海洋经济已迫在眉睫。作为历史悠久的海洋大国，中国拥有着丰富的海洋资源和海洋发展经验。新中国成立后，尤其是自 20 世纪 90 年代席卷整个沿海地区的海洋开发热潮蔓延开始，海洋经济得到了持续快速的发展。海洋经济在整个国民经济体系中发挥着越来越重要的作用，海洋产业的发展已经成为中国沿海现代化进程中重要的推动力量和 21 世纪发展的战略重点，丰富的海洋资源为沿海经济的可持续发展提供了可靠的物质基础。但与此同时，与世界其他海洋国家面临的难题相同，在中国的海洋开发过程中诸多影响海洋经济可持续发展的问题纷纷出现。由于海洋规划不科学、海洋科技水平有限、涉海制度体系不健全，许多难以克服的海洋资源的无偿、无序、无度利用现象时有发生。随着沿海地区经济的高速增长以及对海洋开发广度与深度的不断拓展，海洋资源的无谓浪费和过度开发导致了海洋资源短缺问题日益严重，海洋环境日趋恶化，传统与粗放型的海洋经济发展方式导致海洋资源消耗强度大、废弃排放物多、海洋生态环境负荷过载等问题也越来越严重。海洋经济及其与资源环境、社会发展之间不协调等问题日益影响到海洋经济的健康持续发展，直接或间接扰乱了海洋经济乃至国民经济正常的发展秩序。这些问题随着海洋经济在中国国民经济发展中地位的提升，以及海洋经济学科理论体系的日渐成型，而逐渐引起了全国各界人士的重视。

程娜博士的这个选题我非常喜欢。本书具有开拓性、原创性和前沿性，无论是对于丰富海洋经济的理论知识、促进海洋经济学学科建设还是对于解决中国的海洋经济实践问题都有一定的价值。故特为程娜博士作此序。愿她在自己选择的科研道路上不断进步，并取得更多丰硕成果。

是为序。

卫兴华

2017 年 3 月

序 二

走向海洋经济

在经济全球化的大环境下，随着世界经济的发展，世界各国对资源的抢夺战愈演愈烈，而在陆地资源日渐枯竭的情况下，海洋已逐步成为资源战争的主战场。中国是海洋资源丰富的大国，其海洋经济的地位直接决定着整个经济社会的发展，海洋经济更是全球大国博弈的重中之重。

近些年来，中国的海洋经济已取得了一些可喜的成绩，而海洋经济的长足发展与其越来越被国家重视是分不开的。但是，在人类开发海洋资源、发展海洋经济的同时，摆在中国乃至全球面前的共同问题是：我们在海洋开发过程中只重视海洋的资源功能，而忽视海洋的生态、环境功能以及对海洋产业发展的科学规划，从而导致海洋开发活动和海洋经济发展与海洋实际功能的错位。可持续发展视阈下的海洋经济发展应是以创新、协调、开放的理念实现绿色、共享的发展，是将海洋生态环境保护与海洋经济增长相统筹的发展。海洋经济可持续发展的核心是海洋经济的"可持续性"，其发展宗旨是考虑到当前发展海洋经济与未来人继续开发利用海洋资源的双层面需要，不能以牺牲后代人的发展空间来满足当代人发展的利益。因此，如何系统而深入地将可持续发展思想引入海洋经济领域，实现"海洋—经济—社会"系统的协调发展是摆在中国人面前的重大问题，也是在进行大规模海洋开发利用前必须先解决好的关键课题。

程娜博士是我的爱徒，此书凝结了她多年的研究心血，是不可多得的佳作。首先，本书将"创新、协调、绿色、开放、共享"五大发展理念与可持续发展观相融合，以政府力量为主导，以制度变迁为推动力，突出制度安排和机制设计对中国海洋经济可持续发展的重要作用，构建中国海洋经济可持续发展的长效机制。本书将为提高海洋经济综合水平、谋求人海系统各构成要素之间的平衡发展提供有效的制度性指导，并为国家、政府管理部门制定相关政策提供依据。其次，经济全球化大背景的引入拓宽了中国海洋经济可持续发展问题的研究范围。面对纷繁复杂的国际经济环境，如何借鉴国外先进海洋发展经验、通过海外投融资等国际贸易和国际合作方式处理好"两种资源、两种市场"的关系，并构建一套海洋国际合作机制，变矛盾为合作，有效缓解国际海洋冲突，是本书研究经济全球化背景下中国海洋经济可持续发展的一个理论优势。再次，在当前中国海洋经济发展的现实环境下，对影响可耗竭性海洋资源跨期配置的因素进行分析，建立一种能够实现可耗竭性海洋资源跨期优化配置的长效机制，使其在代际实现优化配置，无疑具有重要的理论和现实意义。最后，本书将弥补当前海洋经济效率层面的研究不足，为进一步优化中国涉海企业的产权制度和股权结构、提高经营绩效、增强核心竞争力提供路径选择和理论依据，对于海洋经济中的国有企业改革与发展、建立现代企业制度将起到一定的促进作用，并为投资者正确选择和把握投资方向提供一定的理论依据。

期待着程娜在海洋经济研究领域走得更远，取得更多可喜成绩……

纪玉山

2017 年 3 月

目　录

第一章
绪　论

第一节　中外海洋经济研究述评

一　国外海洋经济研究

国外对海洋经济（Marine Economy）的研究是随着海洋经济的发展而发展起来的，其大致起始于 20 世纪 40 年代，在 20 世纪 80 年代以后得到了较快速的发展。

（一）国外海洋经济研究的起步阶段

虽然人类对海洋利用的历史比较久远，但从经济学的视角研究海洋活动的时间并不长。1947 年，世界第一座近海石油平台在墨西哥湾上建成，标志着世界海洋活动由原来以渔业和海运业为主的传统海洋利用模式向更高级的海洋资源开发与利用模式转变，部分发达国家逐渐意识到海洋对经济发展的重要性。但限于这一时期的海洋科技水平，人类对海洋经济研究的重视度不足，研究领域也比较狭窄，仅局限于海运经济和渔业经济领域的研究。直到 1960 年，法国总统戴高乐率先提出了"向海洋进军"的口号，并成立了第一支海洋经济研究团队——海洋开发研究中心，才真正拉开了人类对海洋经济及海洋管理研究和探索的序幕。与此同时，美国、日本和苏联等国的学者也在海洋经济研究方面取得了一定成绩。美国罗德岛大学教授 Rorholm 于 1963 年展开了关于纳拉干塞特湾对经济影响的研究;[①] 1967 年,又开展了海洋经济活动影响的研究,并首次运用投入产出法分析了海洋产业的地位。[②] 1972 年,美国通过了世界上第一部综合性海岸带法——《海岸带管理法》。随后在 1974 年,美国经济分析局提出了"海洋经济"和"海洋 GDP"[③]的概念和核算方法。[④] 1977 年,苏联学者布尼奇提出了"大洋经济"的概念[⑤],并从经济学角度对海洋经济的效益、作用、前景等问题进行了分析,为海洋经济研究的进一步发展奠定了基础。[⑥]

(二) 国外海洋经济研究的发展阶段

进入 20 世纪 80 年代后,美国、加拿大和澳大利亚在海洋经济的研究方面取得了突出的进展。如 Briggs 和 Townsend 对海洋渔业进行了投入产出分析[⑦],Pontecorvo 从产业的角度出发分析了海洋对美国经济的贡献度[⑧],并将国民账户法引入海洋经济价值评估中。[⑨] 海洋经济研究方法的丰富和发展极大地促进了各国对海洋产业的计划和管理,2005 年亚太经合理事会

[①] Rorholm Niels, "Economic Impact of Narragansett Bay," *University of Rhode Island*, Agricultural Experiment Station, 1963.

[②] Rorholm Niels, "Economic Impact of Marine-Oriented Activities: A Study of the Southern New England Marine Region," *Food and Resouce Economics*, 1967, p. 132.

[③] 1974 年,在为美国商务部确定海洋对国民生产总值 (GNP) 的贡献中,负责国民收入和产品账户管理的经济分析局提出了"海洋 GDP"的概念,利用 1972 年的经济和人口普查数据对海洋总产值进行了估算,发表了研究报告《涉海活动的总产值》。

[④] Nathan Associates, "Gross Product Originating from Ocean: Related Activities," *Bureau of Economic Analysis*, Washington DC, 1974.

[⑤] 苏联经济学家布尼奇分别在 1975 年和 1977 年出版了《海洋开发的经济问题》和《大洋经济》,明确指出:"如果我们要编制出世界大洋的工业活动的经济学指南,我们就需要建立开发大洋和扩展大洋社会主义生产的理论。"

[⑥] Voitolovsky G., Criticism, Bibliography, "The Ocean: Economic Problems of Development," *Current Digest of the Post-Soviet Press*, 29 (10), 1977, p. 17.

[⑦] Briggs, H., Townsend, R., Wilson, J., "An Input-output Analysis of Maine's Fisheries," *Marine Fisheries Review*, 44 (1), 1983, pp. 1–7.

[⑧] Pontecorvo, G., Wilkinson, M., et al., "Contribution of the Ocean Sector to the U. S. Economy," *Science*, 208, 1980, pp. 1000–1006;周秋麟、周通:《国外海洋经济研究进展》,《海洋经济》2011 年第 1 期。

[⑨] 姜旭朝、张继华、林强:《蓝色经济研究动态》,《山东社会科学》2010 年第 1 期。

在对澳大利亚、加拿大和美国的研究方法进行比较后，提出海洋产业涵盖九大行业部门。①

自 20 世纪 90 年代开始，国际海洋经济研究更是迅速发展。1994 年《联合国海洋法公约》正式生效，这部"海洋宪法"的生效标志着新的国际海洋秩序的形成和人类和平利用海洋、全面管理海洋时代的到来，并为国际海洋经济的发展提出了新的挑战。1998 年被联合国命名为"国际海洋年"。各沿海国家为制定对应的海洋政策，纷纷建立海洋综合管理机构和海洋战略研究机构，着重对海洋经济评估、建立和完善海洋经济方法论进行研究。美国、加拿大、英国、法国等发达国家都先后开展了海洋价值和海洋对国民经济贡献的研究。②

进入 21 世纪后，西方经济学、海洋技术的发展以及人们对海洋经济认识的逐步深化，为进入更深层次的海洋经济研究奠定了一定的基础，研究内容变得更加微观、具体，研究方法也更加先进。如 Nicolai 改变了传统的研究视角，根据全球产业数据和案例，对全球化产业价值链中的新兴海洋能源产业的绩效评价标准进行了分析；Emily 对圣劳伦斯海运公司海运业的绩效进行了评价，并对美国海运署典型港口的绩效衡量标准进行了研究；Jin 对海洋渔船业、Hoagland 和 Managi 等对深海石油业分别进行了数理分析③；而 Doloreux 等采用案例分析法探究了技术支持体系对海洋科学研究和教育产业部门绩效的影响机制与路径；Rodwell 等运用系统分析方法分析了产业规划对海洋休闲和娱乐产业绩效的影响方式和程度。与此同

---

① Alistair Mcllgorm, "Economic Value of the Marine Sector across the APEC Marine Economies," *Draft Report to the APEC Marine Resource Conservation Working Group Project*, The Centre for Marine Policy, University of Wollongong, Australia, 2004, p. 5; Alistair Mcllgorm, "What can Measuring the Marine Economies of Southeast Asia Tell us in Times of Economic and Environmental Change," *Tropical Coasts*, 16 (1), 2009, pp. 40 – 49; 周秋麟、周通：《国外海洋经济研究进展》，《海洋经济》2011 年第 1 期。

② 周秋麟、周通：《国外海洋经济研究进展》，《海洋经济》2011 年第 1 期。

③ Di Jin, Hauke L. Kite-Powell, Eric Thunberg, Andrew R. Solow, Wayne K. Talley, "A Model of Fishing Vessel Accident Probability," *Journal of Safety Research*, 33, 2002, pp. 497 – 510; Di Jin, Porter Hoagland, Tracey Morin Dalton, "Methods Linking Economic and Ecological Models for a Marine Ecosystem," *Ecological Economics*, 46 (3), 2003, pp. 367 – 385.

时，海洋对于各沿海国家的重要性越来越凸显，各国纷纷制定海洋发展规划，以在国际海洋社会争得一席之地。美国制定的《21 世纪海洋蓝图》、欧盟制定的《欧盟海洋政策绿皮书》、日本发布的《海洋白皮书》，无不是根据相关海洋经济的研究成果制定的决策。21 世纪的海洋经济研究已经逐步由专家和学术团体的自发研究转向以政府为主导、以指导各国海洋政策为目的的综合性学术行为。[①]

二 中国海洋经济研究

中国虽然是世界上较早开发和利用海洋的国家之一，但对海洋经济的研究起步较晚，其研究的历史同样可分为起步和发展两大阶段。

（一）中国海洋经济研究的起步阶段

"海洋经济"的概念最早是在 1978 年由著名经济学家于光远提出的。[②]但国内学界对海洋经济的真正研究其实始于 1980 年许涤新教授组织召开的第一次海洋经济研讨会，在此会议上"中国海洋经济研究会"正式成立。[③]在此之前，国内已有学者对当时已经存在的一些海洋相关问题尤其是海洋渔业、海洋运输业等海洋产业问题进行了相关探讨，但因当时海洋经济未形成学科体系，大多数学者都将关于此方面的研究融于陆域经济研究中。这一时期可以称为中国海洋经济研究的萌芽时期。[④] 1978 年以后，国内的海洋经济开发活动日益深入，国内学者对海洋经济的研究深度和广度也不断扩大，但此阶段学者们的研究更加偏向于对传统海洋产业问题的研究。据统计，1978～1990 年，各学术期刊共有海洋经济相关文献 480 篇，其中关于海洋渔业与海洋运输业发展的研究占 80% 以上，海洋区域经济与海洋

---

① 程娜：《基于 DEA 方法的我国海洋第二产业效率研究》，《财经问题研究》2012 年第 6 期。
② 于光远教授在 1978 年召开的全国哲学和社会科学规划会议上提出了建立"海洋经济学"学科和建立一个专门研究所的建议。
③ 刘曙光、姜旭朝：《中国海洋经济研究 30 年：回顾与展望》，《中国工业经济》2008 年第 11 期。
④ 刘曙光、姜旭朝：《中国海洋经济研究 30 年：回顾与展望》，《中国工业经济》2008 年第 11 期。

资源经济方面的研究分别占 10.63% 和 5.21%。①

　　这一时期，学者们对海洋经济理论的研究相对少些，较多关注的是如海洋经济的内涵、海洋经济学的学科定位以及研究内容等海洋基本问题。孙凤山认为，海洋经济学属于应用经济科学，不属于理论经济科学，"不能具体指明海洋经济学的研究对象"。他还认为"研究包括微观经济、宏观经济在内的社会经济效益，就是研究海洋经济学的任务"。② 权锡鉴认为，"与理论经济学相比较，海洋经济学属于应用经济学或部门经济学的范畴；就海洋科学领域来说，海洋经济学又属于海洋科学的组成部分或一个分支；就海洋经济学本身而言，它属于介乎理论经济学与海洋自然科学之间的边缘性学科"。③ 孙凤山认为，"如何以最小的劳动耗费取得更大的劳动成果，提高海洋物质生产力，是贯穿在海洋经济过程和各种经济关系中的基本问题"。④ 张耀光认为，"海洋经济是海洋产业的组合，海洋产业是指人类在海洋、滨海地带开发利用海洋资源和空间以发展海洋经济的事业"。⑤

　　截至 20 世纪 90 年代末，中国海洋经济学已经初具雏形，海洋经济理论框架还在建构中，学者们初步将海洋经济学的研究内容归纳为海洋捕捞农牧经济、海洋运输经济、海洋工业经济、海洋技术经济、海洋经济管理、海洋经济、海洋经济发展战略等几大部分。⑥ 此阶段的海洋经济研究尚处于起步阶段，主要以实效性、政策性研究为主，学者们的研究范围相对比较狭窄，海洋经济研究的理论性和实践性都不强。

　　（二）中国海洋经济研究的发展阶段

　　受世界海洋科学技术进步的影响，进入 20 世纪 90 年代之后，中国的海洋经济的发展突飞猛进，海洋经济研究也逐渐转向对实际应用领域

---

① 刘曙光、姜旭朝：《中国海洋经济研究 30 年：回顾与展望》，《中国工业经济》2008 年第 11 期。
② 孙凤山：《海洋经济学的研究对象、任务和方法》，《海洋开发》1985 年第 3 期。
③ 权锡鉴：《海洋经济学初探》，《东岳论丛》1986 年第 4 期。
④ 孙凤山：《海洋经济学的研究对象、任务和方法》，《海洋开发》1985 年第 3 期。
⑤ 张耀光：《海洋经济地理研究与其在我国的进展》，《经济地理》1988 年第 2 期。
⑥ 孙凤山：《海洋经济学的研究对象、任务和方法》，《海洋开发》1985 年第 3 期。

的关注。1996 年，国家正式发布了《中国海洋 21 世纪议程》，将"以发展海洋经济为中心，适度快速开发，海陆一体化开发，科教兴海和协调发展"作为中国海洋发展战略的基本原则。随着"蓝色国土"开发的盛行，国内各沿海地区纷纷出台各种地区性海洋发展规划，提出了如"海上山东""海上浙江""海上辽宁""海上广东"等发展口号。而在此阶段，国内学者研究海洋经济的目的也主要在于解决某些具体的或某地区的海洋实践问题，相关研究具有区域性、应用性、针对性等特征。如蒋铁民对中国海洋区域经济问题进行了研究；[①] 杨金森主要对海洋资源的战略地位进行了具体探讨；[②] 鹿守本对海洋管理问题专门进行了系统分析。[③]

随着国内学者对西方经济思想和方法研究的深入，学者们开始将陆域经济中的具体理论应用至海洋经济发展实践中，海洋经济的理论也逐渐得到了充实，初步形成了最基本的海洋经济研究框架。徐质斌认为，"海洋经济是产品的投入和产出、需求和供给，与海洋资源、海洋空间、海洋环境条件直接或间接相关的经济活动的总称；同时，海洋经济还是活动场所、资源依托、销售或服务对象、区位选择和初级产品原料对海洋有特定依存关系的各种经济的总称"。他还指出"国家海洋局制定的《海洋产业分类与代码》列举的 16 个大类 54 个中类 102 个小类就是概念的外延"。[④]

进入 21 世纪后，由于现代海洋科学技术得到了迅速发展，中国的海洋经济活动由原来的以渔业、海运业为代表的传统海洋资源利用，逐步转向以海洋技术为主要手段的综合性海洋资源开发利用。如海洋石油业、海洋生物制药业、海水化学工业、海洋能源利用和海洋空间利用等海洋新兴产业更是迅速兴起，在开辟了一个海洋经济发展新时代的同时，也为海洋工作者们带来了巨大的挑战。国内学者逐渐将现代经济学理论和可持续发展

① 蒋铁民：《中国海洋区域经济研究》，海洋出版社，1990。
② 杨金森：《中国海洋开发战略》，华中理工大学出版社，1990；杨金森：《海洋资源的战略地位》，《海洋与海岸带开发》1991 年第 3 期。
③ 鹿守本：《海洋管理通论》，海洋出版社，1997。
④ 刘曙光、姜旭朝：《中国海洋经济研究 30 年：回顾与展望》，《中国工业经济》2008 年第 11 期。

（Sustainable Development）理论应用于海洋经济的研究领域，海洋经济学的研究范畴由原来的应用经济学扩展到基础理论与实际应用并重。如朱坚真等所描述的，由于海洋经济具有整体性、综合性、公共性、高技术性、关联性、复杂性和高风险性的特点，其研究对象也在向多元性扩展。①

三　中外海洋经济研究的比较

在对一般理论意义的研究成果稍作梳理后可发现，中国的海洋经济研究与国际社会对海洋经济的研究存在着很大的不同。

（一）中外海洋经济研究的理论体系构建不同

与国内已初步形成理论体系的海洋经济学科构建不同，首先，国外的海洋经济研究尚呈较分散的研究状态，大部分是就具体海洋问题进行的局部或单项性的研究，并未从整体的角度出发；其次，很少有专门的对"海洋经济"的论述，海洋经济研究尚未形成完善的理论体系以考察这些海洋经济活动之间的联系。相对于国内学者，国外学者更注重海洋产业经济学的研究，认为"海洋产业"（Marine Industry）指的就是"海洋经济"。如卡尔顿大学等研究机构仅将"海洋经济学"作为"资源与环境经济学"课程中的一个附带的应用性课题，甚至将"海洋经济学"简单地定义为"海洋渔业经济学"。②

（二）中外海洋经济研究的关注范畴不同

一直以来，国内外学者们都对海洋经济中的经济关系问题给予了一定的关注。相比较而言，国内学者更加关注产业之间、政府与市场之间的关系分析，海洋经济的总量分析，以及海洋领域中的理论思辨问题分析等；而国外学者更偏重于对海洋经济进行中微观层次的分析，倾向于通过现象分析和框架引导，对微观行为和最优决策等构成总量现象成因的因素分析，以及对海洋渔业经济管理和海岸带综合管理等中观经济层

---

① 朱坚真、闫玉科：《海洋经济学研究取向及其下一步》，《改革》2010年第11期；朱坚真：《海洋经济学》，高等教育出版社，2010。

② 朱坚真、闫玉科：《海洋经济学研究取向及其下一步》，《改革》2010年第11期。

面的研究。

（三）中外海洋经济研究的方法不同

与国内研究相比，国外学者更习惯于将西方主流经济学中的数量方法和实地调研法应用至微观基础的分析中，并采用成本收益框架、博弈论框架、生物经济学模型、运筹学等方法来进行中观分析。他们多是从纯理论角度，着眼于微观范围来探讨海洋资源的开发利用与最优配置的路径。但是国外在海洋经济宏观层面的研究仍处于简单的描述性分析阶段。正如周秋麟等说："国外富有海洋特色的精练化的数理模型（体系）还未建立，但随着更多经济学者对海洋经济问题的关注，海洋经济宏观层面研究或许会更趋深刻且系统。"①

目前，国内海洋经济研究的学科基础分析工具和技术方法也已经得到了进一步的拓展，并将管理学、历史学、法学、社会学、哲学等社会科学，以及海洋科学、地理学、生物学、技术学、工程学等自然科学的相关理论知识引入海洋经济学的研究范畴，旨在从不同的视角对海洋经济问题进行交叉性研究。随着中国海洋经济课题的拓展，海洋经济领域还将继续借鉴更多的西方主流经济学前沿技术。

四　中国海洋经济研究展望

综上分析，我们发现，目前中国的海洋经济研究已经走在了世界海洋经济研究的前沿。中国海洋经济学学科体系已经逐步建立，研究现状远远先进于国外海洋经济概念尚未界定清楚的研究现状；不同于国外仅将研究局限于应用经济领域的窘境，中国海洋经济的研究范围已逐步扩展至理论经济及资源经济等领域；海洋经济的研究方法也随着研究课题的逐步深入得到了不断扩展，众多西方经济学的研究工具被引入，经济学的前沿技术为海洋经济研究带来了勃勃生机。虽然海洋经济研究暂时还不能与其他经济研究对象相提并论，但海洋经济研究的理论及实践价值已经得到了国内广大学者的认可，其广阔的发展前景不容小觑。而从永续发展的角度来

---

① 周秋麟、周通：《国外海洋经济研究进展》，《海洋经济》2011 年第 1 期。

看，目前中国海洋经济研究仍存在一些亟待解决的问题和亟须突破的瓶颈。具体而言，应从以下四个方面做出努力。

（一）扩大海洋经济研究范畴，准确进行学科定位

准确来说，海洋经济的研究对象是广袤的海洋资源，海洋经济学的研究内容主要是海洋资源的开发和利用过程中的各类经济活动，海洋经济学是围绕这些经济活动的特点和规律，结合经济学的理论逐步形成的一门学科。因此，在学科定位方面，海洋经济学是一门交叉学科，应由原来的应用经济学范畴向外逐步拓展，不能将研究范畴仅仅局限于目前的现实海洋经济问题，应逐步将其归入理论经济学和资源经济学领域，做到基础理论与实际应用并重。海洋经济学应以目前业已成熟的陆域经济研究为基础，将经济学理论和可持续发展理论结合起来，运用马克思主义经济学、西方经济学、哲学与系统论等方法，从微观、中观、宏观和可持续发展四个维度对其进行具体研究。[①]

（二）理清海洋经济研究脉络，明确海洋经济主要研究内容

未来中国海洋经济的研究应进一步遵循"微观—中观—宏观—发展"的脉络进行。其中，微观研究应侧重于从居民和厂商的角度分析海洋市场的供求行为、定价机制、福利效应等问题，主要包括微观海洋经济主体的行为、海洋产品市场的供给与需求、海洋资源的产权分析与制度设计、海洋资源的有效配置等基础性研究问题。[②] 中观层面的研究主要侧重于从产业和区域角度分析产业优化和区际规划问题，主要包括对不同海洋产业的总量特征、各产业细类之间的关联和产业经济管理及政策基本模式，以及反映一国涉海区域的总量特征、各区域单元之间的关联和涉海区域经济管理与政策的基本模式进行探索。[③] 而海洋经济宏观层面的研究主要侧重于

[①] 朱坚真、闫玉科：《海洋经济学研究取向及其下一步》，《改革》2010 年第 11 期；朱坚真：《海洋经济学》，高等教育出版社，2010。

[②] 朱坚真、闫玉科：《海洋经济学研究取向及其下一步》，《改革》2010 年第 11 期；王琪、高中文、何广顺：《关于构建海洋经济学理论体系的设想》，《海洋开发与管理》2004 年第 1 期。

[③] 朱坚真、闫玉科：《海洋经济学研究取向及其下一步》，《改革》2010 年第 11 期。

从稳定增长、海陆协同等角度探讨海洋经济整体的运作特点及与国民经济之间的关联，主要包括海洋宏观经济的总量分析、海洋经济政策与海洋经济管理的研究。发展层面的研究则主要侧重于海洋经济的可持续发展问题。

（三）引入可持续发展理念，确定发展战略重点

从中国的发展实践来看，海洋经济的可持续发展问题应是当前海洋经济领域研究的重点。尽管自 20 世纪 90 年代以来，海洋经济在国民经济发展中的地位得到迅速提升，但海洋经济与资源环境、社会发展之间的不协调等问题日益影响到海洋经济的健康持续发展，直接或间接扰乱了海洋经济乃至国民经济正常的发展秩序。[①] 产生这些问题的最主要原因在于我们在海洋开发过程中只重视海洋的资源功能，而忽视了海洋的生态和环境功能，缺乏对海洋资源开发的科学规划，从而导致海洋开发活动和海洋经济发展与海洋实际功能的错位。因此，人类在进行海洋资源的开发与利用、获得丰厚的资源利益的过程中，绝不能以牺牲海洋资源、破坏海洋生态环境为代价，必须坚持可持续发展的海洋资源观，遵循海洋自然生态规律，注重海洋开发与海洋保护并行，对海洋资源与环境进行重新培植，以争取海洋生态、海洋经济、社会效益的统一。我们必须从海洋经济学的学科特点入手，科学定位海洋经济的发展方向，侧重于对海洋经济可持续发展机制进行探讨，把可持续发展的思想引入海洋经济学的理论框架中，制定相应的战略重点。研究侧重点主要包括海洋生态系统与人类社会的交互作用、海洋生态系统的价值理论、海洋自然资源和生态环境价值的实现及补偿问题、海洋经济可持续发展的意义、海洋经济可持续发展战略、海洋经济可持续发展指标体系和海洋经济可持续发展的能力建设等。

（四）密切海洋经济与政府决策间的关系，加强宏观层面的研究

进入 21 世纪后，海洋对于各沿海国家的重要性越来越凸显，各国纷纷制定海洋发展规划，以在国际海洋社会中争得一席之地。海洋经济宏观层

---

① 纪明、程娜：《可持续发展技术观下的中国海洋生态环境保护分析》，《社会科学辑刊》2013 年第 4 期。

面的研究主要侧重于从稳定增长、海陆协同等角度探讨海洋经济整体的运作特点及其与国民经济之间的关联，其中最重要的一个方面就是关于海洋宏观经济总量、海洋经济政策、海洋经济管理等问题的研究。通过对这些问题的研究，构建海洋宏观经济理论，以指导现实中的海洋经济政策，保证整个海洋经济的可持续增长。因此，我们必须加强海洋经济宏观层面的研究，密切海洋经济与政府决策间的关系。

第二节　可持续发展视阈下中国海洋经济可持续发展研究概要

一　中国海洋经济可持续发展研究的目标

随着"可持续""跨期""代际公平"等视角和理念深入人心，在经济全球化的大环境下，世界各国的资源抢夺战愈演愈烈，而在陆地资源日渐枯竭的情况下，海洋已逐步成为资源抢夺战的主战场。因此，各国应对世界范围内日益严峻的资源危机所应当秉持的资源观，已然成为各国海洋经济发展战略选择与制定的理论依据。

中国是一个海洋大国，拥有着丰富的海洋资源。随着海洋技术的发展和海洋资源的开发，中国的海洋变得越来越不平静，中国与周边临海国家的冲突不断，这些海权争端无不源于对海洋资源的抢夺。因此，本书拟在中国海洋发展实践的基础上，基于"创新、协调、绿色、开放、共享"的发展理念，以及海洋资源可持续利用和代际公平的资源观，结合海洋经济学、生态经济学、马克思主义生态观、制度经济学、区域经济学、产业经济学等相关理论，以经济全球化为大背景，从提高国家海洋经济长期发展的综合实力的高度出发，以国家政府力量为主导，构建中国海洋经济可持续发展战略支撑体系，辨识中国海洋经济可持续发展的战略重点；以制度变迁为推动力，从国家资源战略和国家利益的高度出发，深入探讨与中国海洋经济发展的战略选择相关的具体方案。主要研究目标有以下九点。第一，考察中国海洋经济发展的战略重点、关键问题以及问题间的逻辑关系，探求当前中国海洋经济问题发生的根本原因。第二，以国外相对系统、完善的理论成果为研究基点，结合中国海洋资源开发利用的现状，对现有理论模型进行改进和拓展，从动态分析的视角，构建中国海洋经济可持续发展战略支撑体系。第三，从海洋资源的重要性、海洋经济地位的提升、海洋环境问题的凸显等方面入手，分析海洋经济可持续发展研究的必要性；从海洋科学技术的提升、海洋环保意识的提高、海洋法律法规体系的完善等方面进行海洋经济可持续发展的可行性分析。第四，基于理论和实证的研究，对中国海洋经济效率水平进行评价，并对其各影响因素进行全面而客观的判断与分析，寻找提高中国海洋产业绩效和海洋经济可持续发展能力的路径。第五，在借鉴国外先进发展经验的基础上，对中国海洋经济可持续发展的各项战略重点进行具体分析，并以中国海洋可持续发展能力为核心目标，以环境保护和代际公平的可持续发展观为指导，以市场调节为根本运行机制，以法律法规为保障，辅以政府的监督、激励以及配套发展条件的扶持和完善，构建中国以提高海洋经济效率为核心的海洋经济可持续发展的长效运行机制。第六，在标准两时期储蓄的微观经济模型的基础上，建立有别于传统戴蒙德模型的可耗竭性海洋资源的跨期配置理论模型；从动态的视角，进一步衍生出多期资源配置模型，并对如贴现率变动、技术进步等影响可耗竭性海洋资源跨期配置的因素进行系统的分析与考量；在进行数理分析的基础上，揭示资源税和价格管制对可耗竭性海洋资源跨期配置的作用。第七，构建包含海洋经济子系统、海洋环境子系统、海洋生态子系统、海洋社会子系统、海洋可持续发展能力子系统、海洋民生子系统的六大系统三层级指标的中国海洋经济可持续发展评价体系，在此基础上，对中国各沿海区域海洋经济的可持续发展进行差异分析，确定中国海洋经济可持续发展的趋势与潜力，并结合发达国家的海洋资源开发、海洋生态环境保护经验，探索中国海洋经济可持续发展之路。第八，立足中国海洋资源的供求、技术、开发与管理现状，在考虑代际发展问题的前提下，对中国当前的海洋经济功能进行定位，旨在谋求人海系统各构成要素之间在结构和功能联系上的相对平衡。第九，基于上述研究，以中国海洋经济可持续发展的战略支撑体系为框架，从国家资源战略和国家利益的高度出发，在深入探讨现行海洋政策的基础上，对中国海洋经济可持续发展规划、相关制度安排和政策提出可行性建议。

二　中国海洋经济可持续发展研究内容及技术路线

（一）研究内容

第一章　绪论。交代本书研究的时代背景，提出可持续发展视阈下中国海洋经济发展的主要问题；在系统总结国内外关于海洋经济发展的相关研究成果的基础上，对相关文献进行具体述评，说明本书的研究意义和研究目标；在现实和理论发展的基础上，进一步梳理本书的研究思路、研究方法、主要观点和创新之处。

第二章　海洋经济可持续发展的理论基础。以哲学、生态伦理学、资源环境学的可持续发展观为出发点，引入"创新、协调、绿色、开放、共享"五大发展理念，借鉴马克思主义经济学、资源经济学、发展经济学、制度经济学、产业经济学的相关理论来阐述中国海洋经济可持续发展的内涵与核心要素。充分考虑海洋经济、海洋经济学、海洋资源、海洋产业、海洋管理等概念的多维度特征，科学界定其概念与内涵，并分析其属性特征；在对与本书相关的经济理论进行系统分析与评述的基础上，对海洋经济可持续发展的内涵进行科学界定，对海洋科技发展观进行科学定位。

第三章　中外海洋经济发展比较及经验借鉴。通过对国内外海洋文明的比较，探索 21 世纪海洋文明的发展方向，以指导中国的海洋发展实践；以美国、加拿大、英国、日本等海洋经济发展水平较高的国家为对象，对其海洋经济总体战略、海洋资源开发与利用方针、海洋环境保护策略、海洋技术支持、海洋国际合作、海洋经济制度等关键问题进行着重研究；通过对先进国家海洋经济制度的探索，对他们的先进经验进行总结，引入"创新、协调、绿色、开放、共享"五大发展理念构建中国海洋经济可持续发展战略支撑体系、确定五大战略重点，为进行下一步中国海洋经济可持续发展规划的设计提供参考。

第四章　海洋经济可持续发展的必要性和可行性。从海洋资源的重要性、海洋经济地位的提升、海洋环境问题的凸显等方面入手，分析进行海洋经济可持续发展研究的必要性；从海洋科学技术的提升、海洋环保意识的提高、海洋法律法规体系的完善等方面进行海洋经济可持续发展的可行性分析。

第五章　中国海洋经济可持续发展现状。对中国海洋经济的发展历程及特征进行系统分析，并就前文构建的海洋经济发展战略支撑体系中的五大战略逐一进行重点分析。着重探讨中国海洋资源开发利用现状及地理优劣势、海洋生态环境困境及成因、海洋科技发展面临的机遇和挑战、进行海洋经济国际合作的现状和必要性、海洋经济可持续发展制度创新的主要形式和核心内容几方面问题。

第六章　中国海洋经济效率测度与评价。运用 DEA 分析方法对中国海洋三次产业的多投入和多产出效率进行分析评价；运用 Malmquist 生产力指数模型分别对海洋三次产业的全要素生产率变动、经济效率变动以及技术效率变动进行实证研究，进而对全要素生产率的跨期动态变化进行因素分析，探索提高中国海洋经济效率、海洋经济可持续发展能力的路径选择。

第七章　中国海洋资源的跨期配置与最优利用。从资源经济学的相关理论出发，系统回顾并评述国内外学者针对可耗竭性资源跨期配置问题的研究成果。在欧文·费雪的标准两时期储蓄的微观经济模型基础上，建立有别于传统戴蒙德模型的可耗竭性海洋资源的跨期配置理论模型；在两期模型的基础上进一步衍生出多期资源配置模型，并具体分析贴现率变动，特别是技术进步对可耗竭性海洋资源跨期配置的影响。就影响可耗竭性海洋资源跨期配置的因素进行系统的分析与考量，围绕供给（资源生产者）和需求（资源使用者）两个层面分别就从量税与从价税对可耗竭性海洋资源跨期配置的影响进行数理分析，从理论上揭示资源税和价格管制在可耗竭性海洋资源跨期配置中所起的作用。

第八章　中国海洋经济可持续发展评价指标体系。以深入探讨海洋经济开发过程中的具体问题、从多方面反映中国海洋经济可持续发展的进展情况、尽量全面且准确地反映中国海洋经济可持续发展的问题为目的，构建包含海洋经济子系统、海洋环境子系统、海洋生态子系统、海洋社会子系统、海洋可持续发展能力子系统、海洋民生子系统 6 个一级指标 16 个二级指标 56 个三级指标的中国海洋经济可持续发展评价体系；在此基础上，对中国各沿海区域海洋经济的可持续发展进行差异分析，确定中国海洋经济可持续发展的趋势与潜力；结合发达国家及地区的海洋资源开发、海洋生态环境保护经验，探索中国海洋经济可持续发展之路。

第九章　中国海洋经济功能定位。根据不同的海洋资源情况，对海洋经济的主要功能进行划定；根据自然条件、资源环境条件和经济社会条件的变化，对不断拓展的海洋经济功能彼此之间的相关联系进行具体分析；在对海洋经济功能定位的主要方法进行辨析的前提下，结合中国主要海域的发展现状以及前文的分析结果，对其海洋经济功能进行具体定位。

第十章　中国海洋经济可持续发展机制。基于前文分析，以海洋经济可持续发展为目标，按照前文设计的海洋经济可持续发展战略支撑体系，对中国海洋资源开发与利用、海洋经济可持续发展的生态环境保护、海洋经济可持续发展的科技创新、海洋经济可持续发展的国际合作、海洋经济可持续发展的制度创新五大战略重点进行发展机制设计，对每个战略重点的发展方向及具体发展策略进行详尽而切实的规划。

（二）技术路线及内容安排

中国海洋经济可持续发展研究框架如图 1 - 1 所示。

三　中国海洋经济可持续发展研究的主要方法

（一）研究方法

本书的理论研究具有跨学科、多领域的鲜明特征。在具体理论研究环节，本书以经济学的研究方法与分析工具为基础，同时结合该课题自身所包含的跨学科性质，在实证分析中引入大量有关地质学、资源环境学和统计学的文献资料。在经济学语境下的规范分析中，就海洋经济可持续发展的机制设计，不乏从哲学、社会学乃至法学、政治学层面的探讨。多学科、全方位地实现各相关领域的理论融合与优势互补是本书理论研究工作的一大亮点，也是这一领域日后研究工作的发展趋势。研究方法主要包括

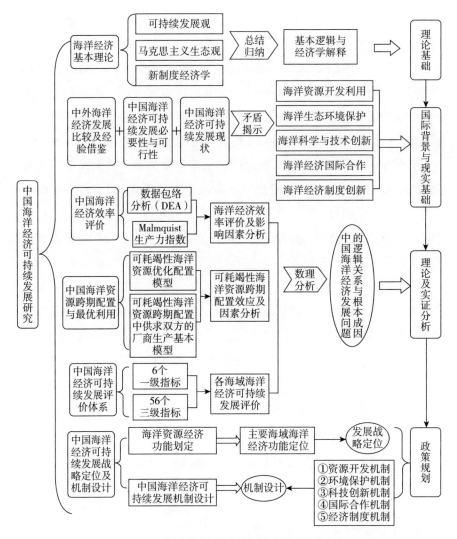

图 1-1　中国海洋经济可持续发展研究框架

以下四种。

（1）调查方法。①通过文献调查了解国内外海洋经济理论和实际发展的现状；②通过深度访谈了解目前国内涉海上市公司的经营现状、特点，以及各类股东的行为特征；③通过调查来定量描述涉海上市公司的经营水平。

（2）抽样分析方法。①样本抽样，以深市和沪市的部分涉海上市公司为研究样本；②设计反映各类涉海企业投入产出水平的多个变量，抽样选取相应指标数据，由此探明各类海洋产业的效率水平，从而进行海洋经济效率的因素分析。

（3）计量分析方法。①将调研数据与 Wind 数据库中各海洋产业的涉海上市公司具体数据结合起来，运用数据包络分析方法（DEA）在静态描述海洋三次产业中不同性质的涉海企业的技术效率和规模效率的基础上，测度反映全要素生产率跨期动态变化的 M 指数；②根据已有的理论进行研究假设，分析影响海洋经济效率的各影响因素。从动态分析的视角，建立可耗竭性海洋资源的跨期配置理论模型，进行可耗竭性海洋资源跨期优化配置的因素分析。

（4）对比分析方法。利用比较研究的方法，通过与发达国家理论、体制和实践等方面的横向比较，揭示中国海洋经济可持续发展中的重点问题，并设计相关战略支持体系。

（二）创新之处

（1）研究视角的创新。本书以经济全球化为大背景，以可持续发展和代际公平的资源观为价值取向，首次将"创新、协调、绿色、开放、共享"五大发展理念融入海洋经济可持续发展的研究中。这对于界定"海洋经济可持续发展"含义、分析中国海洋经济可持续发展过程中存在的问题、制定中国海洋经济可持续发展的长效机制具有科学的指导意义。

（2）研究方法的创新。本书以国外相对系统、完善的理论成果为研究基点，结合中国海洋资源开发利用的现状，对现有理论模型进行改进和拓展，在具体问题的分析中引入了一些理论模型作为所提出的政策建议及战略选择的理论支持。如在欧文·费雪的标准两时期储蓄的微观经济模型基础上，建立了有别于传统戴蒙德模型的可耗竭性海洋资源的跨期配置理论模型，在两期模型的基础上进一步衍生出多期资源配置模型。

（3）研究内容的创新。本书引入了绿色海洋经济效率的概念，将海洋环境与海洋经济增长纳入一个整体生产过程中，从而深入研究海洋环境与海洋经济增长之间的相互影响关系；构建了中国海洋资源的跨期配置模型，从动态分析的视角对影响可耗竭性海洋资源跨期优化配置的相关因素进行分析；构建了包含 6 个一级指标和 56 个三级指标的中国海洋经济可持续发展评价体系，以确定中国海洋经济可持续发展的趋势与潜力；结合中国主要海域的发展现状，对其海洋经济功能进行具体的定位。

第二章
海洋经济可持续发展的理论基础

由于海洋经济的理论体系还不够健全，必然要借鉴西方主流经济学中的一些现代经济理论，其中包括马克思主义生态观、资本主义的技术观、制度经济学、产业经济学等相关理论。党的十八届五中全会提出的"创新、协调、绿色、开放、共享"五大发展理念，极大地丰富了马克思主义发展观，也为海洋经济发展提供了新的发展空间。本章将在对海洋经济的相关概念进行界定的基础上，进一步梳理海洋经济可持续发展相关的理论，从而为后文的具体探讨提供理论依据。

第一节　海洋经济的内涵与外延

一　海洋经济与海洋经济学

（一）海洋经济

海洋经济指的是对海洋及其空间进行的所有经济性开发活动，它直接利用海洋资源进行生产加工。它是人们为了满足社会经济发展的需要，以海洋及其资源为劳动对象，通过一定的劳动投入而获取物质财富的经济活动的总称。

按照经济活动与海洋的关联性，可将海洋经济划分为广义的海洋经济和狭义的海洋经济。其中，狭义的海洋经济指的是人类因开发利用和保护海洋资源而形成的各类产业的总和。其研究对象主要是各海洋产业及其相互作用的总和。而广义的海洋经济泛指一切与海洋有关的经济活动。其研究对象包括海洋生产力、海洋生产关系、海洋经济活动、海洋产业、海洋水体、海洋资源的开发和利用、海洋科学技术的发展及创新等。本书的研究对象是广义的海洋经济。

由于海洋经济活动与海洋密不可分，海洋经济呈现出不同于陆域经济的特征，主要表现在以下五点。

（1）涉海性。涉海性是指海洋经济中所有的经济活动都与海洋有直接的联系。人类利用和开发海洋、海岸带资源所进行的生产和服务活动，是涉海性的人类经济活动。

（2）综合性。综合性指海洋经济不是单一的部门经济或行业经济，是所有涉海经济活动的总和。其范围涵盖了国民经济的三次产业，既包括物质生产部门，也包括非物质生产部门。现代海洋经济包括开发海洋资源和依赖海洋空间而进行的生产活动，以及直接或间接为开发海洋资源及空间的相关服务性产业活动。这些产业活动形成的经济集合均被归为现代海洋经济范畴。

（3）公共性。由于海洋资源具有不可分割性，其所有权很难归于个人或企业，只能归于国家，海洋资源属于公共资源，因此，海洋经济也是公共经济。海洋资源的开发与利用具有共享性和竞争性，需要政府的规制与管理。

（4）高技术性。可以说，海洋经济发展的过程就是海洋高新技术发展的过程。随着人类对海洋资源利用程度的加深，海洋经济活动对装备和设施的技术要求越来越高，由此增强了海洋经济对高技术的依赖。

（5）国际性。海洋资源的流动性决定了海洋经济的国际性。随着海洋经济的发展，世界各国对海洋的重视度逐渐提高，海洋国际合作也日渐引起人们的重视。合作开发利用海洋资源、共抗海洋灾害与污染已经成为国际社会的共识。

（二）海洋经济学

海洋经济学是指将理论经济学的基本原理应用于海洋经济实践活动，并进行经验总结，揭示客观规律，最终为海洋经济活动服务的一门科学。

海洋经济学是随着海洋经济的发展而发展起来的新兴学科，是介于海洋科学与经济科学之间的一门交叉学科。它既属于应用经济学范畴，也属于基础理论经济学范畴。其主要研究内容包括海洋经济学的形成与发展、海洋生产力与生产关系、海洋资源开发利用、提高海洋经济效益的途径和方法、海洋经济活动预测、各种海洋经济活动及规律等。

二　海洋产业的概念及内涵

（一）海洋产业及海洋相关产业

海洋产业及海洋相关产业指的是人类开发利用海洋资源所形成的各类行业的总和。它们是海洋经济的构成主体和基础，是海洋经济得以存在和发展的前提。由于狭义的海洋经济主要指的是海洋产业，所以也有人把它称为海洋产业经济，主要包括五大类内容。第一类指的是海洋渔业、海洋矿产业、海洋油气业、滨海旅游业等可直接从海洋中获取海洋资源的海洋产业；第二类指的是海洋水产品加工业等对第一类直接从海洋中获取的资源进行加工的海洋产业；第三类指的是将产品和服务运用于具体的海洋和海洋开发活动中的海洋产业，如海洋船舶制造业、海洋工程建筑业等；第四类指的是包括海洋运输业、海洋电力业、海水利用业等海洋产业在内的，对海水资源和海洋空间资源进行直接或间接利用的产业；第五类指的是包括海洋教育、海洋科研、海洋服务等内容在内的各类与海洋相关的教育、科学研究、服务及管理类海洋产业。

除此之外，海洋相关产业指的是与各海洋产业具有密切联系的产业，包括涉海农业、涉海林业、涉海制造业、涉海建筑与安装业、涉海批发与零售业、涉海服务业等产业，相关产业产值是海洋生产总值的重要构成部分。

（二）海洋产业的内涵

1. 按照活动内容分类

按照各类产业对海洋资源的利用以及所从事活动内容的不同，根据《海洋及相关产业分类》（GB/T 20794－2006）标准，可将海洋产业细化为十四大产业（见表 2－1）。

表 2-1　海洋产业及海洋相关产业分类与概念

产业类别	产业类别	产业名称	主要活动内容
海洋第一产业	海洋传统产业	海洋渔业	海水养殖、海洋捕捞、海洋渔业服务业和海洋水产品加工等活动
	海洋传统产业	海洋盐业	利用海水生产盐产品的活动，包括采盐和盐加工等活动
海洋第二产业	海洋传统产业	海洋船舶工业	对海洋船舶、海上固定和浮动装置的制造；对海洋船舶的修理及拆卸活动
	海洋新兴产业（传统）	海洋油气业	在海洋中进行的勘探、开采、输送、加工原油和天然气等生产活动
		海洋工程建筑业	利用海洋空间资源进行的用于海洋事务的建筑工程施工等活动（不包括各部门、各地区的房屋建筑及房屋装修工程）
		海洋化工业	海盐化工、海水化工、海藻化工及海洋石油化工的化工产品生产活动
	海洋新兴产业（战略性）	海洋生物医药业	利用海洋生物能源进行海洋药品与海洋保健品的生产加工及制造活动
		海洋矿业	海滨砂矿、海滨土砂石、海滨地热、煤矿开采和深海采矿等采选活动
		海洋电力业	利用海洋能、海洋风能的电力生产活动（不包括沿海地区的火力发电和核力发电）
		海水利用业	对海水的直接利用和淡化活动（不包括对海水化学资源的综合利用）
海洋第三产业	海洋新兴产业（传统）	海洋交通运输业	以船舶为主要工具进行的海洋运输以及相关服务活动
		滨海旅游业	以海岸带、海岛及海洋各种自然景观、人文景观为依托的旅游经营及服务活动
海洋相关产业	海洋公共服务业		专门提供海洋公共服务产品的服务行业
	海洋科研教育管理服务业		在开发、利用和保护海洋过程中所进行的科研、教育、管理及服务等活动

2. 按照三次产业标准分类

从传统来看，根据国民经济三次产业分类标准，可将海洋产业划分为海洋第一产业、海洋第二产业、海洋第三产业和海洋相关产业（见表

2-1）。① 为与陆域经济指标相对应，本书未对海洋"第零产业"和海洋"第四产业"进行扩展探讨，仅按照三次产业的划分标准对海洋经济的三次产业进行具体分析。海洋第一产业即传统产业（亦称海洋农业），主要指的是海洋水产业，包括海洋捕捞业、海水养殖业以及正在发展的海水灌溉农业；海洋第二产业包括海洋油气业、滨海砂矿业、沿海造船业，以及正形成产业规模的深海采矿业和海洋制药业；海洋第三产业包括海洋交通运输业、滨海旅游业；海洋相关产业主要指的是海洋公共服务业以及海洋科研教育管理服务业。

3. 按照形成时间和对技术的依赖程度分类

按照海洋产业形成开发规模的时序以及对海洋高新技术的要求划分，海洋产业可分为海洋传统产业和海洋新兴产业。② 顾名思义，二者的根本区别主要在于海洋产业群体形成的时间及对海洋科技的依赖程度。

一般来说，新兴产业是指由于技术创新、新的消费需要的推动，或其他经济、技术因素的变化，某种新产品或新服务成为一种现实的发展机会，是相对于传统产业而言新形成的产业。如果将（高）新技术应用到海洋领域便形成了海洋（高）新技术，而在海洋（高）新技术的研发成果转化成产品和产值并产生经济效益后，便形成了海洋（高）新技术产业，其实质是海洋（高）新技术产业化的过程。因此，可将海洋新兴产业分为两类，即海洋（高）新技术产业化形成的海洋新兴产业，以及用海洋（高）新技术对海洋传统产业进行改造而形成的海洋新兴产业。根据海洋新兴产业形成的时间和对海洋科技要求的不同，本书又将海洋新兴产业分为海洋（高）新技术产业（又叫战略性海洋新兴产业）和传统海洋新兴产业。海洋传统产业和海洋新兴产业的主要特点表现在以下几方面。

首先，海洋传统产业比海洋新兴产业起步早，已经形成规模，对海洋高新技术的要求相对较低。这些特点同时也决定了其发展空间及发展潜力

---

① 徐质斌、牛福增：《海洋经济学教程》，经济科学出版社，2003。
② 中华人民共和国国家质量监督检验检疫总局、国家标准化管理委员会联合发布的《中华人民共和国国家标准》中的《海洋学术语　海洋资源学》（GB/T19834-2005）于2005年7月15日发布，于2006年1月1日实施。

相对有限。本书将海洋渔业、海洋盐业、海洋交通运输业、海洋船舶业四大产业作为海洋传统产业的研究对象，而绝大部分海洋第一产业都属于海洋传统产业。

其次，海洋新兴产业的起步较晚，并主要以海洋高新技术的进步为依托，对海洋技术进步的要求更高。海洋新兴产业的这种海洋高新技术依赖性，影响着整个海洋产业结构升级、海洋经济方式转变，并决定了其在海洋经济发展中的巨大发展潜力和重要战略地位。由于海洋产业相关数据的局限性，本书选择海洋油气业、海洋生物医药业、海水利用业、海洋电力业、海洋化工业、滨海旅游业、海洋矿业、海洋工程建筑业八大产业作为海洋新兴产业的研究对象。

最后，海洋新兴产业的发展代表了整个海洋经济未来的发展方向，其中具有代表性的是战略性海洋新兴产业，也即未来海洋产业。根据 2010 年国家海洋局将战略性海洋新兴产业界定为"海洋高新技术产业，具有战略意义的新兴海洋产业……主要有海洋生物医药业、海水淡化和海水综合利用业、海洋可再生能源产业、海洋装备业、深海产业等"。[1] 正如国家海洋局发布的《中国海洋发展报告（2011）》所提到的，"十二五"期间，中国将重点支持发展一批具有核心竞争力的海洋高技术先导产业，形成由海洋生物育种与健康养殖产业、海洋药物和生物制品产业、海水利用产业、海洋可再生能源与新能源产业等组成的比较完善的海洋高技术产业体系。[2] 因此，以海洋高技术为支撑的战略性海洋新兴产业是中国未来海洋经济发展的主力军。

三 海洋资源的概念及内涵

（一）海洋资源的概念

资源即资财之源，通常人们所说的资源指的是天然的财源，如阳光、水、空气、土壤、生物等为人类所用的自然物。恩格斯对资源的定义是：

---

① 孙志辉：《撑起海洋战略新产业》，《人民日报》2010 年 1 月 4 日，第 20 版。
② 中国国家海洋局：《中国海洋发展报告（2011）》，海洋出版社，2011。

"其实，劳动和自然界在一起它才是一切财富的源泉，自然界为劳动提供材料，劳动把材料转变为财富。"[1]因此，除天然形成的自然资源外，资源还包括后天经人类加工的社会资源。如建筑、原材料、设备等有形的生产资料，以及如信息、知识、技术等无形的智力资源都应计入资源范畴。海洋资源则是以海洋为依托，在海洋自然力下生成的广泛分布于整个海域内，能够适应或满足人类物质、文化及精神需求的一种被人类开发和利用的自然和社会资源。海洋资源是海洋经济发展的物质基础。而整个海洋资源的开发利用过程则是人类通过市场交换赋予海洋资源价格，以实现其价值的过程，即对海洋资源的资产化过程。

（二）海洋资源的内涵

按照海洋资源的范围划分，可将其分为狭义和广义两种。[2]狭义地说，海洋资源指的就是与海水水体本身有着直接关系的物质和能量，即海洋自然资源，包括海洋生物资源、海洋能源资源、海洋矿产资源、海水资源等。广义地讲，海洋资源不仅包括海洋有形的能源和物质，而且包括海洋景观、海洋文化、港湾、海洋交通运输航线、水产资源的加工、海上风能、海底地热、海洋空间等资源。[3]

按照海洋资源的利用限度划分，可将其分为耗竭性海洋资源和非耗竭性海洋资源。非耗竭性海洋资源包括海洋海水资源、海洋能源资源、海洋旅游资源、海洋化学资源等海洋资源。耗竭性海洋资源又可分为海洋可再生资源和海洋非再生性资源。海洋可再生资源包括海洋植物、动物、微生物等资源；海洋非再生性资源则包括海洋矿产资源、海洋空间资源、海洋土地资源等海洋资源。

按照目前国内外学界常用的划分方法，可将海洋资源分为五大类，即海洋生物资源、海洋矿产资源、海洋能源资源、海洋空间资源、海洋化学资源（见表 2-2）。

---

① 《马克思恩格斯选集》第 4 卷，人民出版社，1995，第 373 页。
② 朱坚真：《海洋资源经济学》，经济科学出版社，2010。
③ 封志明：《资源科学导论》，科学出版社，2007；徐敬俊：《海洋产业布局的基本理论研究暨实证分析》，博士学位论文，中国海洋大学，2010。

表 2 – 2　海洋资源分类及利用情况明细

分类			海洋资源利用情况
海洋生物资源	海洋植物资源		种类繁多，主要是海藻，常见的有海带、紫菜、裙带菜、鹿角菜等。用途广泛，可用作食物、药物、化工原料、饲料、肥料等
	海洋动物资源	海洋无脊椎动物资源	种类繁多，包括贝类、甲壳类、头足类、海参、海蜇等
		海洋脊椎动物资源	种类繁多，主要是鱼类、海龟、海鸟、海兽等。其中鱼类是水产品的主体，可供食用的有 1500 多种
	海洋微生物资源		作为重要的医药和工业原料构成了海洋初级生产力，主要包括细菌、放线菌、雪菌、酵母菌、病毒等
海洋矿产资源	海洋石油、天然气		是当前海洋最重要的矿产资源，其产量是世界油气总产量的 1/3，而储量则是陆地的 40%
	滨海砂矿		包括金属和非金属砂矿，用于冶金、建材、化工、工艺等，中国近海海域分布有金、锆英石、钛铁矿、独居石、铬尖晶石等
	煤、铁等海底固体矿产资源		已发现的海底固体矿产有 20 多种，中国大陆架浅海区分布广泛的有铜、煤、硫、磷、石灰石等矿产资源
	多金属结核		可开发利用其中的锰、镍、铜、锌、钒、金等几十种陆地上稀缺的金属资源
	海底热液矿床		指的是含有大量金属的硫化物，已发现 30 多处矿产
	可燃冰		天然气水合物的新型矿物，能量高、杂质少，燃烧后几乎无污染，可替代油气资源
海洋能源资源	海洋潮汐能		是无污染的不可枯竭的清洁能源，可以通过技术手段为人类服务，理论估算世界海洋总能量为 4×10^{12} 焦耳，可开发的至少有 4×10^{11} 焦耳
	海洋波浪能		
	海洋潮流能		
	海水温差能		
	海洋盐度能		
海洋空间资源	海岸和海岛空间资源		包括港口、海滩、潮滩、湿地等，用于运输、工业、农业、城镇、旅游、科教、海洋公园等多方面
	海面和洋面空间资源		是国际、国内海运通道，可建设海上人工岛、海上机场、工厂和城市，提供广阔的军事试验演习场所，可发展海上旅游和体育运动
	海洋水层空间资源		是潜艇和其他民用水下交通工具运行的空间，可用于水层观光旅游和体育运动，也可用作人工渔场等
	海洋海底空间资源		可用于建造海底隧道、海底通信系统、海底运输管道、海底倾废场所、海底列车、海底城市等，开发海底居住和观光场所

续表

分类		海洋资源利用情况
海洋化学资源	海水本身的资源	海水直接利用：盐土农业利用，发电、化工、石油等大工业部门生产过程中的冷却用水，海水养殖 海水淡化利用：解决陆地水资源严重缺乏问题
	海水溶解物质的资源	海水中储存着 5×10^8 亿吨的盐类、42 亿吨的铀，以及约占地球储量 90% 的溴

四 海洋管理的概念与内涵

（一）海洋管理的概念

美国的海洋政策一直是众多沿海国家争相学习和借鉴的对象，这与其早在 20 世纪 30 年代就已经形成的海洋管理理论是分不开的。1986 年美国学者阿姆斯特朗和赖纳在其合著的《美国海洋管理》一书中对海洋管理做出了正式定义，认为海洋管理指的是"把某一特定空间内的资源、海况以及人类活动加以统筹考虑"。①而在此之前，美国早已将海洋管理理论应用于国内诸多海洋事务中，如 1972 年美国颁布的《海岸带管理法》就是将对海岸线的管理以法规的形式正式上升为国家海洋工作实践的体现。

随着海洋经济的发展，海洋管理逐渐引起了世界各国的关注，其概念也在不断地延伸。加拿大海洋专家鲍基斯指出："由于海洋本身的流动性、三维性、自然环境与行政边界缺乏有机联系等多方面原因，海洋管理与土地利用管理不同，更为复杂。"他认为，海洋管理是一种方法，通过它，可将发生在海上的许多活动及环境质量都看成一个整体，需在不损坏当地社会经济利益及危害子孙后代利益的前提下，优化使用这一整体以使整个国家获得最大的利益。②

自 20 世纪 90 年代开始，海洋科技尤其是海洋高新技术取得了巨大的进步，全球海洋经济得到了迅速发展，这为与海洋相关的各项事务带来了

① 阿姆斯特朗、赖纳：《美国海洋管理》，林宝法、郭家梁、吴润华译，海洋出版社，1986。
② 鲍基斯：《海洋管理与联合国》，孙清等译，海洋出版社，1996。

巨大的挑战，海洋管理的内容和任务也变得愈加复杂和艰巨。21世纪的海洋管理是指政府以及海洋开发主体通过行政、法律、经济等手段，对其管辖范围内的海洋开发利用、保护等活动进行组织、协调、指导、控制、监督、干预和限制，以达到合理开发利用海洋资源、保护海洋环境以及获得最佳的经济、生态和社会效益的目的。[①] 根据海洋管理的主体、客体和管理目的的不同，海洋管理可分为一般性的海洋管理和综合性的海洋管理两种。

鹿守本认为："广义上的海洋综合管理是指国家通过各级政府对海洋（主要集中在管辖海域）的空间、资源、环境和权益等进行全面的、统筹协调的管理活动。"[②] 王琪等认为："海洋综合管理是一种高层次的海洋管理形式。"[③] 帅学明和朱坚真认为："海洋综合管理（Integrated Ocean Management）是指以国家海洋整体利益为目标，通过发展战略、政策、规划、区划、立法、执法，以及行政监督等行为，对国家管辖海域的空间、资源、环境和权益在统一管理与分部门分级管理的体制下，实施统筹协调管理，以达到提高海洋开发利用的系统功效、海洋经济协调发展、保护海洋环境和国家海洋权益的目的。"[④]

综合以上观点，对综合性和一般性的海洋管理进行如下区分。综合性的海洋管理是海洋管理的高级形式，其主体只能是政府，以维护海洋发展的整体利益为管理目的，重点在于对海洋开发利用过程中普遍存在的、具有共同性质的、影响到整个社会发展的大问题进行具体的调查、决策、计划、组织、协调和控制。而一般性的海洋管理的主体要更加宽泛，除政府外，还包括与海洋事务相关的行政管理机构和非政府组织；管理的目的相对来说更加具体，主要在于保护海洋环境、维护海洋利益、保持海洋经济的可持续发展；管理的客体除具有综合性的共性问题外，还包括各种具体或特殊的涉海问题。

---

① 管华诗、王曙光：《海洋管理概论》，中国海洋大学出版社，2003，第1页。
② 鹿守本：《海洋管理通论》，海洋出版社，1997。
③ 王琪等：《海洋管理从理念到制度》，海洋出版社，2007。
④ 帅学明、朱坚真：《海洋综合管理概论》，经济科学出版社，2009。

（二）海洋管理的内涵

海洋管理的具体内容可分为以下五大类。

第一，海洋资源管理。海洋中所富含的海洋生物、海洋矿产等不同类别的海洋资源，是海洋经济可持续发展的重要物质基础。在严峻的国际海洋资源抢夺战中，需针对海洋资源开发利用的方式、技术等问题，通过合理的规划，以适当的手段进行有效的管理。这是海洋管理工作的重要内容之一。

第二，海洋环境管理。海洋环境是各类海洋资源可持续生产的空间保障，包括海洋空间范围内存在的如水温、地质、气候、物理、化学、生物的变化等各种自然和非自然的因素。由于在对海洋资源开发的过程中，人类已经对海洋环境造成了不同程度的破坏，因此，通过科学的管理手段，对海洋环境进行有效的保护和改善，以实现维护海洋生态平衡的目标是必不可少的。

第三，海洋科技管理。21世纪海洋的发展离不开海洋科技的支撑；而海洋科技的发展更加离不开科学的管理手段。因此，必须对海洋科技的调查、研发、创新等相关工作进行有效的管理，这样才能保证科技兴海的有序进行，实现海洋经济的可持续发展。

第四，海洋权益。《联合国海洋法公约》规定，沿海国家有权对其领海、毗邻区、专属经济区和大陆架海域行使公约所规定的一切权利，因此各沿海国家为了维护并获取更多海洋权益，纷纷出台各类维权措施。在国家间的海洋权益之争渐入白热化的背景下，中国必须以《联合国海洋法公约》为基础，运用适当的海洋管理方法来维护本国的海洋权益，预防并解决海洋资源开发利用过程中的各类冲突。

第五，其他海洋管理事务。海洋是人类发展的第二疆域，而人类的社会性属性又决定了人类开发利用海洋资源、发展海洋经济的过程是一个复杂的程序，必然会遇到各种各样的问题，如海洋的国际及区域间的合作、海洋的法制管理、海洋的安全管理等。因此，必须通过适当的海洋管理手段来解决这些问题及纠纷，以保障海洋经济的可持续发展。

具体而言，海洋管理主要通过行政管理和经济管理两种形式来实现。

一是海洋行政管理。海洋行政管理主要指的是与海洋相关的国家行政管理机构以命令、指示、规定、条例、规章制度等方式，对海洋管理中的各种具体内容做出的各种管理活动。海洋行政管理的主体是政府行政机构，具有权威性、强制性、层次性、具体性的特征。

二是海洋经济管理。用于海洋管理的经济管理方式是指，主要以实现较高的经济效益与社会效益为目的，根据海洋经济的客观规律，通过价格、工资、信贷、税收、利息、利润、罚款、经济合同、经济责任等手段，对不同涉海主体所实施的经济管理方法。这种方法不是靠行政指令来强制实施的，而是通过调节各方面的物质利益来实现对管理对象的间接控制，通常采取的是奖励、限制和制裁三种管理措施。

第二节　海洋经济可持续发展的本质与内涵

在生态危机日益严重并已经成为世界蔓延的重大问题时，我们需要更加冷静地重新审视人与自然的关系。[①] 发展海洋经济离不开理论的支持与指导，所以对可持续发展经济学追根溯源具有重要的理论意义。以环境与资源为切入点，研究经济社会现象，呼吁人类保护生态环境的经济学分析脉络通常可以沿着马克思主义生态观、生态经济学等理论渊源进行梳理。

一　生态经济学的本质与可持续发展

20 世纪六七十年代，环境恶化、能源危机等一系列问题成为困扰美国经济发展的主要因素，在呼吁人类爱护环境、美化家园的背景下，生态经济学应运而生。生态经济学主要以研究人类经济发展与自然生态系统的相互作用为逻辑点，警示人类应当爱护生态环境。作为经济学的一个分支，它是建立在经济学与生态学两个理论框架基础之上的，同时也体现了多学

---

① 朱炳元：《关于〈资本论〉中的生态思想》，《马克思主义研究》2009 年第 1 期，第 46—55、159 页。

科交叉的特点，数学、生物学、气象学、地理学等理论都为生态经济学的研究提供必要的指导。

1962 年，美国生物学家蕾切尔·卡逊的著作《寂静的春天》拉开了"绿色革命"的序幕，这本书列举了人类对生态环境做出的恶劣行为，并指出人类对地球生态环境造成的污染与破坏是毁灭性的，人类的贪婪与无责任感已经使得生态环境处在崩溃的边缘。在她之后，美国经济学家肯尼斯·鲍尔丁在著作《一门科学——生态经济学》第一次提出了"生态经济学"的概念，标志着生态经济学的诞生。1966 年，他举世闻名的另一本著作《即将到来的宇宙飞船地球经济学》再次呼吁人类爱护生态环境，否则人类将毁灭在自己的手中。在著作中，鲍尔丁将地球比喻成一个宇宙飞船，他认为地球这个宇宙飞船有着毁灭的危险，因为人口激增会使宇宙飞船不堪重负，而人类为了自己的贪婪与享乐，过快地消耗了宇宙飞船中有限的资源，严重的污染与浪费使人类生活的环境不堪重负。[①] 而后，美国马里兰大学的赫尔曼·戴利教授围绕着生态环境危机，构建了一个新的经济发展模式——稳态经济（The Economics of Steady State），进一步发展了生态经济学，并使生态经济学的框架得以搭建完毕。可以说，生态经济学的基础奠定是由美国经济学家肯尼斯·鲍尔丁和赫尔曼·戴利完成的。

生态经济学强调生态环境问题是人类生存与发展中必须面对的重大问题，而主流经济学则无法对其进行准确的解释，其理论必然是失败的。生态经济学家列举了以下几方面的原因。首先，对于自然资源稀缺性问题，主流经济学的解释力不足。在主流经济学中，他们认为自然资源稀缺性的主要原因是人类无限的欲望，但是不可否认，客观存在的自然资源本身同样具有稀缺性，主流经济学在忽视自然资源也有可能耗尽的前提下，探讨市场机制如何对资源进行最优化配置，这在逻辑上是错误的。其次，物质财富的增长是主流经济学追求的目标，这种"GDP 崇拜思想"会导致在经济发展过程中，人类忽视对生态资源的保护。区别于主流经济学把生态环

---

① Boulding, K., "The Economics of the Coming Spaceship Earth," Jarrett H., ed., *Environmental Quality in a Growing Economy*（Baltimore：The Johns Hopkins University Press, 1966）.

境作为生产要素，生态经济学视生态资源与环境为生存和发展的必备要素，只有这种观念在人类思想中建立，经济发展与生态环境保护的矛盾才能被缓解。最后，主流经济学的出发点是牛顿力学，而生态经济学的出发点是热力学第二定律，即物质和能量的转换过程是不可逆的，由于物质和能量是自然生态环境的一部分，因此人类不可能无限制地获取。只有使人类的活动服从于生态环境的可持续发展要求，人类发展与生态环境保护才能实现良性循环。

20世纪70年代，罗马俱乐部的著作《增长的极限》再次揭露了世界自然环境的退化与破坏程度，一系列诸如资源短缺与环境污染等问题已经使人与自然的矛盾越发不可调和。从此，生态经济学开始吸纳各个学科的成果，不断丰富其理论框架与内容，如哲学思想中的代际平等、生物学中的演化论、复杂系统中的偶然性和不确定性等。[1] 1972年，英国经济学家芭芭拉·沃德（Barbara M. Ward）和生物学家勒内·杜博斯（Rene J. Dubos）在联合国环境大会上发表的《只有一个地球》再次震惊了世界。他们共同呼吁，"我们只有一个地球，但是现在，环境问题变得越来越严重。众所周知，我们已经没有足够的清洁的水源……地球中大量的国家依然依靠砍伐树木而生存……同样我们也污染了大地、河流……现在是我们必须做出行动的时候了，我们必须保护我们赖以生存的环境……如果我们今天可以照顾好我们的地球，那么我们将会拥有一个更美好的明天"。[2]

可以说，生态经济学的本质是在自然、公平和时间的维度上发扬一个经济发展模式，这种模式可以使人与自然和谐相处，使人类社会可持续发展。[3] 生态经济学家同样强调差异性，即不同的国家、不同的民族由于区

---

① Victor, P., "Indicators of Sustainable Development: Some Lessons from Capital Theory," *Ecological Economics*, 4, 1991; El Serafy, S., "The Environment as Capital," Costanza R., Ecological Economics, *The Science and Management of Sustainability* (New York: Columbia University Press, 1991); Malte Faber, "How to be an Ecological Economist," *Ecological Economics*, 66 (1), 2008.

② Barbara M. Ward, Rene J. Dubos, "Only One Earth: The Care and Maintenance of a Small Planet," *W W Norton & Co Inc*, 1972.

③ Malte Faber, "How to be an Ecological Economist," *Ecological Economics*, 66 (1), 2008.

域的、经济水平的差异性，面对生态环境危机应当采取不同的措施。生态经济学强调生态环境系统的重要性，认为人类的活动应当服从生态环境大系统的约束，因此经济发展必须注重经济增长与保护生态环境之间的平衡，从而实现可持续发展。

二　生态马克思主义与可持续发展

工业革命以来，人类在不断创造物质财富的同时，过度地向地球掠夺了巨量的资源，造成了严重的浪费与污染，造成了当前全球范围内的生态危机。而作为指导人类生产、消费的经济理论却与自然生态理论长期隔离，传统马克思主义经济学也未能摆脱这一窠臼，在理论上并没有把马克思的生态学思想纳入经济学的理论框架，进而传统的马克思主义也未能从生态学的意义上揭示自然生态环境对于现代人类文明发展及现代经济社会发展的意义。[1] 在这样的背景下，生态马克思主义诞生了，作为 20 世纪西方马克思主义理论的一个重要派别，生态马克思主义以揭露生态环境危机为基础，以探寻解决生态危机的办法为己任，成为当今西方马克思主义最引人关注的理论之一。生态马克思主义学家詹姆斯·奥康纳（James O'Conner）指出，在生态危机的问题上，马克思主义谱系的理论要比自由主义及其他类型的主流经济思想更有发言权。[2]

虽然马克思、恩格斯并没有对经济、社会可持续发展进行系统的论述，但是并不意味着他们忽略了环境保护，反之他们的生态经济思想是建立在对古典经济学的批判基础上的，因此不能被忽视。在《1844 年经济学哲学手稿》、《德意志意识形态》、《资本论》以及《自然辩证法》等著作中，马克思、恩格斯都强调过生态环境的重要性以及环境保护的特殊意义，他们从人与自然的关系入手，批判了资本主义错误的生态观，可以说

---

[1]　刘思华：《论生态马克思主义经济学提纲》，《理论月刊》2006 年第 2 期，第 21—23 页。

[2]　詹姆斯·奥康纳：《自然的理由：生态学马克思主义研究》，南京大学出版社，2003，第 298 页。

马克思、恩格斯的生态思想广泛存在于他们各个时期的论著中。①

新古典主义经济学生态观下的社会生产可能会造成生态危机的日益恶化。究其原因，是新古典主义经济学对人与自然关系的片面认识，他们将环境作为生产要素，忽视了生态环境的基础性、决定性作用，因此其经济发展模式必然是不可持续的。在这些方面，马克思、恩格斯无疑有着更深刻的认识。

首先，马克思、恩格斯所强调的资本主义生产方式忽略了人类社会发展应当首先处理的人与自然的关系。马克思、恩格斯明确地强调，人是自然界的产物，人类的生存与发展需要自然环境的依托。恩格斯也指出，"人本身是自然界的产物，是在他们的环境中并且和这个环境一起发展起来的"。② 也就是说，人无法脱离自然而存在，人的生存与发展依靠自然的帮助，生态环境的恶化必然会使人类的生存空间与发展空间受到严重的威胁，从这样的逻辑出发，人类在从事经济活动的时候就必须以不破坏人与自然的关系为前提条件，人类的生存与发展不能突破自然的可承受能力，这是人类一切活动的基础。恩格斯就曾警告过我们，"我们统治自然界，决不像征服者统治异族人那样，决不是像站在自然界之外的人似的，——相反地，我们连同我们的肉、血和头脑都是属于自然界和存在于自然之中的；我们对自然界的全部统治力量，就在于我们比其他一切生物强，能够认识和正确运用自然规律"。③ 因此，人类社会的发展与财富的创造不能突破自然规律的限制，生态环境有其自身的承载力，如果人类不尊重自然规律，片面地追求物质财富的增长而忽视了对自然的尊敬，过度地向地球掠夺巨量的资源，不惜以破坏生态环境为代价，那么人类必将遭受自然的惩罚，导致人类生存和发展的不可持续。

其次，新古典主义经济生态环境内部化理论把环境作为生产要素，并用价格机制进行约束，马克思、恩格斯则从更高的角度——劳动的角度来

---

① 杨虎涛：《两种不同的生态观——马克思生态经济思想与演化经济学稳态经济理论比较》，《武汉大学学报》（哲学社会科学版）2006年第6期，第735—740页。

② 《马克思恩格斯全集》第20卷，人民出版社，1971，第38页。

③ 《马克思恩格斯选集》第4卷，人民出版社，1995，第384页。

论述人类物质财富的创造，并把生态环境作为人类一切社会活动的基础。劳动是为满足人类需求而引起的活动，由于人是自然的一部分，那么劳动的过程也是人与自然互动的过程，可以说劳动是人与自然间物质转变的控制器。人类的财富创造是人类利用自然、开发自然的结果，"劳动作为以某种形式占有自然物的有目的的活动，是人类生存的自然条件，是同一切社会形式无关的、人和自然之间的物质变换的条件"。① 由此，在人类的劳动中，人与自然界之间的相互联系形成了；在经济活动中，人类与自然是相互影响、相互作用的关系。也就是说，人类的进步与发展不仅仅是人与人互动的结果，更是人与自然物质交换的过程。劳动使得人与自然可以进行物质交换，并使人类赖以生存的自然发生一定的改变，进而使自然可以满足人类的需要。同时，人类从属于自然这一结论体现于：人是自然生态链中的重要组成，而且自然作为人类的精神依托也同样重要，也就是说，人类的物质生活与精神生活都是与自然界紧密联系的。那么，人类的社会活动就有可能会打破人与自然之间的生态平衡，进而破坏自然基础。因此，实现生态文明、社会经济的可持续发展强调人与自然的和谐，"只有在社会中，自然界对人说来才是人与人联系的纽带，才是他为别人的存在和别人为他的存在，才是人的现实的生活要素；只有在社会中，自然界才是人自己的人的存在的基础"。②

最后，新古典主义经济学建立在"经济人"假设的基础上，生产的目的是追求利润最大化，而不是保护生态环境，其指导下的经济发展必然会与可持续发展相矛盾。虽然马克思、恩格斯没有对可持续发展做出定义，但不可否认，他们是可持续发展理论的先驱。在生态环境日益恶化的今天，我们必须改变这种"GDP崇拜思想"，否则人类的生存可能会变得艰难甚至不可能。由于资本主义制度的本性是追求剩余价值，因此其发展无疑是反生态的。正如马克思所强调的，如果劳动本身的目的仅仅是增加财富，那么它就一定是有害的、造孽的。马克思、恩格斯的可持续发展思想

---

① 《马克思恩格斯全集》第13卷，人民出版社，1962，第25页。
② 《1848年经济学哲学手稿》，人民出版社，2000，第83页。

是通过对资本主义生产方式的批判而深刻展示的，"资本主义农业的任何进步，都不仅是掠夺劳动者的技巧的进步，而且是掠夺土地的技巧的进步，在一定时期内提高土地肥力的任何进步，同时也是破坏土地肥力持久源泉的进步"①，那么在资本主义生产方式下的社会、经济发展必然是以牺牲一切财富的源泉——土地为代价的。马克思、恩格斯认为，社会、经济发展不能忽视生态环境的可承载能力，因为自然界是人类发展的基础。社会、经济的发展不能破坏人与自然相互依赖和相互作用的整体生态平衡。经济发展必须是与自然生态环境相协调的可持续发展，以维护生态系统稳定有序为着眼点，不能破坏生态环境的"新陈代谢"能力。只有把人与社会都融合于生态自然，才能实现真正的生态和谐。也就是说，"所有社会经济体制都嵌入了自然环境之中，并依赖于它，相应地，人们不得不考虑社会经济体制和生态系统之间的交互作用，考虑污染和生态退化等类似的效应"。②

机器大生产带来了令人震惊的生产力，改变了人们的生活，然而在不断创造物质财富的同时，也造成了当前全球范围内的生态危机。从马克思主义生态观的角度，他们认为重新审视人与自然的和谐关系，应该是人类克服资源耗竭、解决生态危机的出发点，即人类应当"合理地调节他们和自然之间的物质变换，把它置于他们的共同控制之下，而不让它作为盲目的力量来统治自己；靠消耗最小的力量，在最无愧于和最适合于他们的人类本性的条件下来进行这种物质变换"③，也就是说，应促进科技的发展与创新，通过技术的扩散与应用，促使生态环境的长期稳定，使人与自然可以良性互动，并维持这种物质变换的循环。这种科技应当注重"生产排泄物的再利用……把生产排泄物减少到最低限度和把一切进入生产中去的原料和辅助材料的直接利用提到最高限度"④，也就是说，这种生产过程既重

---

① 《马克思恩格斯全集》第 23 卷，人民出版社，1972，第 552—553 页。
② 赫尔曼·戴利等：《珍惜地球——经济学、生态学、伦理学》，马杰等译，商务印书馆，2001，第 9 页。
③ 《资本论》第 3 卷，人民出版社，1975，第 926—927 页。
④ 《资本论》第 3 卷，人民出版社，1975，第 118 页。

视"废物减少的最低限度",也重视"直接利用的最高限度",即实现最大限度地控制生产过程中的废弃物排放与最大限度地提高生产过程中的资源利用效率的统一,这从现代意义来讲就是避免浪费、提高效率、实现可持续发展。[①]

三 可持续发展观的践行和完善

关于"可持续发展"的定义迄今未有统一的说法,此概念的提出最早源于1972年在斯德哥尔摩举行的联合国人类环境研讨会议,而影响最大、流行最广的是1987年以布特兰夫人为首的世界环境与发展委员会(The United Nations World Commission on Environment and Development,WCED)的研究报告《我们共同的未来》(*Our Common Future*:*From One Earth to One World*)中的定义——"既满足当代人的需要,又不对后代满足其需要的能力构成危害的发展"。[②] 可持续发展理论重新定位了人与自然、社会的关系,确立了全新的社会发展战略方针,即严格控制人口、节约资源与利用科技开发新资源并举,依法保护生态环境。[③] 而随着对可持续发展认识的不断深入,可持续发展的概念不断地扩展:由正确处理当代人和后代人的关系,逐渐延伸至正确处理一个国家(或地区)与其他国家(或地区)的关系;从正确处理人与自然、人与人的关系,逐渐延伸至正确处理社会关系等;从关注自然生态系统逐渐延伸至关注经济、社会、政治、文化生态系统。

在生态经济学的研究浪潮中,区别于后来的可持续发展理论,由尔耳·库克(Earl Cook)提出的智慧经济(Wisdom Economy)被世人知晓并重视起来。库克在著作《新马尔萨斯主义信仰》(*Beliefs of a Neomalthusian*)中,分析了智慧经济的特点并加以阐述,这为后来的可持续发展理论奠定了坚实的基础。美国生态经济学家赫尔曼·戴利指出,尔耳·库克是一位

---

① 纪明:《低碳经济背景下的碳博弈问题研究》,博士学位论文,吉林大学,2011。
② 世界环境与发展委员会:《我们共同的未来》,王之佳、柯金良译,吉林人民出版社,1997。
③ 徐胜:《海洋经济绿色核算研究》,经济科学出版社,2007,第33页。

可能把智慧经济蓝图完全阐述给世界人民的经济学家。同一时期，由世界环境与发展委员会组织研究并撰写的研究报告《我们共同的未来》在第38届联合国大会上发布。报告指出，"在这个世纪以来，人类世界和地球已经发生了巨大变化……地球变得越来越不具有可持续性……后几十年将是至关重要的，世界环境与发展委员会呼吁为了我们安全、更好地生存在这个星球上，尽快地采取行动"。① 报告对可持续发展进行了具体的定义，即"可持续发展寻求满足现代人的需要和欲望，而又不危害后代人满足需要和欲望的能力"，这标志着可持续发展经济学的诞生。

在可持续发展经济学诞生初期，其理论更多地侧重于"生态系统与经济活动如何相互影响"方向的研究②，理论家们开始运用"系统"的框架研究生态问题，主张人类是自然的一部分，而不是独立存在的。他们认为，过度地消耗生态系统必将使人类社会发展系统受到制约，生态环境退化必将使人类赖以生存与发展的空间缩小。特别地，在研究生态环境危机解决途径时，我们不能把眼光仅仅投向经济系统的市场资源方面，而应该从"系统论"入手，关注生态和经济共同依靠大系统的相互关系。③ 随着"可持续性"越来越深入人心，可持续发展经济学更多地关注跨区域、跨文化和交叉学科等方面的研究，包括跨时期和跨地域的资源可持续利用战略、人与人之间的公平、经济发展的可持续性等，经济学家也开始用制度变迁的理论研究生态环境问题治理中具体的社会制度安排与创新性政策等。④ 可以

---

① Donald G. Hanway, "Our Common Future: From One Earth to One World," *Journal of Soil and Water Conservation*, 5 (45), 1990, p. 510.

② Proops, J. L. R., "Ecological Economics: Rationale and Problem Areas," *Ecological Economics*, 1, 1989; Costanza, R., "What is Ecological Economics," *Ecological Economics*, 1989.

③ Martinez-Alier, J., "Ecological Economics: Energy, Environment, and Society," *Blackwell Ambridge*, 1987.

④ Holling, C. S., "The Resilience of Terrestrial Ecosystems: Local Surprise and Global Change," in Clark, W. C. and Munn, R. E., eds., *Sustainable Development of the Biosphere* (Cambridge: Cambridge University Press, 1986); Golley, F. B., "Rebuilding a Humane and Ethical Decision System for Investing in Natural Capital," in A. M. Jansson, M. Hammer, C. Folke, and R. Costanza, eds., *Investing in Natural Capital: the Ecological Economics Approach to Sustainability* (Washington DC: Island press, 1994); Viederman, S., "Public Policy: Challenge to Ecological Economics," Jansson A. M., Hammer M., Folke C., Costanza R., eds., *Investing in Natural Capital: the Ecological Economics Approach to Sustainability* (Washington DC: Island Press, 1994).

说，生态经济学建立在生态与经济两个共同维度的基础上，研究人类的选择问题。"可持续性"的关键是实现生态环境与社会经济共同的、长期的稳定发展，追求两者的双赢，在科技创新、经济增长与可持续性管理之间找到平衡点。[①]

1983 年的第 38 届联合国大会的世界环境与发展委员会的报告明确了可持续发展的原则：①社会、经济、环境与生态和谐发展的原则；②资源利用代际均衡的原则；③区域间协调发展的原则；④社会各阶层间公平分配的原则等。至此，可持续发展的思想成为全球共识。诚然，在当时"GDP 崇拜思想"的作用下，经济增长成为压倒一切的重要指标，在这种追求利润最大化的经济发展理念中，可持续发展经济学经历了很多挫折。[②]《我们共同的未来》也列举了可持续发展的具体要求：①发挥人类的潜力，更好地开发和利用资源环境；②维护生态系统的稳定，保护不可再生资源；③工业化应当向高产出、低能耗方向改进；④提高能源利用效率，节约能源，同时防止污染等。[③] 其目的是提高人类生存与发展的质量，将经济发展、社会进步、社会保障和人口、资源与环境结合成一个整体，进而实现人与自然及人与人的和谐。

2009 年，鲍姆加特纳教授与奎阿斯教授[④]在《什么是可持续发展经济学》的文章中解释了可持续发展经济学的核心特征：①可持续发展经济学的核心是注重人与自然的关系；②可持续发展经济学建立在公平原则的基础上（包括代际公平、人与自然的公平）；③我们赖以生存和发展的生态系统有着长期不确定性；④可持续发展经济学关注经济效率；⑤可持续发展经济学注重物品与服务的自然消费，批判浪费与污染。现在的生态环境

---

① Costanza，R.，*Ecological Economics：the Science and Management of Sustainability*（New York：Columbia University Press，1991）.

② Herman，E.，*Daly Beyond Growth：The Economics of Sustainable Development*（Boston：Beacon Press Books，1996）.

③ Donald G. Hanway，"Our Common Future：From One Earth to One World," *Journal of Soil and Water Conservation*，5（45），1990，p.510.

④ Stefan Baumgartner，Martin Quaas，"What is Sustainability Economics，" *Ecological Economics*，69（3），2010.

问题是人类的活动造成的①，是传统的经济增长理念必然带来的结果，而生态环境危机已经给人类的生产、消费带来了巨大的负面影响，甚至已经威胁到了人类的生存与进一步发展。他们呼吁可持续发展经济学应当更广泛地应用于社会的实践中，只有"可持续发展的哲学"与"人类的进步"的目标有机地结合起来，生态危机才能得到逐步缓解，人类也可以继续在地球上健康地生活与繁衍。

在中国提出《中国 21 世纪议程》之后，可持续发展评价理论和方法的研究与实践也进一步引起了政府部门及学界的重视。学者们围绕评价理论与方法展开了如复合生态系统、发展度、代际公平、生态足迹等内容的讨论，这些研究大大丰富了中国可持续发展评价理论的研究内容。2015 年 10 月召开的中国共产党第十八届中央委员会第五次全体会议提出了"创新、协调、绿色、开放、共享"五大发展理念，集中反映了中国共产党对经济社会发展规律认识的深化，极大地丰富了马克思主义发展观，更是对可持续发展理论的升华。

四 海洋经济可持续发展内涵界定

总览生态经济学的研究框架，我们可以得出，中国发展海洋经济不仅需要考虑近期的经济效益与环境承载力，而且需要考虑如何保护海洋生态资源、如何避免海洋环境污染等长远的、具有战略意义的重大问题。人类是地球的人类，人类的生存与发展不能超出地球的可承载范围。同样，海洋是全球生命保障系统的基础组成部分，是人类可持续发展的主要财富，维护海洋生态环境系统的稳定应当是我们发展海洋经济的前提条件。

可持续发展视阈下的海洋经济发展并不意味着海洋经济的零发展，而是将保护海洋生态资源、环境与海洋经济统筹起来的发展。其核心是海洋经济的可持续性，其发展宗旨是考虑到当前我们发展海洋经济与后

---

① 当时被深刻讨论的环境问题主要集中于威胁人类生存的一系列问题：气候变暖、臭氧层破坏、物种灭绝、土地沙漠化、森林资源减少、海洋环境退化以及各种污染。

代人继续开放利用海洋资源的双层面需要，不能以牺牲后代人的发展空间为代价来满足当代人发展的需求。可持续发展视阈下的海洋经济发展也不否认追求利润。尤其是中国作为发展中的大国，消除贫困、消除两极分化也是可持续发展理念的重要内容。但是追求利润应该以稳定海洋生态资源与环境为依托，重视海洋自身的可承载能力，提高资源的利用效率，不以海洋生态环境为代价。实现海洋经济发展与海洋生态系统的和谐，是中国海洋经济发展战略的重点，也是中国实现生态文明的必然选择。

通过对相关理论的梳理，我们可以寻找出一条海洋经济可持续发展的路径。具体来说，我们应当注意以下四个方面。①强调人与自然的和谐。在马克思、恩格斯看来，人是生活在自然界这个有机整体之中的特殊生物，人与自然都处于这个循环的整体之中，马克思指出，"自然界，就它自身不是人的身体而言，是人的无机的身体……所谓人的肉体生活和精神生活同自然界相联系，不外是说自然界同自身相联系，因为人是自然界的一部分"。① 如果人类的发展破坏了人与自然的和谐，那么必然会出现环境灾难。②重视科学技术的合理运用。马克思在《资本论》中论述道，"大工业把巨大的自然力和自然科学并入生产过程，必然大大提高劳动生产率，这一点是一目了然的"。② 当然，这种科学技术并不是指科技的滥用，而是以可持续发展理念为核心，能使劳动生产率得到很大的提高、资源得到最优利用，并且科技的扩散会使整个社会实现资源节约、环境友好。③倡导绿色的、生态的消费观。马克思、恩格斯重视人类消费与自然生态环境的关系，因为人类最基本的物质消费资料是自然提供的，人与自然必须处于持续不断的交互作用过程中，否则人类将不复存在。马克思、恩格斯批判了资本主义异化的消费观，提倡生态化的消费模式，提出人类的消费需求应当建立在对生态环境给予保护的前提下，将生态环境平衡、人类可持续发展和人的全面发展作为最终目标。④海洋经济的发展应将"创

---

① 《马克思恩格斯全集》第 3 卷，人民出版社，2002，第 272 页。
② 《资本论》第 1 卷，人民出版社，1975，第 424 页。

新、协调、绿色、开放、共享"五大发展理念与可持续发展观相结合，指导海洋发展实践。创新发展是实现海洋经济可持续发展的关键驱动因素、根本支撑和关键动力；协调发展是提升海洋经济可持续发展整体效能的有力保障；绿色发展是实现海洋经济可持续发展的历史选择，是通往人与海洋和谐境界的必由之路；开放发展是拓展海洋经济发展空间、提升开放型经济发展水平的必然要求；共享发展是海洋经济可持续发展的本质要求。简而言之，海洋经济的可持续发展应是以"创新、协调、开放"的理念实现"绿色、共享"的发展。

第三节　可持续发展视阈下的海洋科技发展观

一直以来，海洋科学技术是影响海洋经济发展的关键因素，是海洋经济发展的驱动力。但海洋科学技术在为人类社会带来巨大物质利益的同时，也成为人类控制自然的工具，造成了许多难以化解的生态危机。近年来，在传统海洋科技发展观指导下的海洋发展实践则是这一现象的最佳诠释。其根本原因在于这种传统的科技发展观并未考虑到海洋经济的可持续发展能力。可持续发展框架下的海洋经济发展，应将科学技术从以利润最大化为目标的生产方式中解放出来，使科学技术的使用走向分散化，彻底转变科学技术的资本主义使用方式，提倡利用海洋清洁能源，提高海洋资源利用效率，并强化生态文明意识与促进生态文明建设。本小节将从论证科学技术与生态环境的关系着手，对资本主义技术观进行批判，讨论可持续发展视阈下的海洋科技发展观，进而对中国海洋经济的可持续发展提供理论指导。

一　科学技术与生态环境关系辨析

经济、社会的发展需要人类从事劳动，而科学技术是人类改造、征服自然的工具，所以在论述科学技术对生态环境的影响之前，首先要理清人与自然的关系。在马克思看来，"劳动首先是人和自然之间的过程，是人以自身的活动来引起、调整和控制人和自然之间的物质变换的过程"。① 可见，人是自然的一部分，不是脱离自然而存在的，自然环境是人类生存与发展的必要依托；或者说，"人们在生产中不仅仅影响自然界，而且也互相影响"②，如果自然环境恶化，那么人类的生存与发展会受到极大的威胁。Refiner Grundmann 认为，人在自然中生存和人控制自然是可以协调一致的，即人生活在自然中又控制着自然。③ 由此可见，人与自然有着双重关系。在西方经济社会发展过程中，可以资本主义生产方式的产生为界线对人与自然的关系进行划分。其一，在资本主义生产方式产生之前，人类只能被动地、消极地适应自然的"权力"。正如马克思所说，"自然界起初是作为一种完全异己的、有无限威力的和不可制服的力量与人们对立着"。④ 其二，在工业革命以后，人与自然的关系发生了根本性的改变。科学技术的发展与运用展示了人类征服自然、控制自然的巨大能力，人类不断地增强从自然界获取资源的能力，使社会生产力飞速发展、物质财富极大丰富。人类开始沉浸在控制自然的喜悦中，丧失了对自然的尊敬，不断地借助科学技术破坏生态环境，使人类赖以生存的环境持续恶化，最终导致了生态危机。因此，面对生态危机的产生与蔓延，许多学者对其原因提出了不同的见解。一种观点认为，科学技术是生态环境日益恶化的根源，即对科学技术的盲目崇拜是一切生态问题的罪魁祸首。正是科学技术给人类带来了巨大的物质财富，才使得人类能够贪婪地享受其带来的成果，使得资本主义所提倡的"消费主义文化与生存方式"被广泛接受，进而导致人类对科学技术的崇拜更加疯狂。盲目地生产和生活破坏了自然的生态平衡，牵引和支配着人们的消费需要，使人们沉溺于异化消费中，造成难以化解的生态危机，影响和威胁着人类的生存。另一种观点认为，科学技术只是人类企图改造自然、征服自然的工具，其本身是中性的，也就是说生态环境问题的日益严重与其归因于科学技术本身，不如归因于人类的这种

① 《马克思恩格斯选集》第23卷，人民出版社，1972，第201—202页。
② 《马克思恩格斯选集》第1卷，人民出版社，1995，第344页。
③ Refiner Grundmann, *Marxism and Ecology* (Oxford：Oxford University Press, 1991), p. 3.
④ 《马克思恩格斯全集》第3卷，人民出版社，1960，第35页。

控制自然的观念。当征服自然的这种意识形态被人类接受，那么由控制自然的意识所引申出的技术观必然是反生态的。因此，生态马克思主义认为人类控制自然的观念是当代生态危机的深刻根源。人类对自然尊重的丧失使得人类盲目利用科学技术来满足自身的需求，导致了资源的滥用、生态环境的恶化。正如生态马克思主义学者威廉·莱斯所论述的，"我们现在的社会实践可以描述成工业的大规模实验，它所带来的后果不仅仅危害着人类的未来，也危害着世界上的其他物种"。①

其实，对于科学技术与生态环境的关系，早在 20 世纪 40 年代，法兰克福学派代表人物之一马尔库塞就有着深刻的理解。他在《现代科学技术的社会意蕴》一文中提出了技术理性概念，并在之后的《单向度的人》中论述道，"科学凭借它的方法和概念，已经设计并促成了一个领域，在这个领域中对自然的统治和对人的统治是联系在一起的……在科学上理解和支配的自然，重现在生产和破坏的技术设备中……"。② 马尔库塞批判了技术中心论，认为科学技术本身就是人对自然的控制，当人类控制自然到达盲目的阶段，那么科学技术就变成了人类掠夺自然的工具。奥康纳也在《自然的理由：生态学马克思主义研究》一书中强调了技术决定论的思想是导致科学技术滥用于自然领域、生态环境平衡被破坏、人类发展与自然环境矛盾激化的主要原因。③ 因此可以说，科学技术是一把双刃剑，它既可以作为人类改造自然的必然要素，也会不可避免地对自然造成巨大的危害，其关键在于人类对自然的认识。恩格斯曾经警示我们，"不要过分陶醉于我们对自然界的胜利。对于每一次这样的胜利，自然界都报复了我们"。④ 这种错误的、反生态的技术观使人类社会与自然界的矛盾日益激化，导致有限资源的耗竭与环境污染，加剧了全社会的环境问题和生态危机。可见，中国在开发利用海洋资源的过程中，必须摒弃这种错误的技术

---

① William Leiss, *The Limits to Satisfaction* (Toronto: University of Toronto Press, 1976), p. 107.
② 马尔库塞:《单向度的人》，张峰等译，重庆出版社，1993，第 141、122—123 页。
③ 詹姆斯·奥康纳:《自然的理由：生态学马克思主义研究》，唐正东、臧佩洪译，南京大学出版社，2003，第 10 页。
④ 《马克思恩格斯全集》第 20 卷，人民出版社，1971，第 519 页。

观，以保证海洋资源的永续性，保护海洋生态环境的安全性。

二　可持续发展视阈下的资本主义技术观批判

区别于后来的可持续发展理论，尔耳·库克在其《新马尔萨斯主义信仰》中提出了智慧经济的概念，并对其特点加以阐述，这为后来的可持续发展理论奠定了坚实的基础。同一时期，由世界环境与发展委员会组织并撰写的研究报告《我们共同的未来》对可持续发展进行了具体的定义，"可持续发展寻求满足现代人的需要和欲望，而又不危害后代人满足需要和欲望的能力"①，这标志着可持续发展经济学的诞生。

在可持续发展经济学诞生初期，其理论更多地侧重于"生态系统与经济活动如何相互影响"方向的研究。随着"可持续性"越来越深入人心，可持续发展经济学更多地关注跨区域、跨文化和交叉学科等方面的研究，包括跨时期和跨地域的资源可持续利用战略、人与人之间的公平、经济发展的可持续性等。经济学家也开始用制度变迁的理论研究生态环境治理、具体的社会制度安排与创新性政策等问题。可持续性的关键是实现生态环境与社会经济共同的、长期的稳定发展，追求两者的双赢，在科技创新、经济增长与可持续性管理之间寻找平衡点。自从可持续发展理论诞生以来，理论家们把当今人类发展面临生态危机的深层根源作为理论的核心，不断对传统的、不可持续发展的社会制度的反生态性进行系统的批判，其中则包括了对传统科学技术观的批判。

资本主义的机器大生产带来了令人震惊的生产力，改变了人类的生产、生活方式。西方发达国家通过对自然的不断征服与掠夺，经历了高速的经济增长，完成了工业化、城市化，并站在了世界的最高端。资本主义国家之所以能够飞速地发展，主要原因在于其对科学技术的不断创新与运用。科学技术的空前发展使人类对自然的认识不断提高，同时也为人类带来了源源不断的自然资源。然而，资本主义建立在追求自身利益最大化的

---

① Donald G. Hanway, "Our Common Future: From One Earth to One World," *Journal of Soil and Water Conservation*, Vol. 45, No. 5 (1990): 510.

社会制度基础上，坚持人类对包括自然在内的世界万物的至上权利。虽然科学技术在一定程度上改善了人类的生存条件，改变了人类的生活方式，但是也催生了空前的生态灾难。因此，资本主义的不可持续发展技术观是需要反省的。针对其反生态的错误性，可持续发展技术观对其进行了深刻的批判。

首先，由于不可持续发展的根本目标是追求剩余价值和利润最大化，因此其技术观无疑是反生态的。在利润最大化的内在动因驱使下，从剥削劳动转向掠夺自然、破坏生态是资产阶级的必然选择，因此资本主义社会从经济危机转向生态危机也是其发展的必然结果。科学技术具有提高劳动生产率的作用，对其合理应用可以使人类更加清楚地认识自然、控制自然，提高不可再生资源的利用效率，并降低污染程度，进而使人类获得更多的福利。但是如果科学技术的运用不遵循生态原则，那么它必将成为一部分人谋取暴利、毁灭自然的工具。资产阶级在追求利润最大化的过程中，一方面通过发展科学技术提高劳动生产率，另一方面屈服于商业的科学技术"迫使自然界成为商品化了的自然界，从而破坏了人类与自然之间的生态平衡，危害到人类自身的生存与发展"。[①] 追求更多剩余价值是资产阶级的本性，这使得经济增长成为资本主义国家的唯一目标，科学技术的进步成为其经济发展的必要条件，并且科学技术的创新更多地被用于控制自然，而不是用于保护自然和减少污染。因此由贪婪本性产生的技术观，根本无法避免诸如海洋资源浪费、海洋生态环境恶化等一系列问题。

其次，传统的、资本主义的技术观是控制自然的工具，是生态问题的根源。可持续发展理论从资本主义技术理性的维度分析了当前生态问题的技术根源，认为资本主义的技术观不可能化解生态危机，因为其科学技术的发展只能加剧人类社会与自然界之间的矛盾。资本主义的科学技术成就不再是自然的保护伞，不再用来消灭贫困和苦役，而是服务于剥削，成为他们控制自然的工具。因此，可持续发展理论从技术观的视角看待环境问

---

① Herbert Marcuse, *Counter: Revolution and Revolt* (Boston: Beacon Press, 1972), pp. 60 – 62, 104 – 105.

题和生态危机，对资本主义的技术理性进行了批判，并认为资本主义的技术理性是引发资本主义社会环境问题和生态危机的主要原因。可持续发展理论把当前的生态危机纳入技术理性的批判当中，从而确立了资本主义技术理性批判的主题。他们认为科学技术维护着资本主义制度对自然的掠夺，资产阶级在技术理性的控制下过度开采自然资源，旨在借助对自然的统治达到对人的统治的目的。① 因此，资本主义对科学技术的使用，破坏了技术本身与合理利用自然之间的融洽关系，使技术由解放的力量转变成了解放的栓结，这种错误的技术观应当受到批判。

最后，传统的、不可持续发展的生产方式决定了其技术观必然具有剥削的性质。可以说，技术理性之所以成为资本主义控制自然的工具，其原因不在于应用的科学技术反生态，而在于其特定社会力量的结合方式。不可持续发展的生产方式不仅决定了社会中人与人之间剥削与被剥削的关系，而且必然包含了人类与自然之间的关系，即资本主义对自然的掠夺是其剥削的一部分。② 资本主义的生产方式决定了科学技术不是为人类利用自然的伟大事业服务，而成为维护特殊统治集团利益的手段。因为"其将发展仅仅局限于现有的生产框架内发展出更高效的科学技术，这就好像把我们整个生产体制连同非理性、浪费和剥削进行了'升级'而已，这是毫无意义的"。③ 也就是说，资本主义技术观的实质必然是掠夺自然、剥削自然，而其提倡的可持续发展也必然是虚伪的。

三　可持续发展视阈下的海洋科技发展观

在不可持续发展的社会制度和生产方式下，不断进步的科学技术仅仅是维系统治及获得更高利润的工具，给人类的生存和发展带来了灾难性的恶果。另外，可持续发展视阈下的海洋经济发展并不能否认对利润的追求，尤其是对于作为发展中国家的中国来说，消除贫困、消除两极分化是可持续发展理念的重要内容之一。但与传统的发展理念不同，这种利润追

① 万希平：《生态马克思主义的理论价值与当代意义》，《理论探索》2010年第5期。
② 曾文婷：《生态学马克思主义研究》，重庆出版社，2008，第97页。
③ 福斯特：《生态危机与资本主义》，耿建新译，上海译文出版社，2006，第95页。

求方式应该以稳定的海洋生态资源与环境为依托，重视海洋自身的可承载能力，提高资源的利用效率，促进海洋经济发展与海洋生态系统的协调，这是中国海洋经济发展战略的重点，也是实现生态文明的必然选择。因此，可持续发展框架下的海洋经济发展应将科学技术从以利润最大化为目标的生产方式中解放出来，使科学技术的使用走向分散化，开发新的、可再生的、无污染的能源，提高能源利用效率，并稳固生态文明的精神依托和道德基础，具体来说应体现在以下几个方面。

（一）转变科学技术的资本主义使用方式

当前海洋生态环境不断恶化的根源并不在于科学技术本身，而是在于不可持续发展的控制自然的观念。各个国家贪婪的本性不仅使追求利润最大化的观念成为海洋经济发展观念的主流，而且使技术理性的概念从保护海洋生态环境的目标中脱离出来，打破了人类与自然之间的生态平衡，进而造成了海洋资源、生态环境日益遭到破坏的现状。另外，传统的、不可持续的发展观把海洋生态环境问题仅仅看作一个经济代价的核算问题，把海洋生态环境质量看作一种在价格合适时可以购得的商品，而忽略了海洋生态环境的社会属性，其目的依然是促进经济增长、获取更多利润。因此，扭转不可持续发展的错误技术观的关键在于，将科学技术从以利润最大化为目的的生产方式中解放出来，使其能够满足人类的基本需要、促进人与自然的和平共处，并使人类由技术理性转向"后技术合理性"（Post-Technological Rationality）。[①] 科学技术是一把双刃剑，它既可以毁灭海洋生态环境，也能为消除劳动的异化、缓解人类与海洋之间的矛盾、实现人类自身的解放创造条件。在传统的、不可持续发展的社会制度下，一切生产主要围绕着获取最大化利润而展开，在这种反生态的技术观指导下，科学技术只能成为人类剥削自然的工具，所以，摆脱海洋生态危机的关键就是转变科学技术的使用方式。

（二）改变科学技术的使用方式，使科学技术的使用更加分散化

如果科学技术是以高度集权为特点的，那么技术的使用与决定权则主

---

① 马尔库塞：《单向度的人》，张峰等译，重庆出版社，1993，第141、122—123页。

要掌握在一小部分人手里。追求利润最大化的贪婪本性与反生态技术观的存在，使最广大人民无法享受到科技进步创造的社会价值，造成了海洋自然资源的过度消耗和海洋生态环境的急速恶化。因此，可持续发展理论倡导民主的科学技术使用观，扩大科学技术的使用范围，使科学技术真正地为人民谋福利，促使人类开发海洋与保护海洋生态环境协调发展。海洋开发技术的使用应当与海洋自然资源的配置方式、海洋经济发展的政策方向一致，需根据海洋生态环境平衡与市场需求变化的动态进行分配，促使海洋开发技术不会为"异化的消费"提供支持。与此同时，海洋资源的分配与海洋经济的发展也应当充分考虑经济发展与自然之间的关系，促使海洋科学技术成为既可以满足人类的需求又不损害海洋生态系统的"好东西"。避免海洋生态环境的污染与破坏，应有效地促使人们放弃反生态的消费方式，使全社会的生产与消费都建立在生态文明的基础之上。

（三）选择海洋清洁能源，提高海洋资源利用效率

可持续发展理论并没有否认科学技术本身对于人类解决生态问题的积极作用。威廉·莱斯认为，"工业化的积极方面和尖端科学技术可以向当代社会提供过去所无法提供的舒适环境，可以使得人类享受更加多姿多彩的生活"。[1] 他还认为，科学技术作为人类身体的延伸以及改造自然环境的方式和手段，是人类化解生态危机的重要组成部分。不可否认，海洋所蕴藏的潜在资源是巨大的，科学技术的发展可以把这些潜在的资源转化为现实资源。可持续发展理论提倡运用科学技术提高海洋不可再生资源的利用效率，并重点发展新型的、清洁的海洋资源。由于海洋资源中清洁能源的存量巨大，加大对其利用力度既可以满足人类的需求与欲望，又可以保证海洋生态环境不被破坏，实现海洋经济发展与海洋生态环境保护的双赢。因此，大力发展海洋科学技术，不断提高海洋资源利用效率，同时运用创新性的科学技术发展海洋清洁能源产业，可以使人类更好地开发海洋、利用海洋和保护海洋。

---

[1]　William Leiss，*The Limits to Satisfaction*（Toronto：University of Toronto Press, 1976），p. 107.

（四）强化海洋生态文明意识与生态文明道德建设

约翰·福斯特曾指出，"如果社会道德都转变为尊重自然的，并改变自己的繁衍、消费以及商业行为，那么一切都将会好起来"。① 可持续发展理论认为，生态危机产生的主要原因之一就是，人类在控制自然和追求自身利益时忽视了地球的生态环境和其他物种的需要。而对于目前的中国而言，实现可持续增长的关键就是创新。② 在理想的生态社会中，在人与自然的关系中，虽然人处于中心的位置，但不超越自然规律是人类支配和控制自然的前提，因此在发展海洋经济的过程中，必须在尊重自然规律的基础上，有意识地调整人与自然的关系，实现人类与自然的和谐相处。可以说，生态文明意识与生态文明建设不仅是海洋经济发展的重要方面，而且是现实生态文明的关键。对于海洋开发来说，科学技术的运用应当致力于"尽可能地提供具有最大使用价值的和最耐用的东西，花费少量劳动、资本和资源就能生产的东西"。③ 因此，我们必须把强化生态文明意识与生态文明建设作为发展海洋经济的一项基本任务。否则，海洋生态环境必然会不断地被破坏，海洋生态危机的出现则不可避免。

综上所述，生态危机的深刻根源在于资本主义错误的自然观和技术观。资产阶级鼓吹的人类中心主义论片面地强调了人类控制自然，而忽视了自然的可承载能力，由此衍生出的科学技术只能成为人类征服自然、剥削自然的工具。如果人类依旧奉行反生态的技术观，那么人类欲望的非理性将致使科学技术的进步只能是专制机器的完善而已。技术的发展将使地球生态危机日益严重，甚至导致人类因资源耗竭、环境污染而无法继续生存与发展。工业革命以来，虽然人类社会经历了飞速的发展，但是这段历史实际上是一段不可持续发展的历史，资产阶级贪婪的本性使追求利润最大化成为人类生产的唯一目的。在这种内在原因的驱使下，科学技术的运

---

① John Bellamy Foster, *Ecology Against Capitalism* (New York: Monthly Review Press, 2002), p. 47.

② 姚景源：《以创新推动中国经济可持续增长》，《经济纵横》2012 年第 10 期。

③ Andre Gorz, *Capitalism, Socialism, Ecology*, (London and New York: Verso Books, 1994), p. 32.

用主要以追求更大剩余价值为目的，自然环境必然遭到不断地掠夺与破坏。因此，中国的海洋经济发展必须坚持可持续发展的技术观，科学统筹海洋生态资源、海洋环境保护、海洋科技的发展。这种科技发展观的核心是海洋经济的可持续性，其发展宗旨是考虑当前我们发展海洋经济与后代人继续开放利用海洋资源的双重需要，不能以牺牲后代人的发展空间为代价来满足当代人的发展需求。

第四节　制度经济学视角下的海洋经济可持续发展

海洋经济的可持续发展不仅依赖技术的进步，而且需要良好的制度激励人们响应市场需求，为海洋经济的可持续发展提供动力。20 世纪 60 年代以来，经济学领域最令人瞩目的成就之一就是新制度经济学的产生和崛起。进入 21 世纪后，新制度经济学更是在许多领域得到应用与发展，其理论成为经济学理论中发展最快、最重要的核心理论之一。因此，引入制度经济学理论对海洋经济发展过程中的制度供给进行研究就显得尤为必要。

一　制度经济学理论与海洋经济发展

新制度经济学把制度作为经济的内生变量，进一步分析制度的构成与运行，旨在研究制度在经济运行中的作用，使新制度经济学不断发展壮大。可以说，把制度作为经济学研究对象的新制度经济学是对传统的经济理论的革命与创新。新制度经济学主要研究的是，在制度变迁的背景下人类如何做出决策，以及这一系列决策是如何反作用于人类改变世界的。[①]新制度经济学认为，制度是与"天赋要素、技术和偏好经济理论"并列的经济理论的第四大柱石，经济的发展或者人类的经济活动必须依靠制度的

---

① 诺思：《经济史中的结构与变迁》，陈郁等译，上海三联书店、上海人民出版社，1994，第 2 页。

因素才能运行。近年来，中国的海洋经济正经历着飞速的发展，海洋经济已经逐步成为中国国民经济的重要支柱之一。中国的海洋经济发展战略不仅应包括海洋资源的开发与利用、海洋产业结构的调整、海洋科技的创新，而且应包括海洋经济的国际合作、海洋经济发展模式的转变等问题。这一系列促进国家海洋经济发展的举措必须以良好的制度为约束，即有效的制度变迁应该是中国海洋经济健康、稳定、快速、可持续发展的关键。

（一）制度的定义与功能

不同类别、不同层次的制度是伴随着人类社会的发展而不断发展与丰富起来的。虽然对于制度的重要性，各个学派已经达成了共识，但是对于制度的定义以及制度的构成，不同的学派有着不同的见解。如旧制度学派的创始人凡勃伦（T. B. Veblen）认为，制度是人类在长期交往中形成的，它是人类约束自身行为的一种意识习惯，并认为"制度应当随着环境的变化而改变，因此它就是对外在环境引起的刺激发生反应的一种习惯方式，而制度的发展则带来社会的发展"。[1] 而另一位旧制度学派的代表人物康芒斯（J. R. Commons）认为制度是"限制、解放和扩张个人行动的集体行动"，他认为"制度可以被理解为群体行动控制个体行为，制度就是人类在生活中、在与环境的不断互动中的生活习惯，从无组织的习俗到许多组织的运行机构都可以看作制度的范畴"。[2] 新制度经济学在继承旧制度学派关于制度的概念的基础上，进一步加以细化与创新。舒尔茨认为制度是一种行为规则，涉及社会、政治、经济等诸多方面，并主要由社会认可的非正式约束、国家规定的正式约束和实施机制构成。[3] 诺思在《经济史中的结构与变迁》中指出，"制度提供了人类相互影响的框架，它们构成了一个社会，或更确切地说一种经济秩序的合作与竞争关系"[4]，并在著作《制度、制度变迁与经济绩效》中进一步认为"制度是一个社会的游戏规则，

---

① 凡勃伦：《有闲阶级论》，商务印书馆，1997，第 139 页。
② 康芒斯：《制度经济学》（上册），于树生译，商务印书馆，1962，第 57—58 页。
③ 盛洪：《新制度经济学在中国的应用》，《天津社会科学》1993 年第 2 期。
④ 诺思：《经济史中的结构与变迁》，陈郁等译，上海三联书店、上海人民出版社，1994，第 225—226 页。

是人类相互关系的系列约束，它由非正式约束（道德的约束禁忌、习惯、传统和行为准则）和正式的法规（宪法、法令、产权）组成"。①

从诸多制度的定义可以看出，制度是由非正式制约（例如习俗、宗教等）、正式制约（例如宪法、法令）以及两者的实施机制组成的，这一系列规则共同界定了人类社会经济发展中的激励与约束结构。非正式制约主要包含人类发展过程中形成的伦理观念、风俗习惯、意识形态等；正式制约则是有意识地创造的一系列政治规则、经济规则等；而实施机制则是为了维护非正式制约与正式制约而形成的激励或者惩罚的集合，可以说实施机制对于制度的运行与绩效的提升发挥着至关重要的作用。除了国家不断完善非正式制约与正式制约之外，两者实施机制的健全是中国发展海洋经济的重中之重，离开了实施机制，任何规则、任何制度将失去作用。

对于制度功能的论述，康芒斯认为仅仅将制度看作社会发展的动力是远远不够的。② 林毅夫等认为制度的主要功能应当是为了应付不确定性而存在的安全功能与促使规模经济或使外部性内化的经济功能。③ 卢现祥则总结了制度的主要功能，包括降低交易成本、增加合作机会、提供信息、激励个人选择、约束个体的机会主义以及有效减少外部性。④ 袁庆民将制度的核心功能定义为对市场中的主体提供约束与激励，并认为制度的具体功能包括提供有效信息、减少不确定性、抑制主体的机会主义以及外部性内部化等。⑤

可以说，制度的功能主要是围绕着促使制度的有效运行而定义的⑥。对于海洋经济的发展来说，制度的设定为中国开发资源提供了良好的制度支撑，那么减少海洋经济发展中的个人机会主义，促使市场活动的交易成本降低，减少外部性，正确地应对市场的不确定性，为企业提供有效的激励机制，创造良好的竞争合作条件，保障发展海洋经济过程的社

---

① 诺思：《制度、制度变迁与经济绩效》，刘守英译，上海三联书店，1994，第3—5页。
② 张宇燕：《经济发展与制度选择》，中国人民大学出版社，1993，第252—254页。
③ 林毅夫、蔡昉、沈明高：《我国经济改革与发展战略抉择》，《经济研究》1989年第3期。
④ 卢现祥：《西方新制度经济学》，中国发展出版社，1996，第28—30页。
⑤ 袁庆民：《新制度经济学》，中国发展出版社，2005，第259页。
⑥ 科斯、阿尔钦、诺思等：《财产权利与制度变迁》，上海三联书店，1994，第251—377页。

会秩序，是制度实施机制的重要内容，也是制度功能的具体体现。

（二）制度变迁理论简评

在早期的制度学派中，制度变迁就已经成为其研究的核心内容之一，凡勃伦、康芒斯等早期制度学派的代表人物都试图构建制度变迁的理论体系。此后，根据不同的研究内容，旧制度学派发展出两个不同的学派，其中一个是以加尔布雷斯、缪尔达尔为代表的现代制度学派（或称为新制度学派），他们继承了凡勃伦、康芒斯的研究传统，主要研究制度的进化过程，以及制度对社会、经济的决定性影响。现代制度学派强调技术创新对制度进化的作用，强调制度的创新是人类社会经济发展的动力。该学派经过不断丰富其理论，成为现代演化经济学的先驱。

另一个学派则是以科斯、诺思等为代表的新制度经济学派，该学派运用新古典主义经济学的逻辑范式和研究方法，将制度和制度变迁纳入统一科学分析框架，从而补充和发展了新古典主义经济学。该学派主要研究了在供给—需求框架下的制度变迁动力，并强调了制度均衡分析的意义。他们认为，只有制度变迁所获得的期望收益大于其需求成本，制度的均衡才能被打破，从而促使制度变迁。进一步来讲，他们认为在现有的制度框架下，由于规模经济、外部性问题以及交易成本等的因素，现有的制度无力继续为经济发展提供更有效率的制度支撑，这样新制度的需求就会增大，并且使得制度变迁的期望收益增加，当收益大于制度变迁的预期成本时，新制度才能应运而生。诺思在其著作《经济史中的结构与变迁》中进一步补充和完善了制度变迁的需求分析框架，认为制度变迁实质上是一种对原有制度框架的创新与重建，进而他特别强调了制度变迁中产权的作用、国家的作用以及意识形态的作用。

可以说，制度可以被视为一种特殊的公共物品，其制约着市场中的个体或者组织。由于资源的稀缺性、信息的不对称性以及人类的有限理性，制度的供给也必然是稀缺且有限的。随着外在环境的变化、人们对环境的认知提高、信息的不断丰富，原有的制度可能将阻碍人类的发展，新制度的需求就会产生。即当制度的供给与需求均衡时，当前的制度是稳定的，但当新制度的需求大于供给时（现有的制度不能满足人们的需求时），制度变迁将不可避免。制度变迁存在着多种模式，从制度变迁的方向来看，包括自上而下的制度变迁和自下而上的制度变迁；从制度变迁的速度来看，包括激进式制度变迁和渐进式制度变迁；从供求关系来看，包括需求主导型制度变迁和供给主导型制度变迁，等等。新制度经济学为了更好地解释制度变迁的方式，将制度变迁区分为强制性制度变迁和诱致性制度变迁。强制性制度变迁是指以政府为主导、以政策命令或者法律法规为形式的制度变迁。由于国家的基本功能是提供法律和维护秩序，作为这种资源的垄断者，国家可以用更低的成本提供一定的制度服务并保护产权，可以说强制性制度变迁的主体是国家。诱致性制度变迁是指个体或者组织受新制度的引诱导致了制度均衡的破坏，从而引发的制度变迁。诱致性制度变迁具有自发性、盈利性及渐进性的特点。只有既有制度（或初始制度）范围内的人认识到了新的潜在利润或外部利润的存在，才能自发倡导或组织实施响应，由于从外在利润的发现到外在利润的内在化需要长时间的积累，并且制度的转换、替代都需要时间，因此诱致性制度变迁是一种从局部到整体的制度变迁过程。

（三）中国海洋经济可持续发展的制度变迁启示

制度变迁理论对经济学理论具有开拓性的贡献，制度变迁理论不仅重视制度因素在历史变迁和经济增长中的作用，而且对经济发展具有理论启示与借鉴价值。联系中国发展海洋经济的实践，共有三个方面的重要启示。

第一，解决好海洋经济发展过程中的路径依赖问题。

新制度经济学将路径依赖定义为过去对现在和未来的巨大影响，也就是说我们当今提出的任何决策、做出的任何选择都受到历史因素的影响。沿着既定的路径，制度变迁可能会进入良性的轨道，促使制度更加有效；也可能沿着错误的轨道下滑，直到停滞于某种无效率的状态，即锁定（lock-in）状态。

可以说，中国发展海洋经济的实质就是一个海洋经济制度变迁的过程。路径依赖对于制度变迁具有强烈的影响，是影响中国发展海洋经济的关键因素。如果路径选择正确，那么海洋经济制度变迁将会沿着良性的轨道快速推进，并能够激发企业的积极性，促使海洋市场发展与海洋经济增长，从而反作用于制度变迁，形成两者相互促进的良性循环局面；反之，如果路径选择失误，制度变迁则不能给中国发展海洋经济带来收益，这种制度不仅得不到有效的推进，而且会加剧不公平竞争，导致海洋市场秩序混乱和海洋经济衰退。中国的海洋经济制度变迁无疑也存在着路径依赖问题，因此我们需要更加重视海洋制度的初始设计与战略选择。另外，如何削弱海洋制度变迁中的阻碍力量，培养新生的改革力量，是中国发展海洋经济要解决的关键问题。

第二，发挥政府的主导作用。

新制度经济学派的制度变迁理论告诉我们，国家是经济增长的关键，该学派认为摆脱制度变迁中无效率的路径依赖的关键在于发挥国家的作用，主要有三方面原因。其一，国家可以得到更多的信息，促使国家理性大于个人理性；其二，国家具有规模经济优势，可以降低制度实施机制的成本；其三，国家具有强制性的性质，可以清除制度变迁中的阻碍因素，推动制度进入良性循环，并防止无效率因素的干扰。

由于政府在制度变迁进程中具有关键性的作用，因此政府应该对中国海洋经济的兴衰负责。政府不仅是海洋经济的推动者，而且是海洋经济制度变迁方向的把握者，政府可以利用其权威地位以及在资源配置中的主导地位，采取一系列的措施以保证制度变迁的良性循环。回顾中国改革开放30多年的历史经验，正是因为政府主导制度变迁，中国的经济社会建设才取得了巨大的成功。那么在发展海洋经济的问题上，政府也同样需要有所作为，为新制度的生成提供优良的环境，为海洋制度变迁的良性循环提供动力。

第三，重视意识形态在海洋制度变迁中的特殊作用。

与西方传统经济学忽视意识形态对制度变迁的作用不同，新制度经济学派丰富了传统西方经济学理论中的"经济人"和"追求利润最大化"的假设，解释了人类的利他行为和搭便车机会主义行为，发展了自身的意识形态作用论的制度变迁理论。他们认为，意识形态可以提供一种价值和信念，可以为制度变迁中不同契约的达成节约一定的费用，因此他们进一步认为市场机制有效运行的基础之一就是促使人们遵守一定的意识形态，可以说意识形态是降低交易成本的一种制度安排。发展海洋经济、促进海洋制度变迁不仅需要人的思想观念的开放与转变，而且需要正确的意识形态对海洋经济的发展起到约束和推动作用。因此，在中国开发海洋的进程中，我们应该重视道德伦理等意识形态的重要作用，以减少海洋开发中的摩擦，降低海洋制度变迁的交易成本，进而加快中国海洋制度变迁的进程。

二 外部性、福利经济学理论与海洋经济发展

外部性的概念是阿尔弗莱德·马歇尔1890年在《经济学原理》中首次提出的，而后英国经济学家庇古进一步在《福利经济学》中提出了环境外部性的概念。外部性有正外部性与负外部性之分。正外部性指的是当经济主体的生产或消费使其他经济主体得到收益，例如一个国家在发展海洋经济时，积极地进行生态环境保护，那么其他国家都会因此而受益（拥有好的生态环境）；而负外部性是指经济主体的生产与消费使其他经济主体受损，例如一个企业以利润最大化为目标在海洋开发过程中对环境造成了破坏和污染等，由于海洋的公共物品特性，必然会使其他企业蒙受损失。

外部性理论经过进一步衍化，引申出了公共物品理论。可以说海洋资源是一种典型的公共物品，那么在开发海洋资源、消费海洋产品的过程中就必然会产生外部性。"公共物品具有两个基本特性，即非竞争性和非排他性"[①]，导致海洋资源可能会被过度地开采与利用，造成海洋资源浪费、海洋生态污染等问题，导致"公共地悲剧"（The tragedy of the commons）。"公共地悲剧"是英国经济学家加勒特·哈丁（Garrett Hardin）提出的，他认为当被利用的某种资源具有非排他性，且每个企业都以利润最大化为目标时，这种资源就会被过度地开采。[②] 假设一片海域，其中有 n 个开发商，他们共同经营这片海域的海洋资源。如果每个开发商都有任意开发的自由，那么海洋资源将会被过度开采。假设 g 代表开发商，g_i 代表第 i 个

---

① 平狄克、鲁宾费尔德：《微观经济学》（第四版），中国人民大学出版社，2000，第581页。
② Garrett Hardin, "The Fragedy of the Commons," *Science*, 162 (1968): 1243 – 1248.

开发商，$i = 1, 2, \cdots, n$；$G = \sum\limits_{i=1}^{n} g_i$ 代表开发商的总数量；同时假设 f 为每个开发商的平均开采数量，由此可以构造函数 $f = f(G)$。当企业数量很少且开采的海洋资源量很少时，每增加一个企业或增加一单位的海洋资源开发不会对整体的海洋资源有很大的影响，但当企业数量或开采量增加很多时，情况就会发生变化。

在海洋资源开发与利用的博弈中，每一个企业都以最大的利润量为目标而进行海洋资源开发，假定每单位的海洋资源的价格为 c，其利润函数可以表示为：

$$U_i(g_1, g_2, \cdots, g_n) = g_i f(\sum g_j) - g_i c$$

通过最优化一阶条件，可得：

$$\frac{\partial U_i}{\partial g_i} = f(G) + g_i f'(G) - c = 0$$

也就是说，每开发利用一单位的海洋资源，都会有正向和反向两方面的效应。正效应是开发每单位资源而得到的资源价值 $f(G)$，而负效应则是开发每单位资源所带来的价值递减 $g_i f'(G)$。将 n 个开发商的一阶条件联立，可以得出相应的反应函数：

$$g_i^* = g_i(g_1, g_2, \cdots, g_n)$$

同时因为：

$$\frac{\partial^2 U_i}{\partial g_i^2} = f'(G) + f'(G) + g_i f''(G) < 0$$

$$\frac{\partial^2 U_i}{\partial g_i g_j} = f'(G) + g_i f''(G) < 0$$

所以：

$$\frac{\partial g_i}{\partial g_j} = -\frac{\partial^2 U_i}{\partial g_i g_j} \Big/ \frac{\partial^2 U_i}{\partial g_i^2} < 0$$

从上式可以得出，第 i 个开发商的最优海洋资源开发量是随着其他企业利用量的升高而递减的，将所有企业的反应函数联立，所有曲线的焦点即本博弈的纳什均衡 $g^* = (g_1^*, g_2^*, \cdots, g_n^*)$，$g^*$ 为每个企业的均衡开采量，而 $G^* = \sum g_i^*$ 则为纳什均衡的总开采量。

通过最优化一阶条件可以得出，利润最大化的每个企业虽然会考虑开放过程中的负效应，但是他们更多的是考虑自己的开发利用量，以及在此开采量下的利润，而不是整体海洋产业所有企业的开采量，以及每个企业所带来的累加的总体负效应。由于最优点上个人的边际成本小于全体企业的总边际成本，因此，这片海域纳什均衡的总开采量将大于这片海域的资源正常开采量。证明如下。

将一阶条件相加，可得：

$$f(G^*) + \frac{G^*}{n}f'(G^*) = c$$

假设 G_{max} 为这片海域的正常可开采量，$G_{max}f(G_{max}) - G_{max}c$ 则表示为正常可开采情况下的最大化总价值，最大化其最优化的一阶条件，可得出：

$$f(G_{max}^*) + G_{max}^*f'(G_{max}^*) = c$$

G_{max}^* 为这片海域的最合理开采量。于是将最合理开采量与纳什均衡总开采量进行比较，可得出 $G_{max}^* < G^*$，即最合理开采量小于纳什均衡总开采量，也就是说，海洋资源被过度开采了。

那么如何避免海洋资源耗竭的危险，或者避免海洋经济发展过程中的外部性问题，外部性理论或福利经济学总结了两种方法。一是庇古税。根据福利经济学的理论，在发展海洋经济过程中，当企业个体的边际收益（成本）与社会边际收益（成本）有差异时，会出现市场失灵的情况，即仅依靠市场机制是不可能实现资源的最优化配置的。此时，政府的措施将至关重要，政府应当采取税收的形式来消除这部分差别。具体的方法是，对个人边际收益小的海洋生产企业（部门）进行补偿，对个人边际成本小的企业（部门）进行征税。总之，庇古税通过政府的行为与政策来消除海洋经济发展中的外部性影响，从而弥补市场失灵所带来的不对称。二是科斯产权的方法。科斯从公共物品供给不足的角度提出解决"公共地悲剧"的方法，认为造成"公共地悲剧"的原因不应该是市场机制，而应当是产权界定不明晰。如果产权是明晰的，其物品或者资源的交易成本就必然为零，外部性问题就不会存在。因此，科斯产权的方法认为，政府在控制市场失灵、面对"公共地悲剧"时最重要的应当是明晰与保护产权。

通过对外部性理论与福利经济学的梳理，可以为中国发展海洋经济提供如下启示。第一，一个企业以利润最大化为目标进行海洋资源开发，必然会造成海洋资源的耗竭与海洋生态环境的破坏。因为收益最大化的目标必然会使科学技术异化，并使之成为人类控制自然的工具，在这种情况下自然必然是被掠夺的、被剥削的。第二，海洋资源属于典型的公共物品，有着非竞争性与非排他性，面对越来越大的海洋经济市场，海洋资源的供给必然是不足的，明晰海洋资源产权、促使外部性问题内部化将是政府工作的重点。第三，在海洋开发过程中，必然存在个人边际收益（成本）与社会边际收益（成本）的差异，为避免"公共地悲剧"的发生，政府必须制定合理的政策，在保证企业之间的公平的同时，保护海洋生态环境。

第三章
中外海洋经济发展比较及经验借鉴

第一节　中外海洋文明比较分析

一　西方海洋文明渊源

对海洋的开发、利用、管理和控制一直是人类文明的重要组成部分，而要研究西方海洋经济发展的思想渊源，应追溯至古代欧洲的早期海权思想。公元前 5 世纪雅典的政治及军事家伯里克特别注重国家对海洋的控制权，曾提出："世界在你面前分为两部分，陆地和海洋，每部分对人类都是珍贵和有用的。海洋任何地方都可受你支配，不但是你权利所及之处，也包括其他地方，只要你决心向前推进。"① 2500 年前的古希腊海洋学家狄米斯托克更是大胆预言："谁控制了海洋，谁就控制了一切。"黑格尔在《历史哲学》中写道："大海邀请人类从事征服，从事掠夺。"②

14—15 世纪欧洲资本主义开始快速发展，欧洲资本主义对原材料的需求和掠夺的欲望促成了新航路的开辟。1492 年，哥伦布发现新大陆，早期的殖民扩张逐渐出现，而西方海洋经济的真正兴起是从此时航海技术的振

---

① 杨金森：《海洋强国的经验教训与发展模式》，《中国海洋经济评论》2007 年第 1 期，第 101—123 页。

② 黑格尔：《历史哲学》，商务印书馆，1989。

兴、海洋探险热潮的发起开始的。西方大国为海上霸权的征战及对海洋资源的掠夺也正式拉开了序幕。

与丘陵遍布、土地贫瘠、深林簇拥的地中海陆地相比，地中海岛屿密布、海岸线曲折，拥有无数天然良港，且海面通常波平浪静，海洋气候温和宜人，为海上航行和从事商贸活动提供了优越的条件。因此，地中海绝对是西方海洋文明的发祥地。古希腊时代的米诺斯人为了维护和促进海外商业的发展，凭借卓越的航海技术和造船技术建立了第一支海军，而商业的发达和海军的强大也为米诺斯王朝拥有海上霸权提供了绝对的保障，令当时的古希腊成为地中海地区的经济中心。但海洋军事实力是海上争霸的关键，海上霸主地位并不是永恒不变的。随着意大利文艺复兴的发展，古罗马逐渐取代希腊成为海上霸主。截至16世纪上半叶，葡萄牙的海上战斗力具有绝对优势，而16世纪之后，西班牙舰队战斗力不断提高，进而形成了葡萄牙、西班牙共享海上霸权的格局。在荷兰和英国相继崛起后，17世纪下半叶成为荷兰和英国主宰海洋世界的时代。正如被人誉为"海权之父"的马汉所言："强国的更替实际上正是海权的易手。谁控制了海洋，谁就是世界强国。"[①] 这种对海洋控制权的占有意识也决定了这些海洋强国的历史地位。

虽然西方海洋国家对海洋霸权争夺的初衷是以海洋为通商渠道，进而谋求由海洋带来的商业利益，而并非对外殖民掠夺。但随着海洋军事实力的加强，这些海洋强国并不满足于既得的利益，而是逐步通过取道海洋进行殖民扩张，以争夺世界霸主地位。西班牙人对美洲的殖民，葡萄牙人对印度、巴西的殖民，以及葡萄牙、西班牙、荷兰、英国、法国、美国等国家对东南亚的殖民，无不伴随着掠夺、屠杀、强迫劳动、贩卖人口等罪恶行径。

二　中国海洋文明渊源

中国是一个历史悠久的海洋大国，拥有着丰富的海洋资源和海洋发展

---

① 马汉：《海权对历史的影响（1660—1783）》，安常容等译，中国人民解放军出版社，2006。

经验，是世界上较早开发、利用海洋的国家之一，其对海洋的开发甚至可以追溯至上古时代。春秋战国时期北方的齐文化、南方的越文化是中国早期海洋文化的典型；中华民族对海洋积极开发和利用的脚步也是随着秦朝的"徐福东渡"、三国时的"舟辑为舆马，巨海化夷庚"、隋唐时的"海上丝绸之路"等海洋思想的进步与时代共同前进着。宋朝的航海文明已达到西方国家无法企及的地步，而在明初郑和七次下西洋足迹遍布亚非数十个国家之后，中国的航海文明更是达到世界的巅峰。但与西方国家不同，中国的海洋文明一直崇尚和平外交、睦邻友好，这对子孙后代的影响是极其深远的。古往今来，中华民族一直将海洋视为对外交流、传播文化的通道，在国际海洋竞争日益激烈的今天也不例外。当前中国政府提出的和平崛起的海洋强国振兴之路，是中华海洋文明在 21 世纪的传承，更是亿万中国人的必然选择。

另外，与西方以商业为中心的海洋文明不同，受中华民族传统农耕文化的影响，中国的海洋文明具有鲜明的农业特征。历代中国王朝的统治者都秉承"以海养田"的海洋发展理念，将海洋作为农业资源的一种补充。广而实施的重农抑商的经济发展策略也确实阻碍了商品经济的发展，导致海洋经济不能得到及时发展、海洋资源不能得到有效开发、海外贸易不能获得大幅开拓。这种海洋农业文明确实在一定程度上制约了中国对外交流的脚步，阻碍了中国海洋经济的发展，致使中国与西方海洋强国的差距越来越大。

三　21 世纪海洋文明的发展方向

古往今来，人类创造了各式各样的海洋文明，对整个人类社会的发展进程起到了至关重要的作用。对于一个国家或民族而言，其海洋文明程度的高低也直接决定了其经济社会进步的方向。海洋不仅是资源的宝库、生命的源泉、人类新的生存空间、全球战略的通道，而且是孕育东西方文明的摇篮。在 21 世纪这个以海洋为主导的蓝色世纪，随着信息化、一体化和复杂化的迅速发展，如何认识并把握海洋文明发展的大方向，弘扬何种海洋文明意识，从而应对全球共同面临的人口剧增、资源短缺、环境恶化等难题，已经成为国际社会亟待解决的重大问题。

对西方的地中海和大西洋文明进行审视会发现，这种海权式（或称为海盗式、海战式）的海洋文明是建立在本民族或本国发展的立场上，以其他民族或国家的利益为代价，在对其他国家主权和国际和平进行践踏的基础上，通过霸占主权、征服海洋、掠夺资源或财富进而刺激海洋经济发展的方式，以达到满足本民族或本国物质欲望的目标。这种发展方式势必会造成对海洋环境的污染、对海洋资源的破坏，打破人与自然、社会的生态平衡，不可能长久维持。因此，对于 21 世纪太平洋时代的海洋生态文明来说，应摒弃这种以掠夺为主要手段的海洋发展观，坚持可持续的海洋发展理念。在强化国际一体化的海洋观念、提高全世界民众的海洋意识和全球意识的同时，在世界范围内需针对海洋资源的开发、利用、保护，以及维持生态平衡的可持续发展战略达成共识。

第二节　世界主要海洋国家海洋经济发展经验

随着人们对海洋认识的逐步加深，世界各国政府及国内外学者都意识到了海洋发展对一个国家的重要性。自 20 世纪 60 年代以来，世界范围内对海洋开发的热潮逐渐涌动。特别是在进入 21 世纪后，世界范围内的海洋竞争逐渐进入白热化，主要海洋国家纷纷制定海洋发展战略来指导本国海洋经济的发展。如美国、加拿大、英国、法国、日本、韩国、澳大利亚、俄罗斯、挪威等国家均根据本国国情制定出新的海洋发展战略，以促进本国海洋资源的有序开发和利用，实现海洋经济的可持续发展。

一　美国：完善的海洋经济政策

位于北美洲中部的美国，东临太平洋，西接大西洋，未与本土相连的阿拉斯加州和夏威夷州分别位于北美洲西北部和中太平洋北部，海岸线总长为 22680 公里，居北美地区首位。美国的国土总面积约为 983.20 万平方公里，海岸线与国土面积比为 2.31 米/平方公里，人均海岸线长度约为

0.074 米，在北美地区仅次于加拿大。由于其得天独厚的海洋地理位置，美国是全球陆域经济最发达的地区，而且其海洋经济的发展水平也位居世界前列。

美国一直非常注重其海洋经济的发展，是最早制定海洋发展战略的国家之一。早在 20 世纪 60 年代，美国就正式提出了"海岸带"与"海洋和海岸综合管理"的概念，并被国际社会采纳，写入了《21 世纪议程》。探求海洋世界、合理开发利用海洋资源、有效保护海洋环境是美国制定海洋发展战略的根本原则。目前美国所制定的海洋政策和海洋管理法规体系是全球最完善和最具科学性的。但美国海洋发展战略及相应海洋政策的制定过程并非一帆风顺的，美国海洋发展战略以及相关海洋政策的完善也是经历了一个从开始到成熟的过程，大体可分为三个阶段。

（一）第一阶段：20 世纪中叶（海洋发展战略的形成阶段）

20 世纪中叶是美国海洋发展战略形成的基本阶段，在此阶段，美国政府针对海洋问题所做出的一系列举措，对美国本身乃至整个世界海洋领域产生了极为深远的影响。

1945 年 9 月，美国总统杜鲁门发表了关于美国对邻接海岸公海下大陆架地底及海床的天然资源的管辖权和控制权的《大陆架公告》（又名《杜鲁门公告》）。此公告引发了之后几次联合国海洋法会议的召开，并对《大陆架公约》《联合国海洋法公约》大陆架制度的制定具有一定的影响。

1969 年，麻省理工学院名誉院长、福特科学基金会会长斯特拉特顿组织的总统海洋科学、工程和资源委员会发布了《美国与海洋》（又名《斯特拉特顿报告》）。该报告共提出了 126 条建议，为美国制订海洋保护和开发计划提供了重要的依据，是美国现在所施行的海洋发展战略的基本起源。该报告在美国海洋经济发展过程中起到了里程碑的作用，为之后美国在世界海洋领域的领先地位提供了保障，并为世界许多海洋国家海洋发展战略的制定提供了有效指导。1972 年，美国颁布了《海岸带管理法》，将其早在 20 世纪 30 年代就提出的海洋管理理论运用于实践，使得海岸带综合管理正式成为国家海洋工作的重要内容。

(二) 第二阶段：20 世纪下半叶 (海洋发展战略的发展阶段)

经过 30 多年的发展，美国的海洋经济取得了巨大的成绩，但人类对海洋的无序开发也为美国海洋生态环境带来了种种负面影响，这是 20 世纪 60 年代制定的海洋发展政策所不能解决的。因此海洋生态环境的治理、海洋资源的持续利用与开发，以及海洋科技的进步逐步得到美国政府的重视，并作为重要部分被列入海洋发展战略中。

1986 年，美国提出了"全球海洋科学规划"，认为必须有效地开发利用海洋；1990 年，美国发表了《90 年代海洋科技发展报告》，强调要发展海洋科技来满足其对海洋不断增长的需求，并保持其在国际海洋科技领域的领导地位；在"98 国际海洋年"之后，美国分别于 1998 年、2000 年召开了全国海洋工作会议，并在 2000 年的全国海洋工作会议上通过了《2000 年海洋法令》，成立了由美国总统布什亲自指定的 16 位专家组成的国家海洋政策委员会，欲对美国新的海洋战略进行重新审议和制定；1999 年 9 月，美国正式提出了"21 世纪海洋战略"，确定了美国 21 世纪海洋战略的核心，为海洋战略的完善提供了原则性指导。

(三) 第三阶段：21 世纪初 (海洋发展战略的成熟阶段)

在 2000 年美国海洋政策委员会成立后，该委员会于 2004 年 4 月 20 日发布了关于美国海洋政策的《美国海洋政策初步报告 (草案)》，并于 2004 年 9 月 20 日正式向总统和国会提交了名为《21 世纪海洋蓝图》的国家海洋政策报告。该报告对美国 30 多年来的海洋政策进行了综合评价，在总结经验及教训的基础上，对执行了 30 多年的海洋政策和海洋战略进行了完善，并对未来美国海洋事业的发展进行了新的规划。

2004 年 12 月 17 日，美国总统布什公布了《美国海洋行动计划》。该计划围绕 6 个主题、88 个行动展开；2007 年 1 月，美国海洋政策委员会发布了报告《美国海洋行动计划最新进展》，简要地描述了海洋行动计划中每个行动的进展情况。报告认为，88 个行动中 77 个行动的目标已经达到，而 4 个大行动的目标也基本完成。尚余的 11 个行动中，有 1 个正在调整，另外 10 个在按计划开展。同时，报告新增加 4 个与海洋行动计划有关的行动。① 此外，美国政府机构海洋科学委员会在 2007 年 1 月 26 日发布了报告《绘制美国未来十年海洋科学发展路线——海洋科学研究优先领域和实施战略》，列举了 6 个主题共计 20 项优先研究内容和近期四大优先研究领域。②

美国的《21 世纪海洋蓝图》和《美国海洋行动计划》是自 1969 年《美国与海洋》之后，对美国海洋经济发展影响最深的举措。它们改变了 20 世纪以来美国一直坚守的海洋发展政策，对海洋发展战略的完善起到了至关重要的作用，也对全世界海洋经济的发展产生了重大而深远的影响。

二　加拿大：绝对的海岸线优势

位于北美洲的加拿大，东临大西洋，西接太平洋，北靠北极海，三面环海，有着约 2 万公里的海岸线和第二大的大陆架。加拿大的国土总面积约为 998.5 万平方公里，海岸线与国土面积比为 2 米/平方公里，人均海岸线长度约为 0.593 米，居世界第二位。加拿大延伸出来的一部分海岸线形成了世界上最大的群岛——加拿大北极群岛，其大部分大城市都处于沿海地区，约 23% 的人口生活在沿海地带。

自古以来，加拿大就是海上贸易大国，国际国内运输都以海上运输为主，并且其渔业、水产养殖业、海洋旅游业等海洋产业都很发达，其漫长的海岸线为加拿大人提供了丰富的海洋资源以及各种便利的生活条件。尽管加拿大政府自 20 世纪 70 年代就开始关注海洋的发展，但其海洋发展战略的制定是从 20 世纪末开始的。

1997 年，加拿大政府通过《海洋法》的颁布和实施，授权加拿大渔业和海洋部组织并督促加拿大海洋战略的制定。据此，"北冰洋波弗特海综合管理规范计划""大西洋东斯科舍陆架综合管理计划""太平洋不列颠哥伦比亚省中部海岸计划"三个加拿大沿海地区的管理计划出台了。2002

① The Committee of Ocean Policy U. S. Action Plan, 2008 – 12 – 16, http://ocean. ceq. gov/oap-update012207. pdf.

② NSTC Joint Committee on Ocean Science. Charting the Course for Ocean Science in the United States for the Next Decadel, 2008 – 12 – 16, http://ocean. ceq. gov/about/docs/orppfinal. pdf.

年,《加拿大海洋战略》正式颁布实施①,这是目前加拿大发展海洋经济、进行海洋管理的根本指南。其海洋管理工作的要点可以概括为:在海洋综合管理中坚持生态系统的方法;重视现代科学知识和传统生态知识②;坚持综合管理原则、可持续发展原则、预防为主原则;把现行的各种各样的海洋管理方法改为相互配合的综合管理方法;在发扬海洋机关相互协作精神的同时,加强其责任心和运营能力;为了保护海洋环境和可持续发展,最大限度地发挥海洋经济的潜能;加强四种协调,即政府各部门之间的协调、各级政府的协调、政府与产业界的协调以及政府、产业界和广大公众的协调。

进入 21 世纪后,加拿大为了实施海洋发展战略,其海洋工作的重点在于以下几个方面。

第一,北极海洋战略计划框架的制订。由于全球气候变暖,北极冰雪逐渐融化,北极成为环北极国家以及许多非环北极国家争相开发、利用的热土。加拿大政府觊觎北极海洋能源的意图非常明显,已针对北极的开发宣布了"建造新的北极航海巡逻艇计划""深水港计划""沿西北通道的冰冷天气训练中心计划"。加拿大与多个环北极国家之间在环境污染、生物多样性、生态系统完整性等方面的矛盾是当前加拿大实施北极战略的主要阻碍。

第二,海洋环境、海洋生物的多样性、海运和海事的安全问题。近年来加拿大的海洋环境受到不同程度的污染,海洋生物受到各种各样的威胁;而作为加拿大海洋经济支柱产业的海洋运输业,每年有超过十万艘船只、360 万吨货物运输量。因此,目前海洋环境、海洋生物多样性、海运和海事安全问题仍是加拿大海洋工作的重点,其中解决大西洋西北海岸的过度捕捞问题尤为关键。

第三,海洋的综合计划和管理。为了更好地开发和利用海洋资源,应对海岸带综合管理、政府海洋职能、海洋法律法规,尤其是针对包括普拉

---

① Fishery and Oceans Canada. Canada's Oceans Action Plan for Present and Future, 2005 – 12 – 18, http://www.dfo-mpo.gc.ca/oceans-habitat/oceans/oap-pao/pdf/oap_e.pdf.

② 李珠江、朱坚真:《21 世纪中国海洋经济发展战略》,经济科学出版社,2007。

森舍湾、大西洋浅滩、圣劳伦斯湾、波弗特海、北太平洋沿岸在内的五大管理规划优先领域的海洋综合管理问题是接下来加拿大海洋工作的重点。

第四，国际上的海洋地位。一个国家在国际上的海洋地位直接决定着其在国际社会的话语权，因此，加拿大非常注重其在国际海洋管理方面、在全球论坛上的领导作用。如何进行国际海洋合作、发挥其在国际海洋社会中的管理职能，也是其海洋工作的重要内容之一。

三　澳大利亚：世界第一的海洋产业贡献率

澳大利亚位于南太平洋和印度洋之间，由澳大利亚大陆和塔斯马尼亚岛等岛屿和海外领土组成。它东濒太平洋的珊瑚海和塔斯曼海，西、北、南三面临印度洋及其边缘海，境内有卡奔塔利亚湾、大澳大利亚湾、托雷斯海峡、巴斯海峡、珊瑚海、塔斯曼海、帝汶海七大主要海湾、海峡和海洋，海岸线长约 2.01 万公里。国土面积为 774.1 万平方公里，比整个西欧大一半，占大洋洲的绝大部分，是全球国土面积第六大的国家且近 40% 的国土位于南回归线以北。海岸线与国土面积比约 2.6 米/平方公里，人均海岸线长度约为 0.957 米，居世界第一位。澳大利亚物产非常丰富，是南半球经济最发达的国家，是全球第四大农业出口国，也是多种矿产出口量全球第一的国家。

1979 年，在澳大利亚政府颁布的"海岸和解书"确立了其对海洋管理的绝对控制权之后，澳大利亚政府就把海洋产业的发展、海洋的综合管理、海洋资源的协调开发、海洋发展战略、相关海洋法案的制定、海洋科技发展作为本国海洋经济的重点。

近年来，澳大利亚的农牧渔业、海洋油气业、滨海旅游业、以高速铝壳船和渡轮的设计与建造为主的船舶制造业等产业对海洋经济的贡献率较高，整个海洋产业产值对国民经济的贡献率约为 8%，居世界第一位。澳大利亚政府也将海洋产业的可持续发展作为本国海洋经济发展战略的重心，先后出台一系列针对海洋产业发展的支持措施，以保证海洋产业在全球的竞争地位。1997 年发布实施的《澳大利亚海洋产业发展战略》，以实现各产业和各部门之间的互动协作为目的，在统一产业部门和政府管辖区内海洋管理政策的基础上，对各部门的职能进行了具体整合。之后成立的国家海洋办公室负责海洋的统一领导，监督海洋规划的实施，协调各涉海部门之间的矛盾。除此之外，澳大利亚政府在 20 世纪末还颁布并实施了《澳大利亚海洋政策》《澳大利亚海洋科技计划》两个计划方案，作为海洋产业发展战略的必要补充。其中 1998 年颁布的《澳大利亚海洋政策》，对可持续利用海洋的原则、海洋综合规划与管理、海洋产业、科学与技术、主要行动五个部分做了详尽的规定。此系列海洋战略措施为规划和管理澳大利亚海洋资源及发展海洋产业提供了一个框架支持和战略依据，是澳大利亚 21 世纪海洋经济发展的根本保障。

海洋环境的保护和治理工作是澳大利亚 21 世纪海洋发展战略的重要部分。2010 年 11 月 9 日，《2010 年海洋保护法修正案》正式出台，澳大利亚政府针对向海域排放污染物的问题做出了明确的法律规定。此外，澳大利亚的各大州也先后出台了一系列关于海洋环境保护的法案。如 2011 年11 月，新南威尔士州通过了《2011 年环境保护法修正案》；2012 年 3 月 7日，澳大利亚新南威尔士州议会通过了新的《2011 年海洋污染法》。这些法案为海洋污染的治理工作提供了必要的法律保证。

澳大利亚政府非常重视关于海洋的立法工作，具有比较健全的海洋法律制度，目前澳大利亚国内的 600 多部与海洋相关的法律为其海洋经济的有序发展营造了良好的法律环境。澳大利亚在 1994 年 10 月 5 日确立了《联合国海洋法公约》缔约国地位，更是为其在海域划分、海权争议等领域的权益争取提供了许多便利条件。

此外，澳大利亚政府还非常重视海洋科学理论和应用技术的研究与创新，于 1999 年出台的《澳大利亚海洋科技计划》和 2009 年出台的《海洋研究与创新战略框架》，为澳大利亚建立协调统一的海洋研究系统提供了制度保障，更为 21 世纪海洋发展战略的实施提供了必要的技术支持。

四 英国：分权式的海洋管理办法

英国本土位于欧洲大陆西北部的不列颠群岛，被北海、英吉利海峡、凯尔特海、爱尔兰海和大西洋包围，海岸线总长约 1.15 万公里，拥有丰富的海洋资源。英国国土面积约为 24.40 万平方公里，海岸线与国土面积比为 46.93 米/平方公里，人均海岸线长度为 0.185 米。

英国近岸海域油气、鱼类等海洋资源非常丰富，其间更是良港密布、地理位置优越，这使得海洋逐渐成为英国的立国之本、经济之源。随着 20 世纪 60 年代以来英国对北海油气田的开发，海洋油气业逐渐成为英国最大的海洋产业。近年来，英国更是逐步加大其在海洋新能源发电方面的技术开发力度，并计划从海洋中获取全国 1/5 的电力能源。

进入 21 世纪后，除海洋油气开采业外，港口业、海洋航运业、休闲娱乐业和装备制造业逐渐成为英国海洋的支柱产业。近年来，英国的滨海旅游业和海洋设备材料工业的发展比较迅猛，其中海洋设备、游艇建造、巡航和可再生能源产业的增长速度最快。英国 18 个主要海洋产业总产值达 868.06 亿英镑，具体海洋产业发展状况如表 3 - 1 所示。

表 3 - 1　英国海洋产业情况

海洋产业	年份	海洋产业总产值（百万英镑）	海洋产业增加值（百万英镑）	海洋产业增加值占国内生产总值比重（‰）	海洋产业就业人数（人）	海洋产业就业占全国总就业比重（‰）
油气业	2005	28693	19845	18.1	290000	9.4
港口业	2005	8108	5045	4.6	54000	1.8
航运业	2004	8820	3399	3.1	281000	0.9
休闲娱乐业	2005	7435	3326	3	114670	3.7
海洋设备	2004	7880	3268	3	18688	5.9
海洋国防	2005	8185	2841	2.6	74760	2.4
海底电缆	2005	4993	2705	2.5	26750	0.9
商业服务	2004	3006	2086	1.9	14100	0.5
船舶修造业	2004	2720	1193	1.1	35000	1.1
渔业	2004	3740	808	0.7	31633	1
海洋环境	2005	981	482	0.4	16035	0.5
研究与开发	2005	797	426	0.4	10360	0.3
海洋建筑业	2005	558	228	0.2	6200	0.2

续表

海洋产业	年份	海洋产业总产值（百万英镑）	海洋产业增加值（百万英镑）	海洋产业增加值占国内生产总值比重（‰）	海洋产业就业人数（人）	海洋产业就业占全国总就业比重（‰）
航海与安全	2005	450	150	0.1	5000	0.2
滨海砂石开采	2006	242	114	0.1	1670	0.1
许可和租赁业	2005	93	90	0.1	500	0
海洋教育	2005	73	52	0.1	350	0
可再生资源	2005	32	10	0	500	0
合计		86806	46068	42	981216	28.9

注：数据根据英国公共财产公司（The Crown Eatate）2008 年公布的《英国海洋经济活动的社会—经济指标》整理而得。参见 David Pugh《英国海洋经济活动的社会—经济指标》，《经济资料译丛》2010 年第 2 期，第 75—96 页。

英国对海洋事务的管理起步较早，但由于它采取的是分权式的海洋管理办法，海洋管理权多分散于专门负责的管理部门，国内缺少统一的海洋管理机构；同样地，尽管英国的海洋法律制度比较健全，但其涉海法律法规多是根据不同用途、分门别类地对具体海洋资源的开发行为制定的，而缺少一部制约各类海洋行为的综合性的法律法规。这种海洋管理及海洋立法方式在一定程度上对海洋资源和海洋环境的管理与保护提供了有力的保障，但同时也导致英国本土既无统一负责海洋事务的政府部门，也没有统一的海上执法队伍，对全国海洋资源与产业的统一管理造成了许多的不便。

目前英国中央政府负责海洋资源与产业管理的主要机构包括皇家资产管理机构，环境、食品和农村事务部，商业、企业和管理改革部，海事和海岸警备队等。除此之外，地方政府以及一些半官方机构也参与了英国海洋事务的管理。而英国的海洋法律法规包括与渔业、油气勘查和开采业有关的法规、与皇室地产有关的法规和与规划有关的法规等，主要包括 1949年颁布的《海岸保护法》、1961 年颁布的《皇室地产法》、1964 年颁布的《大陆架法》、1975 年颁布的《海上石油开发法（苏格兰）》、1998 年颁布的《石油法》、1971 年颁布的《城乡规划法》、1971 年颁布的《防止石油污染法》、1976 年颁布的《渔区法》、1981 年颁布的《渔业法》、1987 年颁布的《领海法》、1992 年颁布的《海洋渔业（野生生物养护）法》、1992 年颁布的《海上安全法》、1992 年颁布的《海上管道安全法令（北爱尔兰）》、1995 年颁布的《商船运输法》、2001 年颁布的《渔业法修正案（北爱尔兰）》、2009 年颁布的《英国海洋和海岸准入法》等。①

此外，英国一直非常重视海洋的科学研究工作。近年来，英国的海洋科学研究与开发投入一直呈逐年增长的趋势。1985 年英国海洋研究与开发经费约为 19300 万英镑，1990 年增长了 107％，增至约 40000 万英镑。1994 年该经费约为 48650 万英镑，比 1985 年增长了约 152％，比 1990 年增长了近 22％。② 21 世纪之初，英国自然环境研究委员会（NERC）和海洋科学技术委员会（USTB）提出了包括海洋资源可持续利用和海洋环境预报两大方面的 5—10 年的海洋科技发展战略。2007 年英国启动了名为"2025 年海洋"的战略性海洋科学计划，NERC 将提供大约 1.2 亿英镑的科研经费支持该计划。③

五 日本：转变后的海权观念

日本是一个四面环海的海洋国家，位于亚欧大陆东部、太平洋西北部，西临日本海和东海，北接鄂霍次克海，隔海分别与朝鲜、韩国、中国、俄罗斯、菲律宾等国相望。日本的国土面积仅为 37.8 万平方公里，领土由北海道、本州、四国、九州四个大岛和 3900 多个小岛组成，是一个资源极度匮乏的国家。但日本的海岸线与国土面积比为 79.37 米/平方公里，人均海岸线长度为 0.235 米，因此，海洋资源对日本的经济发展起到了决定性的作用。

在第二次世界大战以前，受西方海权思想的影响，日本海洋发展的重点主要是海上军事武装。当时日本的海洋战略思想是："日本及世界的未来取决于海洋，海洋的关键是制海权，制海权的关键在于海军的强大，海

① 宋国明：《英国海洋资源与产业管理》，《国土资源情报》2010 年第 4 期，第 6—10 页。
② 高战朝：《英国海洋综合能力建设状况》，《海洋信息》2004 年第 3 期，第 29—30 页。
③ NERC, Oceans 2025, http://www.oceans2025.org/PDFs/Oceans_2025.pdf.

军战略的关键是通过舰队决战击溃敌方。"① 而正如《明治文化集》上说："高度重视依托海上力量夺取海洋利益的传统海权观及海洋战略，助推着日本在 70 余年间走完了从岛国扩张为东亚海上及陆上强国，而后又回归岛国的历程。"② 而在第二次世界大战战败后，日本逐步转变海洋发展战略，除了继续重视海上军事力量及海上安全外，也开始将海洋资源、海洋环保、海洋科技等非军事因素列入海洋发展重点范畴，海洋经济逐渐成为整个国家经济发展的基础。

随着全球对海洋资源、环境与安全的广泛关注，大多数海洋国家纷纷针对海洋未来的开发和利用制订出 21 世纪的海洋发展计划。但正如日本财团会长笹川阳平（Yohei Sasakawa）指出的，日本缺乏海洋治理的理念③，日本也开始加紧制定国家海洋战略和政策。2005 年 11 月 18 日，日本出台了《海洋和日本——21 世纪海洋政策建议》。其主要内容包括：海洋开发利用与海洋环境保护之间的协调，确保海洋安全；充实海洋科学知识；健全发展海洋产业；海洋综合管理；加强海洋问题研究和国际合作等。2006 年 4 月，日本成立了由防卫、外交、历史、水产、资源、交通、海上执法、环境等多方面专家、学者以及民党、公明党、民主党的参议员和众议员组成的海洋基本法研究会。随后研究会根据《海洋和日本——21 世纪海洋政策建议》向安倍晋三提交了《海洋政策大纲——寻求新的海洋立国》《海洋基本法草案》。日本参议院于 2007 年 4 月 20 日通过了这份规范海洋问题的基本法案《海洋基本法》。紧接着，日本于 2008 年 2 月 8 日出台了《海洋基本计划草案》。④

目前日本的海洋产业和海洋相关产业的总产值占日本国内生产总值的一半，其中造船业、渔业、海洋油气业和海洋空间资源的开发与利用业是日本海洋经济的主导产业。日本在 1955 年超过英国成为世界第一大造船国

① 张景全：《日本的海权观及海洋战略初探》，《当代亚太》2005 年第 5 期，第 35—40 页；修斌：《日本海洋战略研究的动向》，《日本学刊》2005 年第 2 期。
② 吉野作造：《明治文化集》第 2 卷，日本评论社，1928。
③ Yohei Sasakawa, Reflections on Marine Day, Ship & Ocean Newsletter Selected Papers, No. 95, (July 20, 2004), p. 10.
④ 刘岩、李明杰：《21 世纪的日本海洋政策建议》，《中国海洋报》2006 年 4 月 7 日，第 3 版。

后，一直保持着全球最高的造船水平。日本每年投入巨额资金和高新技术用来发展海藻等海产品的养殖，其海产品的品种为 80 多种。目前日本在海洋空间资源的利用方面处于世界领先地位，对于日本这样国土面积比较小的国家来说，合理进行海洋空间资源的开发和利用为日本国民提供了更加广阔的生存空间。日本已经建成了一座面积约为 6 平方公里的神户人工岛海上城市，并建成了长崎海上机场、神户海上机场、关西海上国际机场，还计划在海上港湾、跨海大桥、海底隧道、海洋能源基地和海洋牧场等方面加强海洋空间的利用。

日本的海洋科研水平，尤其是海洋调查船、深海潜水器以及海洋观测技术一直居世界首位。在海洋机器人方面，日本开发出续航能力达 1500 公里、装有能承受 350 个大气压的燃料电池、可以在 3500 米深海处潜行、足以横渡北冰洋的鱼雷机器人。但与欧美海洋强国相比，日本在海洋技术开发的综合性上稍逊一筹。

第三节　国外海洋经济发展经验对中国的启示

一　完善以和平崛起为目标的海洋发展战略

海洋发展战略是每个海洋国家发展海洋经济、实施海洋行动的根本。中国民主革命先行者孙中山先生就曾指出："自世界大势变迁，国力之盛衰强弱，常在海而不在陆，其海上权力优胜者，其国力常占优胜。"[①] 新中国成立以来，中国的海洋经济发展虽然几经波折，但一直保持着良好的发展势头。1994 年中国制定了《中国 21 世纪议程》，并于 1996 年颁布了《中国海洋 21 世纪议程》，提出了中国海洋事业可持续发展的战略思想，把"海洋资源的可持续利用与保护"作为重要的行动方案；2003 年 5 月，国务院批准实施的《全国海洋经济发展规划纲要》是中国政府为促进海洋经济综合发展而制定的第一个宏观指导性的文件；《中华人民共和国国民

---

① 《孙中山全集》（第二集），中华书局，1956，第 79 页。

经济和社会发展第十一个五年规划纲要》勾画了促进海洋事业全面发展的宏伟蓝图；《国家中长期科技发展规划纲要》则把海洋科技列为中国科技发展的战略重点之一，并做出了全面部署。

在众多沿海国家纷纷出台适合本国发展的海洋发展战略的今天，作为最大的发展中国家，中国必须制定合乎中国国情的海洋发展战略，以便进行统筹规划，将海洋大国建设成为海洋强国。因此，中国发展海洋经济的首要任务是，根据目前国内和国际的海洋发展现状，以海洋强国的和平崛起为根本目标，以可持续发展为指导理念，在对现有的海洋发展规划进行修订、完善的基础上，制定出一套适于中国的海洋经济可持续发展战略。

二 构建以可持续发展为指导理念的海洋经济战略支撑体系

通过对国外海洋经济发展的比较分析可发现，当今世界发展海洋经济的立足点均在于对海洋资源的开发及利用，进而寻求经济利益。而在对海洋资源的开发与利用的过程中，有许多决定其开发与利用效率的因素，如海洋生态环境问题，以及在经济全球化背景下的海洋国际合作和具体的海洋经济制度等，制约着海洋资源开发与利用的海洋科技水平。

大部分海洋强国都将海洋资源的开发与管理、海洋环境的保护、海洋科技研究、海洋的国际合作、海洋发展政策及法律法规五大方面作为本国海洋经济发展的重点，这为中国发展海洋经济、进行可持续发展战略部署提供了必要的借鉴。因此，在基于中国海洋发展实践制定科学的海洋发展战略和规划，明确海洋经济发展的政策与思路之前，必须构建海洋经济可持续发展战略支撑体系。传统的经济研究方法如霍夫曼定理、刘易斯的二元经济结构、钱纳里的发展理论以及杨小凯的专业化分工理论等，均将资源、环境、市场条件等一系列可持续发展所关注的因素作为外生变量。而对于与陆域经济有着极大相似性和差异性的海洋经济来说，在进行可持续发展的研究时，应在借鉴陆域经济研究经验的基础上摒弃其研究过程中的缺陷与不足，将海洋—经济—社会系统协调发展过程中的这些因素内部化且统一在一个可持续发展的框架内。因此，在海洋经济的可持续发展过程中，应将对海洋资源的开发与利用作为整个可持续发展框架的中心，而将海洋生态环境、海洋科技、海洋经济国际合作、海洋经济制度四大要素作为海洋经济可持续发展的战略支撑。四大战略围绕着如何进行海洋资源的开发与利用这一战略核心，使整个海洋经济以一个可持续发展的形式进行。由此，五大战略协同发展、彼此支持（见图3-1）。

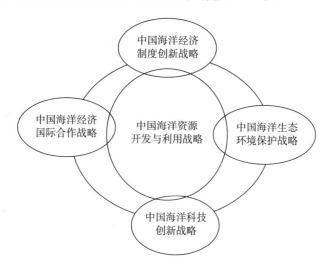

图3-1 中国海洋经济可持续发展战略体系框架

这一可持续发展战略支撑体系可起到两方面作用：其一，该支撑体系能够不断推动海洋、经济、社会各个子系统自身的发展，体现出海洋资源—海洋生态环境—海洋科技—海洋国际合作—海洋经济制度这一复杂系统内各重点领域的相互促进功能；其二，该支撑体系能够不断协调社会、经济和海洋各子系统的发展关系，使各子系统能够始终处于一种互相支持、协同促进的循环之中，体现出整个系统的协调功能。因此，后文将这五大战略作为中国海洋经济可持续发展的战略重点，逐一进行系统而详尽的分析，并就各战略重点的发展规划提供必要的策略建议。

三 确立以五大发展理念为指导的海洋经济发展方向

2015年10月26日至29日，中国共产党第十八届五中全会审议通过了《中共中央关于制定国民经济和社会发展第十三个五年规划的建议》，确立了"创新、协调、绿色、开放、共享"五大发展理念，这被视为关系中国发展全局的一场深刻变革。作为国民经济重要组成部分的海洋经济，更应将科学的理念引入经济发展理论与实践中。海洋经济的发展应将"创新、协调、绿色、开放、共享"五大发展理念与可持续发展观结合起来，指导海洋发展实践。创新发展是实现海洋经济可持续发展的关键驱动因素、根本支撑和关键动力；协调发展是提升海洋经济可持续发展整体效能的有力保障；绿色发展是实现海洋经济可持续发展的历史选择，是通往人与海洋和谐境界的必由之路；开放发展是拓展海洋经济发展空间、提升开放型经济发展水平的必然要求；共享发展是海洋经济可持续发展的本质要求。海洋经济的可持续发展应是以创新、协调、开放的理念实现绿色、共享的发展，应是五大发展理念与可持续发展战略支撑体系相融合的发展。

一是以海洋科技为基础，坚持海洋经济的创新发展。创新海洋经济调控手段，科学配置海洋资源，完善反映市场供求关系的资源有偿使用制度，破解海洋产业结构不合理和低端同质化难题，建立健全简政放权、放管结合的海洋管理运行机制，将科技创新作为海洋经济可持续发展的主要动力。

二是以海洋资源为内容，坚持协调发展。增强海洋经济产业竞争力。按照"主体功能突出、统筹协调发展"的要求，加快产业空间布局的调整优化，大力推进陆海统筹、江海联动，全力打造以沿海为纵轴、沿长江两岸为横轴的 L 形海洋经济带，构建一带三区多节点的海洋经济新格局。推进海洋与渔业技术装备发展，打造海洋与渔业综合管理信息化平台，提升海洋环境和灾害应急等综合管控能力。

三是以海洋环境为核心，坚持海洋经济的绿色发展。以涉海经济活动的绿色化为目标，推进"海洋生态环境＋海洋经济"模式建设，科学划定海洋生态红线，控制住重点海域污染物总量。

四是以海洋国际合作为手段，坚持海洋经济的开放发展。按照共商、共建、共享原则，加强海洋国际合作交流，统筹好国际国内两个市场、两种资源，将海洋经济的发展融入"一带一路"建设中，坚持"走出去"

"引进来"并举，拓展发展空间，实现互利共赢。

五是以海洋经济制度为保障，坚持海洋经济的共享发展。以人民群众得到更多实惠为目标，加强海洋环境保护、海洋安全能力、海洋公共服务等方面的制度建设，让公众享受美丽海洋。

第四章
海洋经济可持续发展的必要性和可行性

第一节 海洋经济可持续发展的必要性分析

一 海洋资源的重要性日渐凸显

自 20 世纪 60 年代以来，随着陆地资源的日渐枯竭，世界范围内的人口、粮食、环境、资源和能源五大危机日益凸显。为了化解危机，人类将目光逐步转向了富含大量资源的海洋世界，意欲从丰富的海洋资源中寻求更大的生存机会。而随着世界海洋科技的迅速发展，人类对海洋的认识也逐步加深，可供人类利用的海洋资源也变得越来越丰富，人类社会对海洋的依赖越来越强。海洋除了空间资源、生物资源之外，还有化石燃料资源、深海矿物资源、滨海矿物资源、海水化学资源、海洋动力资源和滨海旅游资源等。海洋被人们誉为"蓝色聚宝盆"，开发潜力巨大。

第一，海洋是生命的摇篮。

海洋是孕育生命的摇篮，蕴藏着丰富的海洋生物资源。据不完全统计，地球上 80% 的物种在海洋，90% 的动物蛋白质在海洋，海洋中有近 10 万种海洋植物、16 万种海洋动物，有 3000 多种海洋鱼类。各种低级和高级的海洋植物、海洋动物以及海洋微生物共同构成了一个庞大的海洋生态系统。全球海洋除了为地球上近 300 亿人口提供可食用的近 6 亿吨的鱼类、贝类、虾类、藻类等海产品外，每年还为全人类创造出约 4300 亿吨的占地球总量一半的生产力。但受海洋开发技术限制，目前全世界每年捕捞量仅为9000万吨左右，不到海产品总量的15%。此外，随着生物经济以及海洋生物技术的发展，以细菌、放线菌、雪菌、酵母菌、病毒等为主的海洋微生物构成了海洋的初级生产力。海洋微生物是医药和工业的重要原料，目前全球每年海洋初级生产力的总和可达6000亿吨。2011年，中国海产品产量为2908万吨，占全国水产品总产量的52%，其中近海捕捞1241.9万吨、海水养殖产量1551万吨、远洋捕捞114.8万吨。

第二，海洋是人类能源的宝库。

无论是大洋还是海岸带，无论是海水表面还是海底，遍布着丰富的海洋矿产资源和化学资源。随着海洋科技的发展，人类逐步加强对海洋矿产资源的挖掘和开拓以及对海洋化学资源的利用。目前全球海底可开采的石油量为1350亿吨，占世界石油总可采储量3000亿吨的45%；海洋天然气储量约为140亿立方米，约占世界天然气总储量255亿—280亿立方米的一半；除此之外，许多近岸海底还蕴藏着丰富的煤、铁等固体矿产资源，目前已发现的海底固体矿产有20多种，全球海底大约有1亿—3亿吨锰结核资源量，仅西太平洋火山构造隆起带的潜在资源量就为10亿吨以上。有资料显示，钓鱼岛周围20万—22万平方公里的海域埋藏着丰富的油气资源，仅石油储藏量就有30亿—70亿吨（亦说超过100亿吨）；其他资料反映，该海域海底石油储量约为800亿桶，超过100亿吨，相当于曾经世界第二大产油国伊拉克的原油储藏量。日本方面的数据称，"东海油气储量约为72亿吨，其中石油大约1000亿桶，天然气约2000亿立方米，够中国未来用80年、日本用100年"，日本每年海底煤矿的开采量约占全国煤矿总产量的30%。经有关专家的初步估计，整个南海的石油储量大约为230亿—300亿吨，大约占中国总资源量的1/3，南海属于世界四大海洋油气聚集中心之一，故有"第二个波斯湾"之称。对于开采南海石油资源，中国提出了"搁置争议，共同开发"的建议。2004年越南在南海大陆架的年采油量已高达1100万吨，出口石油成为越南外汇的最大来源，其中大部分石油都出自南海地区。美国能源信息署2002年5月的资料显示，菲律宾每天在南海地区开采9460桶石油，每年开采天然气10亿立方英尺。为瓜分南海的石油藏量，菲律宾准备把大陆架由目前的 200 海里延伸到 350 海里。[1] 马来西亚是在南海开采油气资源最多的国家。目前，该国在南海的石油年产量超过 3000 万吨，天然气达 1.5 亿立方米。在中国海域内又发现大储量可燃冰，仅南海北部的可燃冰储量估计相当于中国陆上石油总量的 50% 左右。

另外，海滨沉积物中含有许多贵重的矿物，海水中的黄金含量相当于陆地储量的 170 多倍，银含量相当于陆地储量的 7000 多倍。[2] 滨海砂矿资源储量为 31 亿吨，有目前世界上 95% 的钻石、90% 的金刚石、75% 的锡石；而且在世界海洋 3500—6000 米的洋底处还储藏着约 3 万亿吨的多金属结核，其中锰的产量可供世界用 18000 年、镍可用 25000 年。世界关于海水化学资源的利用主要在于海水的淡化和海水溶解物的利用；目前全球海水淡化日产量约为 3500 万立方米，其中 80% 用于解决 1 亿多人的饮水问题。中国已建和在建工程累计海水淡化能力约为 60 万吨/天。已建成的产业化示范工程项目有 5000 吨/天反渗透海水淡化工程、3000 吨/天低温多效蒸馏海水淡化工程、1.25 万吨/天低温多效海水淡化工程项目。引进技术、消化吸收后设计和制造的设备有 3000 吨/天和 4000 吨/天低温多效海水淡化成套装置。全国海水直接利用现已超过 600 亿立方米，随着海水利用技术的不断进步，海水直接利用从工业领域向农业领域延伸，对其他产业的支撑以及保障用水安全具有长远意义和战略意义。人类在海洋中已经发现了近 80 种元素，占自然界已发现的 92 种元素的 87%。另外，据相关统计，海水中的铀含量约为 42 亿吨，是陆地储量的 4200 倍以上。[3]

除了各种矿产资源和化学资源外，海洋中还蕴藏着各种取之不尽的绿色能源，包括海洋潮汐能、波浪能、潮流能、温差能、盐差能。它们不同于煤炭、石油、天然气以及各种化学能源，是一种永不枯竭的可再生能源。据估计，目前全球可供利用的海洋能源总量在 1500 亿千瓦以上，相当

---

① 吴士存等：《我国的能源安全与南海争议区的油气开发》，海南南海研究中心编《"南海资源与两岸合作研讨会"论文集 2004》，2004，第 71 页。
② 徐质斌：《中国海洋经济发展战略研究》，广东经济出版社，2007，第 1—18 页。
③ 褚金同：《海洋能资源开发利用》，化学出版社，2005，第 50—117 页。

于全世界发电总量的 10 倍多。其中全世界海洋潮汐能有 20 多亿千瓦，每年可发电 12400 万亿千瓦时。目前加拿大、法国、俄罗斯和中国都建有潮汐发电站，预计到 2030 年世界潮汐发电站的年发电总量将达 600 亿千瓦时；世界海洋中的波浪能达 700 亿千瓦，可供开发利用的为 20 亿—30 亿千瓦，每年发电量可达 9 万亿千瓦时，占全部海洋能量的 94%；世界上可利用的海流能约为 0.5 亿千瓦，可转换为电能的海水温差能为 20 亿千瓦，可利用的盐度差能约为 26 亿千瓦。世界上最大的暖流——墨西哥洋流，在流经北欧时为 1 厘米长海岸线提供的热量大约相当于燃烧 600 吨煤的热量。

第三，海洋是贸易的通道。

随着经济全球化的发展，国际贸易过程中的货物运输量越来越大，海洋在这一重要问题的解决上充当了重要的角色。目前世界上以太平洋航线、西北欧航线、印度洋航线为主的主要大洋航线共有 10 多条，各航线的海洋运输总量占据了全球货运总量的 70%。

由表 4 - 1 可见，原油、铁矿石、煤炭类大宗资源战略性物资的海运量居总海运量的首位，合计超过总海运量的 45%。其中原油的海运量最高，在 2009 年占总海运量的比重达 24.5%；铁矿石次之，海运量占比达 10.8%。如再加上成品油和煤炭的海运量，全部能源类商品的海运量超过全球总海运量的一半。而由于能源特有的经济价值，海上能源运输逐渐成为各海洋国家为发展海洋经济而争相抢占的战略高地。2011 年，中国沿海港口有万吨以上泊位 1422 个，可完成货物吞吐量 63.6 亿吨，货物吞吐量超过亿吨的港口增加到 17 个。完成集装箱吞吐量 1.46 亿标准箱（TEU），集装箱吞吐量超过 100 万 TEU 的港口达到 15 个。

表 4 - 1　世界主要外贸海运量构成

品种	海运量（百万吨）		海运周转量（十亿吨海里）	
	2009 年	所占比重（%）	2008 年	所占比重（%）
原油	1920	24.5	14967	28.5
成品油	746	9.5	3206	6.1
铁矿石	849	10.8	8361	15.9

续表

品种	海运量（百万吨）		海运周转量（十亿吨海里）	
	2009 年	所占比重（%）	2008 年	所占比重（%）
煤炭	777	9.9	6284	12.0
谷物	320	4.1	3153	6.0
其他	3238	41.2	16544	31.5
合计	7850	100.0	52515	100.0

资料来源：国家海洋局编著《中国海洋统计年鉴（2011）》，海洋出版社，2012。

第四，海洋是人类生存的第二空间。

除了海洋交通运输外，海洋还为人类提供了更广阔的空间资源，包括海岸和海岛空间资源、海洋水层空间资源、海洋海底空间资源等，海洋为人类提供了更广阔的生存空间。

一方面，人类可利用海面和洋面空间，建设海上人工岛、海上机场、工厂和城市；将海洋水层空间资源应用于潜艇和其他民用水下交通工具的运行、水层观光旅游和体育运动、人工渔场的兴建等领域。在这方面海洋资源的利用上，日本在世界上是首屈一指的，早在 1975 年就建造了世界上最早的海上机场——长崎海上机场。对于中国来说，珠海机场的填海兴建也是人类海面空间资源利用的重要例证。此外，中国在太平洋国际海底区域还拥有 7.5 万平方公里具有专属勘探权和优先开采权的多金属结核矿区。该矿区富含种类齐全、储量丰富的海洋资源，对于拥有十几亿人口的中国的可持续发展来说有着非同寻常的意义。这不仅关系着中国人民的几十年、几百年的发展，而且关系着更加长远的发展。当陆地资源枯竭或者供不应求时，当国家发展因资源不足受到阻碍时，300 万平方公里的广阔海洋就成了中国总量资源的重大后备基地，是实施可持续发展的重要后备基地。再者，随着土地资源的紧张利用，建造海上工厂、海上油库、海上牧场、海上农场将成为未来发展的趋势。

另外，人类还将海洋海底空间资源运用于海底隧道、海底居住和观光、海底通信系统、海底运输管道、海底倾废场所、海底列车、海底城市等空间应用领域；将海岸和海岛空间资源应用于港口、海滩、潮滩、湿地等建设和使用领域。到现在为止，在全球范围内利用海底空间来铺设电缆的历史已经有 100 多年。1988 年，世界上第一条横跨大西洋、连接北美洲的海底光缆正式投入使用。日本的青函海底隧道全长 54 公里，是目前世界上最长的海底隧道；美国已经在纽约的曼哈顿岛和长岛、新泽西州之间开挖了 5 条海底隧道；荷兰在鹿特丹先后修建了 3 条海底隧道。中国大陆海岸线长 18000 多公里，滨海旅游景点有 1500 多处，深水岸线长 400 多公里，深水港址有 60 多处，滩涂面积为 380 万公顷，水深 0—15 米的浅海面积为 12.4 万平方公里。

二　海洋经济的地位逐步攀升

自 20 世纪 70 年代以来，海洋对人类的作用越来越显著，而在新技术革命的推动下，世界海洋经济取得了飞跃式的发展，在国民经济发展中的地位也逐步攀升。海洋经济俨然成为沿海国家和地区国民经济新的增长点，在联合国的倡导下，世界沿海国家都逐渐加大了对海洋的投入，采取各种有效措施竭力维护本国的海洋权益，实施海洋综合管理模式，加快发展海洋经济，以此作为解决 21 世纪人类共同面临的人口激增、资源缺乏、环境严重恶化问题的重要途径。同时，海洋经济的发展也带动了科学、教育、公共事业、金融、保险、环保等有关经济社会活动的兴起和发展，新的产业和新的产业群能够促进社会就业，例如海洋石油工业的产生会影响和带动钢铁、冶金、建筑、造船、运输、化工、机械、仪表、深海工程、海洋调查、盐业、海底发电等产业的兴起，由此带动相关的工程技术的蓬勃发展。开发海洋还可以提供就业机会，显著缓解劳动力过剩带来的就业压力。

随着陆域资源的日渐枯竭，海洋经济越来越被人们重视，世界各沿海国家纷纷提高对海洋经济的重视度。美国自 20 世纪 90 年代以来，为维持其在全球的领先地位，加大了对海洋的投入和关注力度，认为海洋是地球上"最后的开辟疆域"，未来几年计划要从外层空间转向海洋；加拿大提出要大力发展海洋产业，提高海洋的贡献率，增加国内就业，进入国际市场；日本利用其先进的科学技术加速海洋开发和提高国际竞争能力；英国把扩展海洋事业作为跨世纪的一次革命；澳大利亚要强化海洋基础知识在普通民众之间的宣传和普及，加强海洋资源的可持续利用与开发。

发展海洋经济不仅可以带动国家自身的发展，也可以推动全球经济的一体化发展，海洋将成为经济一体化发展的必然通道。从外国的经验来看，荷兰的鹿特丹和新加坡充分利用了港口的优势，成为经济一体化发展的典范。鹿特丹是欧洲大陆的门户港，新加坡的自由港是东南亚地区的金融中心、工商贸易中心和重要港口，两大港口在发展过程中都充分利用了有利的地理位置和发达的海运条件，大力吸引和利用外资，从而极大地推动了本国经济的发展。中国的烟台作为国家重点开发的环渤海经济圈内的主要城市，近年来利用区位优势大力发展海洋经济，同时以港口为依托，形成了海陆空相互补充、相互衔接的便捷的交通运输体系，为烟台地区的经济发展及区域经济一体化提供了优越、便捷的条件，大大促进了环渤海地区经济的发展。

1999 年联合国海洋事务报告指出："在全球 23 万亿美元的国内生产总值中，海洋产业约占 1 万亿美元；海洋和沿海生态系统提供的生态服务价值达 21 万亿美元，而陆地生态系统提供的价值为 12 万亿美元。"据欧洲委员会（The Council of Europe）估计，海洋和沿海生态系统服务直接带来的经济价值每年在 180 亿欧元以上；临海产业和服务业直接产生的增加值每年为 1100 亿—1900 亿欧元，约占欧盟 GNP 的 3%—5%；欧洲地区涉海产业产值已占欧盟 GNP 的 40% 以上[1]。海洋经济作为沿海各国（地区）国民经济的重要组成部分，对国民经济的贡献越来越大。

世界海洋经济发展前景向好。20 世纪 60 年代末世界海洋经济总产值仅为 130 亿美元，70 年代初增加至 1100 亿美元，约是 60 年代末的 8.5 倍，海洋经济在世界国民生产总值中的比重达到 2%。经过 20 世纪 70 年代的飞速发展，世界海洋经济于 1980 年增加到 3400 亿美元，短短十年的时间增长了约 209%。20 世纪 80 年代与 90 年代海洋经济的增长幅度较 70 年代下降许多，增幅都在 95% 左右。1992 年世界海洋经济总产值为 6700 亿美元，大约占世界国民生产总值的 5%，2001 年为 13000 亿美元，2005 年增

---

① 国家海洋局科技司：《〈欧洲综合海洋科学计划〉研究报告》，国家海洋局信息中心译，2003。

至世界国民生产总值的 10%，增长速度相对来说比较平稳，但是远远高于同期 GDP 的增长速度，预计到 2050 年，海洋经济占世界经济的比重有望升到 20%。[①] 目前，世界四大海洋经济支柱已经形成，发展前景乐观。一是 2000 年海上石油产量大约为 13 亿吨，占世界油气总产量的 40%，产值约为 3000 亿美元。预计 21 世纪中叶海洋油气产量将超过陆地油气产量。二是据世界旅游组织统计，滨海旅游业收入占全球旅游业总收入的 1/2，总量约为 2500 亿美元；1998 年全世界 40 大旅游地中有 37 个是沿海国家或地区；37 个沿海国家或地区的旅游总收入达 3572.8 亿美元，占全球旅游总收入的 81%。三是现代海洋渔业发展迅速，基本实现捕捞—养殖—加工一体化生产。2010 年，全世界海洋渔获量每年有 8500 多万吨，总产值约为 2000 亿美元。四是在海洋交通运输业方面，全世界较大海港有 2000 多个，国际货运的 90% 以上通过海上运输完成，1998 年世界集装箱港口吞吐量约为 1.5 亿标准箱，海运总收入为 1500 亿美元。总之，世界海洋产业不久会出现"三二一"结构。从发展趋势来看，中国海洋产业可能会略滞后于世界海洋产业结构的转变，首先可能过渡到"二三一"结构。

中国具有十分明显的海洋资源优势，海洋经济的发展具有巨大的潜力。与世界海洋经济发达的国家相比，目前中国的海洋经济发展还处于初级阶段。中国近海渔业资源可开发潜力为 5350.56 亿—21450.45 亿元，海洋石油资源可开采潜力为 152364.5 亿元，海洋交通运输业的发展潜力为 35526.25 亿元，滨海旅游业的发展潜力为 7186.83 亿—106922.4 亿元，海洋盐业的发展潜力为 223.92 亿—3826.09 亿元。未来国际海底区域海洋经济发展潜力为 26 亿—36 亿美元，平均为 31 亿美元，约合人民币 212 亿元。据国家海洋局 2010 年 3 月 3 日在官网公布的《2010 年中国海洋经济统计公报》，2010 年中国海洋生产总值为 38439 亿元，比 2009 年增长了 12.8%，海洋生产总值占国内生产总值（GDP）的 9.7%；其中，海洋产业增加值为 22370 亿元，海洋相关产业增加值为 16069 亿元。纵向与 2006 年的海洋经济

---

① 马涛、任文伟、陈家宽：《上海市发展海洋经济的战略思考》，《海洋开发与管理》2007 年第 1 期，第 96—100 页。

占比（4%）相比，中国海洋经济至少在数据上进步明显。但是中国海洋经济的发展模式仍然是粗放式的，亟须改进。

三　海洋环境问题日益突出

海洋生态环境是海洋生物生存和发展的基本条件，任何生态环境的改变都有可能导致生态系统和生物资源发生变化，海洋生态环境平衡是海洋环境质量处于良好状态的主要标志。海洋环境的污染是指人类直接或者间接地把物质或者能量引入海洋环境，可能损害生物资源、危害人类健康，甚至妨碍包括捕鱼或其他正当用途在内的各种海洋活动，损害海水的使用质量等。

海洋环境的污染主要有两个方面：一是由自然界的活动引起的海洋环境问题，如海啸、台风、地震、火山爆发、海岸坍塌等一系列自然灾害，称为原生或者第一类海洋环境问题；二是由人类活动引起的海洋环境问题，这类环境问题大体上可分为环境破坏与环境污染。由自然灾害引发的海洋环境问题，现阶段人类还无法控制，甚至无法预测和防范。因此，在海洋环境保护领域，人们关注的基本是人类活动引起的环境问题，主要包括资源破坏、环境污染和外来生物引入对海洋生物多样性的破坏。海洋环境污染大致可以分为以下四类：第一类是陆上来源的污染，即通过大气层或者由于倾倒而放出的有害、有毒、有碍健康的物质，特别是持久不变的物质；第二类是来自船只的污染，即船只故意或者无意排放、倾倒的污染物；第三类是来自勘探和开发海床与底土自然资源的设施和装置的污染；第四类是来自海洋环境内操作的其他设施和装置的污染。

据资料统计，每年有几亿吨垃圾排入大海，经由各种途径进入海洋的石油有数万吨。美国每年倾倒入海的工业废渣就有数万桶。俄罗斯当局也承认，战后几十年来，苏联的核动力舰与破冰船所使用过的放射性废料大部分被抛入北极海域。全球多个入海河口出现了海洋生命"禁区"。而东北太平洋存在一个主要由废弃塑料制品堆成的重达万吨的垃圾山，而且逐年增大。联合国的专家报告指出，"在海洋中，到处都有人类的足迹，从热带到极地，从海滨到海洋深渊，现在都能观测到化学污染和垃圾"。除了垃圾废渣之外，人类的不合理行为也带来了严重影响。人类不合理地采挖珊瑚礁，造成珊瑚礁生态系统大规模破坏。不合理的海上和海岸工程对近海的生物环境造成严重损害。在海岸带修堤筑坝、围海填地、疏浚港湾和其他改变岸线结构的工程建设，可能改变潮流方向、损害原住生物群落结构、增加污染物及其他杂质淤积、阻断洄游生物迁徙通道，可能对沿岸潮间带和浅海生态系统造成巨大压力，使海涂湿地、珊瑚礁、红树林、河口三角洲等多种类型的生态系统的面积急剧减少，使滨海地区的生态平衡失调。发展养虾业和围海造田等大规模围海热潮，使沿海自然滩涂面积减少了一半，不仅对滩涂湿地的自然景观造成了极大的破坏，而且大大降低了滩涂湿地蓄水防洪、调节气候、抵御风暴潮及护岸保田的能力。如果没有了这些海洋资源，海洋经济也无从谈起。

海洋生物是沉积环境和海水环境污染的最直接受害对象。海洋环境中的污染物对海洋生物质量的影响具有累计性，海洋生物体内的污染物含量反映了其生存环境的质量。可食用生物质量的高低对人体健康更是有着重要以及直接的影响。目前，中国海洋生物质量状况并不乐观，主要表现为：珍稀濒危物种逐渐减少，海洋生物结构严重失衡；主要经济生物体内有害物质残留量偏高；沿岸经济贝类卫生状况不佳。除此之外，中国目前还未掌握海洋经济相关的绿色技术。如发达国家已较为普遍地采用海洋经济相关的循环生产技术，许多渔业发达国家的海洋养殖采用的就是循环养殖技术。而在这方面，中国与国际先进水平还存在较明显的差距，具有商业价值的循环生产技术非常少。

当前中国面临的主要海洋生态环境问题表现在海洋污染问题和海洋生态环境破坏问题两大方面。按照 1970 年联合国海洋污染科学问题专家联合组对海洋污染的定义，海洋污染主要指的是人类直接或间接地把物质或能量引入海洋环境（包括海口），以致发生危害人类健康、损害生物资源、妨碍包括渔业在内的海洋活动、损害海水使用素质、降低或毁坏环境质量等不利影响。而海洋生态破坏则主要指人为原因造成的海洋生态失调，如人类的围海造田、港口建设、对传统经济鱼类的过度捕捞等活动造成的对区域内海洋生态系统的破坏等。对中国海域的海洋生态环境问题进行分析可发现：第一，四大海域海洋污染情况不容乐观，亟待净化治理；第二，四大海域中渤海海域的污染程度最高，东海海域的污染面积最大；第三，各大海域海洋灾难频发，海洋生态环境风险严峻；第四，海洋资源逐渐减少，政府的监管效果不佳。海洋经济可持续发展不仅关系到人类自身的生存与发展，而且关系到人与自然的和谐相处。面对日益枯竭的海洋资源和污染严重的海洋环境，海洋经济发展的首要问题不是要不要发展，而是能不能可持续发展以及如何实现海洋经济的可持续发展。

第二节　海洋经济可持续发展的可行性分析

一　海洋科技日新月异

对海洋探索和开发的每一步都是由海洋科技的发展带动的。造船技术的提高、指南针的普及使英国、葡萄牙等国家在 17—19 世纪成为海上霸主。20 世纪以来，由于一系列海洋新技术的开发和运用，美国成为新的海上霸主。传统的海洋渔业和运输业的产生和发展得益于造船技术的进步与动力设备的出现。可见，高新海洋科技的进步将直接驱动新兴海洋产业的壮大，并且海洋科技水平的高低将直接决定海洋产业的规模和水平。从世界范围看，一个国家的海洋经济的强弱关键在于其海洋科技水平的高低。当今美国、日本、俄罗斯等国海洋经济发达，主要是因为它们拥有发达的海洋科学技术。

进入 21 世纪后，海洋油气业、海洋生物工程业、海洋综合利用业、海洋重大装备业和深海产业等以高新技术为支撑的海洋产业逐渐取代了传统的海洋渔业和运输业的主导地位，成为 21 世纪海洋经济的主体。海洋科技在各个海洋利用与开发领域日新月异，带动了相关经济的发展。

海洋油气勘探开采技术的提高加速了海洋油气业的发展。一系列最新技术的开发，包括油层模拟、定向钻井、水平井、深水构造物和系统技术、油气分离处理技术等，大大提高了开采效率。目前，三维数字地震勘探技术已被广泛运用，以深海张力腿平台与浮式结构为代表的海面系统技术更是取得了重大突破，不断提高海洋油气开发钻探速度，加深作业水域。一些国家将进一步设计和建造适于更深海底的采油系统，并以水下机器人和遥控潜水器辅助作业。美国通过卫星技术将探测船上探测器收集的数据传送到千米之外的一台超级计算机上进行分析并指示探测船对更有价值的地点进行搜寻，可以更高效地确定海底深处大油田的存在，从质和量两方面提高油气产业的效益。

海洋生物工程业的飞速发展得益于海洋生物工程技术的进步。以美国为首的发达国家在海洋抗癌药物的研究、海洋生物抗菌活性物质的提取、海洋生物酶的分解等领域取得了丰硕的成果。目前已经被发现的海洋生物活性物质多达 2 万种，而且已经有近百种海洋药物进入临床研究，有望在癌症、艾滋病等重大疾病的防御和治疗领域取得重大突破。在基因工程方面，美国在转移鱼类生长激素基因研究方面取得突破，如把虹鳟鱼的生长激素基因移植到鲇鱼体内，使鲇鱼养殖周期缩短了半年；应用基因重组技术，使鲍鱼产量提高了 25%。日本通过细胞工程育种研究，明显提高了各类珍珠的成珠率。

海水淡化技术和可再生能源技术提高了海洋综合利用率，不仅可以扩大海洋经济产业规模，而且能有效缓解目前全球面临的资源和能源短缺问题。在海水淡化技术方面，早在 20 世纪 40 年代，以蒸馏法为主的海水淡化技术研究就开始了，并且在 70 年代初步形成了工业化生产体系。到目前为止，蒸馏法、电渗析法、反渗透法等海水淡化技术都已达到工业生产的规模，淡化的海水已经成为中东地区以及许多岛屿淡水供应的主要来源。在工业利用方面，许多海域广阔的国家直接用海水替代淡水作为工业冷却水，其海水用量最高能占工业总用水量的一半。以日本为首，其年直接利用海水量达到 30000 亿立方米。在海水发电方面，英国目前已具有建造各种规模的潮汐电站的能力；日本则成立了十多个科研机构，在海洋热能发电系统和热交换器技术领域领先于美国。

海洋机器制造技术的不断成熟带动了海洋重大装备业的发展。目前新加坡和韩国以建造技术较为成熟的中、浅水域平台为主，加强对深水高技术平台的进一步研发；而欧美等国家的核心是研发和建造深水、超深水高技术平台装备。国际水下运载装备、作业装备、通用技术及其设备已形成完整的产业链，有许多专业生产厂商提供服务。2013 年，海洋装备业的全球市场规模达到 2000 亿美元，年增长 20% 以上，发展势头迅猛。

在未来几十年内，随着深海技术的发展，将形成包括深海采矿业、深海装备制造业在内的深海产业群。美国、日本、俄罗斯等国相继研发了6000 米级载人深潜器。美国正在研究的第三代智能水下机器人已进入实验阶段，美国将保持其在此领域的世界领先地位。日本成功研制了装有伸缩机械足、可在凹凸不平的海底作业的昆虫式水下机械人和可在水下进行电缆维修与渔业生产的机器人。日本政府不断增加投资，为无人自动潜水器的技术开发提供资金支持，迄今为止已成功研制 6 种类型的自动潜水器。另外，法国、德国、英国、加拿大、瑞典、澳大利亚和荷兰也正在开发、使用无人深潜器，无人深潜器将是 21 世纪深潜技术开发的方向。

除了新兴产业的兴起外，高新技术的发展对传统渔业效率的提高也发挥了巨大作用。运用基因工程技术、细胞工程技术可以培养出高产、优质的新品种；通过科学的养殖技术，可以建立自动化、集约化、生态型、大规模的海洋农牧化体系。早期快速诊断技术和产品的开发、可靠的病害监测和预报警报系统的建立，还能大大提高海产品的存活率，达到提高品质、增加产量的目的。

目前，在发达国家，海洋科技对海洋经济的贡献率已达到 70%，海洋科技已进入世界科技竞争的前沿，成为各国纷纷抢占的科技制高点。许多国家特别是沿海国家已经或正在制定海洋经济的发展战略。目前世界上有100 多个沿海国家都致力于开发利用海洋资源和空间，重视研发海洋高新技术，从事海洋环境探测、海洋资源调查开发、海洋油气开发事业等。

1986 年，美国率先制定了全球海洋科学规划，进入 21 世纪后，美国更是逐步加快其海洋开发和海洋科技发展的步伐。2004 年 12 月 17 日布什发布了《美国海洋行动计划》，成为美国目前海洋科学技术研究的基本指南。2007 年 1 月 26 日，美国政府机构间海洋科学委员会又发布了《绘制美国未来十年海洋科学发展路线——海洋科学研究优先领域和实施战略》，指出美国未来十年的海洋研究优先领域应主要集中在海洋预测、对基于生态系统的管理提供科学支持和海洋观测能力三大方面。

2000 年，英国自然环境研究委员会（NERC）和海洋科学技术委员会（USBT）提出此后 5—10 年的海洋科技发展战略，包括海洋资源可持续利用和海洋环境预报两方面的科学计划。英国后来提出的《海洋能源行动计划》将有效地引导和促进英国海洋可再生能源业的发展。

参照 2003 年日本财团支持下的海洋及沿岸委员会讨论通过的《海洋和日本——21 世纪海洋政策建议》，日本在 2004 年发布了第一部海洋白皮书，提出对海洋实施全面管理。日本政府于 2008 年 2 月 8 日出台了《海洋基本计划草案》，对日本具体实行的海洋政策提供总体指导思路。日本综合海洋政策部在《海洋产业发展状况及海洋振兴相关情况调查报告（2010）》中明确提出，计划在 2018 年实现海底矿产资源、可燃冰等能源的商业化挖掘生产；计划在 2040 年实现海洋发电（包括海洋风力、波浪、潮流、温差发电）占日本总发电量的 20%。

俄罗斯目前发展海洋科技的主要目标在于保持其海上威慑度，大力发展海洋军事力量。早在 2008 年 12 月 17 日，俄罗斯就通过了北极开发新战略，其成立的北极部队也是为控制北极海域，使北极成为俄罗斯战略资源基地的基础。此外，俄罗斯还大力打造大型国有运输船队，发展海上石油运输，以世界邮轮运输前五强为奋斗目标。

纵观各海洋强国的海洋科技发展历程及未来发展规划，海洋经济已跨入以高新技术引领的新时代，世界海洋科技研究正从宏观和微观向纵深发展，海洋科学与技术正以前所未有的速度向前发展着，很多新观点和理论被提出，开拓出许多新的研究领域并形成了新的海洋科技体系。人类对海洋的认识逐步加深，可供人类利用的海洋资源越来越丰富，人类社会对海洋的依赖也越来越强。深海远洋研究逐步受到重视；海洋高技术研究发展迅速；海洋监测和探测向实时化、立体化的宽范围发展；海洋科技成果逐渐实现产业化，转化为生产力并支撑和引领海洋产业向高科技化发展。

二　海洋环保意识增强

过去几百年里，人们一直从海洋里捕捞鱼类，但随着海洋技术的不断进步、海洋经济的迅猛增长，渔业不断扩张，以前有些海区由于太深或者太危险、环境恶劣或者偏远而不适合捕鱼，而现在，只要水深不超过 2000 米，几乎没有不被捕捞过的地方。这导致现在海洋鱼类的数量还不到 100 年前的 10%，海洋的生态平衡面临严峻考验。除此之外，科技的进步使海上工业活动日益频繁，人类对海洋的开发和利用不断延伸，特别是海上石油开发高潮迭起，在一定程度上对海洋环境造成了污染，破坏了海洋的生态平衡，产生了很多问题，致使许多海洋资源受到严重的威胁，包括深海海底资源开发对周围环境的影响，海洋运输石油管道、运油船舶对海域的污染等。

为了保证海洋经济可持续发展，人类必须在掌握海洋的变动规律、了解海洋资源和环境的现状与未来的基础上，积极维护海洋生态环境健康与平衡，保障海洋资源的增长与利用，达到既能满足现代人对海洋资源的需求，又不损害后代人发展需求的可持续发展目的。这就意味着，人类在利用海洋资源的同时，要提高海洋环保意识，科学开发以构建和谐海洋，促使海洋环境与经济协调发展。

早在 20 世纪初期就有学者就海洋环境保护问题提出过立法的建议[①]，但遗憾的是当时并未引起当权者们的重视。目前大多数沿海国家都意识到了自己之前盲目地开采海洋资源的不科学性，将把海洋环境保护提升为国家海洋发展的战略重点。国际社会及世界主要海洋国家均依据海洋生态平衡的要求制定了有关法规，并运用科学的方法和手段来调整海洋开发和环境生态间的关系，以达到海洋资源持续利用的目的。

美国在 1969 年发布的《斯特拉特顿报告》就曾提及对海洋的保护和开发问题，并在 20 世纪末制定的《21 世纪海洋蓝图》和《美国海洋行动计划》将海洋资源管理和海洋生态系统问题作为美国未来十年海洋科学发展的优先研究领域，认为"海洋政策的制定应确保海洋的可持续利用，确保未来子孙的利益不受到侵犯"。[②] 美国政府还拟建立海洋政策信托基金，

---

① 杜大昌编著《海洋环境保护与国际法》，海洋出版社，1990，第 3—4 页。
② 王敏旋：《世界海洋经济发达国家发展战略趋势和启示》，《新远见》2012 年第 3 期，第 40—45 页。

为海洋战略提供资金，并在白宫内增设国家海洋委员会，以保护美国海洋资源免遭海洋资源开发及工业污染的危害。2013 年，在《21 世纪海洋蓝图》的基础上，美国国家海洋委员会发布《国家海洋政策实施计划》，该计划旨在通过集中整合政府涉海部门间的工作，加强部门协作，改进决策程序，优化涉海事务审批流程，以形成操作性更强的战略实施方案，并且向政策部门、地方和社会公众提供实时海洋环境信息，以促进联邦政府与各利益相关方的协作，促进海洋资源合理利用，保护海洋环境，最终实现海洋的可持续发展。

2004 年，加拿大政府通过的《加拿大海洋行动计划》，对加拿大可持续发展的海洋综合管理和海洋健康等问题进行了具体规划。[①] 该计划形成了以三大原则、四大目标为主要内容的 21 世纪海洋战略，三大原则主要集中于可持续开发、综合管理、预防三个方面；四大目标聚焦于协调海洋环境保护与利用海洋资源的关系、形成海洋管理部门与研究机构相互协作的运作体系、构建海洋的可持续开发的目标体系、过渡到相互配合的综合管理体制。加拿大相关部门还制定了包括对海洋进行深入研究、保护海洋生态平衡、加强对海洋的整体规划等方面的具体措施，具体包括制定海洋水质标准和海洋环境标准，在全加拿大设立了 72 处战略设施以应对海洋中的泄漏事故，组建沿海护卫队，加强对公众的宣传教育来提升海洋环保意识等。

英国政府在海洋资源的开发和利用过程中，不断提高对海洋环境保护的重视度，在 21 世纪初成立了海洋管理局——由数百个政府机构、企业和非政府机构资助的咨询组织组成，定期对英国领海以及周围的海域进行评估，还制定了《全面保护英国海洋生物计划》，健全区域管理机制，从而保护水域、土地环境和生物资源，为英国海洋生物提供更好的栖息环境。前几年，英国将苏格兰西海岸的达尔文丘设为环境保护特别地区，在此海岸以外 12 海里的范围内禁止使用有破坏海床风险的渔具，以保护苏格兰境内唯一的深海珊瑚礁群。受大西洋环境保护公约组织的影响，英国还构建

---

① 张坤：《21 世纪加拿大海洋战略》，2005 年 12 月 18 日，http://www.comra.org/dyzl/050729.htm。

了包括海洋科技发展状况和前景等内容在内的大数据平台，更高效地进行海洋综合管理，以保护英国的海洋环境。

经济活动极度依赖海洋资源的岛国日本，对海洋环境更为重视。日本积极参与并推进国际合作，以掌握国际和区域最新海洋科技和信息。在《联合国海洋法公约》生效后，日本政府根据公约的相关规定，制定了国内的海洋法律如《关于养护及管理海洋生物资源法》，并修订了《水产资源保护法》《防止海洋污染和损害法》等。其建立的完善的海洋研究机构与体系，如海洋环境保护技术协会、海洋研究开发机构等，可以为日本提供海洋环保政策建议与海洋战略规划，明确保护海洋、利用海洋和了解海洋的政策导向，从宏观、综合的角度和全球性、战略性高度制定海洋政策。日本政府采取多种海洋环境保护及修复措施，如推进中长期封闭性海域项目的实施，宣传有害污染物等对生态环境及人类健康等的危害，强化海洋污染预防体制，防止外来物种的入侵。

澳大利亚于 1975 年颁发的《大堡礁海洋公园法》，设立了多个海洋自然保护区，并在 20 世纪 90 年代初出台了针对海洋环境保护的《2000 年海洋营救计划》。随后出台的《环境保护与生物多样性保全法》是对海洋自然保护区的设立以及规划的系统性指导，规定了保护区的机构设立及其程序。韩国海洋水产部计划对破坏海洋生态系统和减少海洋生物多样性的公司征收惩罚性税款，倒逼企业承担保护海洋生态的责任，进行环保技术改革。德国在海洋保护方面走在欧洲前列，为了保护珍稀候鸟、沙滩、海礁并为海洋生物提供足够的生存空间，政府分别在北海和波罗的海划定 10 个保护区，包括 2 个鸟类保护区和 8 个海域保护区，并规定将保护区范围延伸到远离海滨的水域。

近十几年，发达国家在海洋环境管理方面进行了全面转型，出现了各方齐抓共管的良好局面。海洋环境保护法律法规和政策不断完善，公众的海洋环境保护意识不断提高。在联合国环境署的支持下，许多发展中国家也加入世界海洋环境保护的行列，通过多次开办培训和研讨会，将国际上先进的海洋环境保护理念广泛传播并贯彻落实到各国的工作中，不断发展技术，提高大众环保意识，形成了反对海洋污染与公害的社会舆论，各国采取的海洋环境保护战略与措施取得了实效。

保护海洋不仅是沿海国家的责任，而且是全世界都应履行的义务。国际上成立的世界海洋保护组织、蓝丝带海洋保护组织等国际海洋公益组织都致力于（并呼吁世界各国）保护海洋生物，特别是珍稀海洋鱼类，他们主要对稀有鱼类的繁衍、发育进行干预，对一些种群数量逐渐减少的鱼类进行人工繁殖，或者开辟禁捕区域。在 2015 年 6 月的世界海洋日，联合国秘书长潘基文强调，海洋是地球生态系统的重要组成部分，对维系地球健康至关重要，他呼吁全世界切实采取行动，保护海洋资源，使之重现生机。

可见，保证海洋环境的安全、维护海洋的健康已经引起全世界的足够重视，在海洋经济快速发展的时代，通过加强海洋环境保护，改善海洋生态环境，增强海洋资源的可持续性，做到科学合理地开发利用海洋资源，不断提高海洋资源的开发利用水平及能力，力求形成一个科学合理的海洋资源开发体系，实现海洋生态系统的良性循环，保障海洋经济和海洋环境的协调发展，并力争交给后代一个良好的海洋生态环境，将是 21 世纪国际社会共同面对的重大课题之一。

三　海洋法律法规体系日趋完善

20 世纪中叶，人类加快了对海洋的开发力度，国际社会逐渐开始重视世界海洋经济的发展。在各国交往、竞争中国际海洋法逐渐形成，以明确各国的海洋关系，规定海洋的法律地位，并力图通过制定国际公约、国际规则等方式指导和约束各国的海洋开发行为，保障世界海洋经济平等、公正及可持续地发展。

到目前为止，联合国共召开了三次海洋法会议。第一次联合国海洋法会议在历经 7 年的准备后，于 1958 年 2 月 24 日至 4 月 27 日在日内瓦召开，以国际法委员会起草的有关公海、领海、渔业和大陆架等条款作为讨论基础，通过了《领海及毗连区公约》《大陆架公约》《公海公约》《公海渔业和生物资源保护公约》四个海上公约，至此海洋法终于实现从习惯法到成文法的转变，这是海洋法法典化的一个良好开端。第二次联合国海洋法会议于 1960 年 3 月 17 至 4 月 26 日在日内瓦召开，旨在解决领海宽度、渔区范围等第一次会议中未能解决的问题，但由于各国分歧较大，未能达成最终协议。第三次联合国海洋法会议于 1973 年在纽约召开，历经 10 年，经过 11 期、14 次的会议讨论，总计 93 周，终于在 1982 年 4 月 30 日通过了《联合国海洋法公约》，并于 1994 年 11 月 16 日正式生效。

《联合国海洋法公约》对世界海洋开发的方方面面做出了规定，其中有关海权、海洋环境保护等问题尤为国际社会所关注。

《联合国海洋法公约》首先赋予了沿海国家关于实现海洋利益的权利和法定资格：在大陆架制度下，规定国家可开发的水域最远可达 350 海里，且享有利用其海域内海床和底土资源的权利，还保障沿海国家有 20 海里的基本防御纵深；划定国际海底区域，认定此区域内的大洋底部资源为人类共同财产；在对经典航海自由制度的若干妥协下，规定国家享有的海运便利。最重大的突破是，在《联合国海洋法公约》框架下，主权原则替代了海洋自由原则，从根本上确保了发展中国家的主权地位，确保了其参与世界海洋资源分配的相对有利地位。另外，它限制了海军强国借科研或测量的名义实行战略侦察活动，维护了小国在军事和外交斗争中的巡弋自由，并且能逐渐减小其与海洋大国在前沿、存在、态势感知方面的差距。但是《联合国海洋法公约》中某些条款内容仍比较模糊，容易引起歧义，自其生效以来，众沿海国家纷纷按照公约的规定，努力扩大本国管辖的海域范围，国际范围内针对海权的纷争此起彼伏。国际组织始终致力于完善相关立法，以协调各方利益。

尽管与海权有关的法律法规体系不断健全，但是海洋环境问题日益严重，近几十年连续发生多起严重的海洋污染事故，为国际社会敲响了海洋环境保护的警钟，并使国际社会认识到：对于海洋环境的保护决不仅仅是某个国家的责任，任何一次公海油污染事件都会波及许多沿海国家。只有整个国际社会团结合作才能有效遏制日趋严重的海洋污染。《联合国海洋法公约》已经有关于环境保护的规定，其第十二部分"海洋环境保护和保全"的 46 个条文专门对海洋环境保护问题做了规定，为国际海洋环境法的完善和成熟奠定了基础。在《联合国海洋法公约》的框架下，十几年内，国际海洋环境保护立法以国际与区域协定为主，以国际惯例与一般法律原则为辅，最终整合成比较完整的法律框架，并表现出以下几点发展趋势。

第一，对国际海洋环境污染源进行分类，明确责任，实行全面保护。早期国际上仅仅针对特定的污染源如船舶的油污染采取相关措施，但是随着产业发展，污染来源呈现出多元化的趋势。1982 年《联合国海洋法公约》的第十二部分把可能造成海洋污染的污染源大致分为七类，分别是陆源性污染、来自大气层或通过大气层的污染、倾废造成的污染、船舶来源的污染、船舶操作或意外排放所致的污染、关于海底活动的污染、关于来自国家管辖权范围外海底活动的污染，以求涵盖面完整及有效地执行，具有伞架性的整合功能。以《防止倾倒废物及其他物质污染海洋的公约》（《1972 伦敦公约》）为代表，其他国际公约和国家法律也向多源污染分类方式发展。

第二，对船舶污染的管制方式由单纯的船旗国管制向船旗国、港口国与沿海国共同管制转变。1982 年《联合国海洋法公约》一方面肯定了"海洋自由"理念下的传统船旗国管制原则；另一方面也明确规定了几种特殊情况，在这些情况下，沿海国甚至港口国享有对造成污染的船旗国船舶实行管制的权利。公约旨在平衡协调各方利益，规定船旗国对悬挂其旗帜的船舶未遵行国际法规范负有不可推卸的责任，对船舶造成的海上污染，船旗国必须受到严厉的惩罚，防止此类事件再次发生。而由于利益的相关性，沿海国或港口国在某些情况下也被赋予国际海洋环境保护的执法权，可通过合理的方法维护本国权利。

第三，扩大相关法律的适用范围，减少国际环境保护的"搭便车"现象。《联合国海洋法公约》援引"国际上一般接受的规则和标准""可适用的国际规则和标准"的概念，规定除非一国拒绝接受或明确否认《联合国海洋法公约》，否则这些规则和标准将为各国遵守和使用，力图将所有接受此公约的成员国纳入一个统一的国际规范体系中。这种"参考适用法则"的应用，不仅使更多的国家承担起国家责任，而且有效整合了国际海洋环境保护条约。

与此同时，各个国家为在海洋经济中抢占高地，纷纷在公约的影响下，竞相通过制定海洋发展战略规划以及与海洋相关的各类法律法规来指导本国海洋发展实践，修订并完善本国的海洋发展规划，加强国家海洋综合管理协调力度变成了每个海洋国家海洋发展的必要课题。

受马汉"海权论"的影响，美国向来把海洋开发战略作为国家的长期发展战略，并使其处在优先地位。从 20 世纪 60 年代的《我们的国家和海洋——国家行动计划》《全国海洋科学规划》等到 20 世纪末的《21 世纪海洋蓝图》和《美国海洋行动计划》，美国不断为未来海洋事业的发展制定新的规划。2001 年 7 月，海洋政策研究机构——美国海洋政策委员会成立，旨在为美国提供科学的战略规划。2007 年，美国发布《2006 年美国海洋政策报告》，同时公布了《21 世纪海上力量合作战略》，实时调整本国海洋战略，强调了加强海上力量以赢得未来战争的重要性，这是在 21 世纪对马汉制海权理论的创新和发展。

加拿大于 1997 年颁布并实施了《海洋法》，成为世界上第一个具有综合性海洋管理立法的国家。2002 年，《加拿大海洋战略》出台，系统性地提出在海洋综合管理中的几点原则：生态管理、重视科学研发、可持续发展、确保国家在海洋事务中的国际地位。2004 年，加拿大政府通过《海洋行动计划》①，对加拿大的海洋国际领导地位、主权和安全，可持续发展的海洋综合管理，海洋健康和海洋科学与技术等问题进行了具体规划，包括保护生物的多样性、加强对海洋技术的研究、加强海事安全、对海洋综合性规划、大力发展海洋产业、增强社会公众的海洋保护意识、加强海洋科学和技术人才培养等。

位于大不列颠群岛的英国十分重视海洋发展战略。在 20 世纪 90 年代，英国政府发表报告《90 年代海洋科技发展战略规划》，对此后 10 年国家海洋的 6 大战略目标和发展进行了规划，并在 1995 年成立海洋技术预测委员会。21 世纪初，英国自然环境研究委员会（NERC）和海洋科学技术委员会（USTB）做出了此后 5—10 年英国的海洋科技发展战略，把利用、开发和保护海洋列为基本国策。英国政府还制定了海军强国军事战略，主要以

---

① 张坤：《21 世纪加拿大海洋战略》，2005 年 12 月 18 日，http://www.comra.org/dyzl/050729.htm.

保卫北大西洋东侧海上交通线为基本内容。2005 年，英国政府组织专家审议了英国海洋状况报告，并在此基础上颁布了《海洋法令》。

日本一直实行以"海洋立国"为核心的发展战略，20 世纪 60 年代以来，日本经济发展的重心逐渐从重工业、化工业转向开发海洋、发展海洋产业，尤其重视海洋技术的积累和发展。1968 年《日本海洋科学技术计划》出台，为未来的海洋发展战略奠定了良好的基础。20 世纪 80 年代以后，日本先后制定了《海岸事业计划》和《日本海洋开发推进计划》，更加注意海洋管理。21 世纪以来，日本政府注重海洋的整体协调发展，2000 年的《日本海洋开发推进计划》和《2010 年日本海洋研究开发长期规划》具体阐述了海洋发展战略方面的基本方针。2004 年，日本发布了第一部海洋白皮书。2005 年日本出台了《海洋与日本：21 世纪海洋政策建议》，作为日本最重要的综合性海洋政策文件。2007 年，日本颁布了《海洋基本法》和《海洋建筑物安全水域设定法》。一年后，《海洋基本计划草案》随之出台。

1989 年，韩国提出了"西海岸开发计划"。1996 年，韩国整合成立海洋部，并制定致力于生态环境保护、海域管理、资源开发、科学研究和技术开发一体化的《海洋开发计划》。进入 21 世纪后，韩国政府提出《韩国海洋 21》的国家海洋战略，旨在解决生存空间、资源、环境等紧迫问题以及迎接 21 世纪面临的挑战，意欲通过蓝色革命，增强国家海洋实力，力争成为国际海洋第五大强国。

此外，一些国际组织也纷纷出台一些有针对性的海洋发展规划及法律法规，以指导各海洋国家的海洋经济发展。如欧盟于 2001 年制定了《欧洲海洋战略》，对欧盟国家海洋资源的综合管理进行了具体规划；国际海事组织先后制定了一系列旨在防止船舶造成海洋污染的《国际防止船舶污染公约》和相关各类补充文件等。

海洋法律法规体系在构建国际海洋秩序中起了重要作用，保证了世界海洋经济的健康发展，各国的海洋战略、法律法规体系为本国海洋经济的发展营造了良好的环境。海洋法律法规体系通过划定自由的界限，为普遍自由的实现提供前提，在此基础上规范行为模式，并给各国灵活选择有利于本国情况的方法的空间；通过分配权利义务、惩罚违法行为来保障正义，补偿受害者以恢复正义；再通过确认利益、平衡冲突进行控制，解决海洋纠纷，平息海洋矛盾，促进海洋可持续发展。在现代社会，法律对海洋经济发展的渗透无所不在，使各海洋国家在兼顾平等与效率的同时，最大限度地保障效率的实现。

第五章
中国海洋经济可持续发展现状

第一节　中国海洋经济发展历程及特征

近年来，伴随着中国海洋科技的快速发展，海洋经济与资源、环境承载力之间的矛盾日益激化，海洋产业布局与海洋功能严重错位，以国有经济占主导地位的海洋产业产权争议之声日渐高涨。由于这些矛盾冲突皆可反映在海洋经济效率的变化上，因此，本章将在对中国海洋经济发展的总体特征进行总结的基础上，以海洋经济效率为主要研究对象，从动态的视角探索影响海洋经济发展效率的决定因素及演变规律，进而为构建符合中国海洋经济发展实践的，集生态、社会、经济多重目标于一体的海洋经济可持续发展战略提供理论基础。

一　海洋经济地位稳步提升

进入 21 世纪以来，中国的海洋经济在国民经济中的地位稳步提升。由图 5 - 1 可见，2001—2011 年，海洋生产总值一直保持着强劲的增长势头，年平均增长速度达到 13.62%，远超过十年来 GDP 的平均增长速度。

刚进入 21 世纪的 2001 年，中国的海洋经济就取得了良好的开局，当年的海洋生产总值达到 9518.4 亿元，占当年国内生产总值的 8.68%，增长速度达到 19.8%，是十年来增速最快、增长程度最明显的一年。值

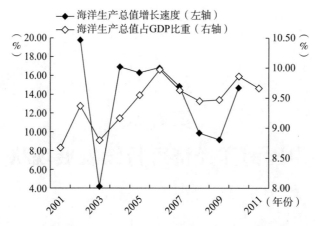

图 5 - 1　中国海洋生产总值增长速度及占 GDP 比重的变化趋势

注：数据来源于《中国海洋统计年鉴（2011）》及《中国统计年鉴（2010）》，其中 2011 年的数据根据《中华人民共和国 2011 年国民经济和社会发展统计公报》及《2011 年中国海洋经济统计公报》整理而得。

得一提的是，2003 年的海洋生产总值为 11952.3 亿元，占当年 GDP 的 8.8%，增长速度相对来说不高，仅有 4.2%，是十年间增长最慢的一年。但自 2003 年后，海洋生产总值的增长趋势非常显著，除 2008—2009 年增长速度低于 10% 以外，每年的增长速度基本都在 15% 左右，海洋生产总值也从 2003 年的 11952.3 亿元增至 2011 年的 45570 亿元，是 2001 年的 4.8 倍。

　　近些年来，海洋经济的长足发展与其越来越被国家重视是分不开的。2011 年国务院发布的《国民经济和社会发展第十二个五年规划纲要》第十四章提出，"坚持陆海统筹，制定和实施海洋发展战略，提高海洋开发、控制、综合管理能力……优化海洋产业结构……加强海洋综合管理……"[①]；2012 年中国共产党第十八次全国代表大会报告再次明确提出"提高海洋资源开发能力，发展海洋经济，保护海洋生态环境，坚决维护国家海洋权益，建设海洋强国"的口号；[②] 在 2016 年 3 月 17 日发布的

---

① 新华社：《中华人民共和国国民经济和社会发展第十二个五年规划纲要》，中央政府门户网站，2011 年 3 月 16 日，http://www.gov.cn/2011lh/content_1825838.htm。

② 胡锦涛：《坚定不移沿着中国特色社会主义道路前进　为全面建成小康社会而奋斗》，《人民日报》2012 年 11 月 9 日。

《国民经济和社会发展第十三个五年规划纲要》第十章提出"积极拓展蓝色经济空间，坚持陆海统筹"的战略构想。壮大海洋经济、科学开发海洋资源、保护海洋生态环境、维护我国海洋权益、建设海洋强国再次成为"十三五"时期海洋事业发展的亮点。[①] 可见，目前海洋经济的发展已经上升至国家发展战略层面，海洋经济的发展问题已从理论走向实践，成为中国经济发展的科学基础。

二　海洋产业结构逐步优化

《2015 年中国海洋经济统计公报》显示，2015 年全国海洋生产总值为64669 亿元，比上年增长 7.0%，海洋生产总值占国内生产总值的 9.6%。其中，海洋产业增加值为 38991 亿元，海洋相关产业增加值为 25678 亿元。海洋第一产业增加值为 3292 亿元，第二产业增加值为 27492 亿元，第三产业增加值 33885 亿元，海洋第一、第二、第三产业增加值占海洋生产总值的比重分别为 5.1%、42.5% 和 52.4%。据测算，2015 年全国涉海就业人员有 3589 万人。[②] 而 2011 年中国海洋生产总值为 45570 亿元，占国内生产总值的 9.7%，其中，海洋产业增加值为 26508 亿元，海洋第一产业增加值为 2327 亿元，第二产业增加值为 21835 亿元，第三产业增加值为21408 亿元，海洋第一、第二、第三产业增加值占海洋生产总值的比重分别为 5.1%、47.9% 和 47.0%。

海洋拥有着不同于陆域空间的资源特征，中国各大海洋产业对国民经济的贡献和影响存在着一定的差异性。对中国 1986—2011 年海洋三次产业在海洋经济中所占的比重进行分析发现，中国海洋产业的结构演变不同于陆地产业，呈现出从起初的第一产业到第三产业，再从第三产业到第二产业，到当前的第二、第三产业并重的动态演变特征。但在海洋产业结构演变过程中，海洋第一产业的经济地位已大大下降，海洋第二、第三产业占

---

① 新华社：《中华人民共和国国民经济和社会发展第十三个五年规划纲要》，新华网，2016年 3 月 17 日，http://news. xinhuanet. com/politics/2016lh/2016 – 03/17/c_1118366322. htm。

② 国家海洋局：《2015 年中国海洋经济统计公报》，中国海洋信息网，2016 年 3 月 8 日，http://www. coi. gov. cn/gongbao/jingji/201603/t20160308_33765. html。

海洋产业的比重一直呈稳步上升的趋势，表现出三阶段的特征（见图 5 -
2）。第一阶段，1986—2000 年，海洋第二产业所占比重在海洋三次产业中
均居于末位，年平均比重仅为 12.49%。其中，海洋第一产业所占比重一
直位于三次产业之首。第二阶段，2001—2005 年，海洋第三产业比重居三
次产业之首，海洋第一、第二产业比重的地位交替变化，海洋第二产业所
占比重在 2005 年远远超过第一产业，达到 31% 的水平，其后稳居海洋产
业第二位的地位。第三阶段，即 2006 年至今，在此阶段，海洋第一产业比
重居三次产业的末位，海洋第二产业比重逐渐向第三产业比重逼近，2009 年
第二产业一度超过第三产业 0.12 个百分点，2010 年两者比重再次持平，而
2011 年第二产业又再次超过第三产业 0.94 个百分点。

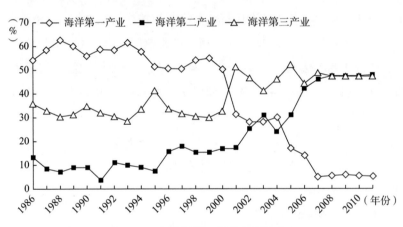

图 5 - 2　中国海洋三次产业比重对比

注：此部分数据根据历年中国海洋经济统计公报整理而得。

三　海洋新兴产业增势强劲

进入 21 世纪以后，中国海洋传统产业和新兴产业的产业增加值一直呈
快速增长的趋势，带动了整个海洋经济的飞速发展。但在 2001—2010 年，
分别代表着中国海洋经济发展的过去和未来的两种海洋产业在海洋经济中
的地位发生了微妙的变化。由图 5 - 3 可见，自 2001 年开始，海洋传统产
业总增加值占海洋产业总增加值的比重呈稳步下降的趋势，由 2001 年的
33.5% 下降至 2010 年的 20.6%，下降了近 13 个百分点。而海洋新兴产业

总增加值占海洋产业总增加值的比重在 2001 年为 21.79%，2010 年为 21.51%，比重变化不大，曲线比较平缓，总体上升的趋势也不太明显。但值得注意的是，2001 年，海洋新兴产业总增加值占海洋产业总增加值的比重比海洋传统产业低约 12 个百分点，产业增加值比海洋传统产业低约 848.1 亿元。而由于海洋传统产业总增加值比重的下降，截至 2010 年，海洋新兴产业总增加值占海洋产业总增加值的比重约比海洋传统产业高 1 个百分点，两种产业总增加值之差约为 350.8 亿元。可见，代表着海洋产业未来发展方向的海洋新兴产业在 21 世纪前十年取得了显著的成绩，尽管目前其尚未完全取代海洋传统产业的领先地位，但如对其进行合理规划，使其形成规模，必能引领中国海洋经济走向腾飞。

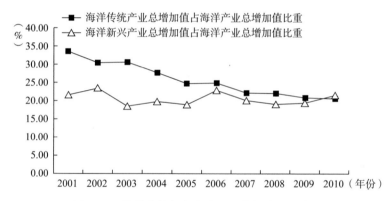

图 5 - 3　海洋传统与新兴产业总增加值比重对比

对海洋传统产业进行分析可以发现，2001—2010 年，作为海洋主导产业的海洋交通运输业和海洋渔业的产业增加值一直呈递增的趋势，在全国海洋经济中的地位一直比较平稳，分别位列海洋产业的第一位和第三位（见图 5 - 4）。2001—2010 年，海洋交通运输业和海洋渔业的产业增加值在海洋产业总产值中的年均占比分别为 43.05% 和 29.17%，而在海洋传统产业总产值中的年均占比分别为 53.9% 和 36.7%。相比较而言，尽管海洋船舶业和海洋盐业的产业增加值也呈递增的趋势，但它们在海洋产业总产值中的占比分别为 6.39% 和 0.75%，在海洋传统产业总产值中的年均占比分别为 8.5% 和 0.9%，在整个海洋产业中仅居第五位和第八位。

同样，自 2001 年以来，各海洋新兴产业的产业增加值也基本呈逐年上

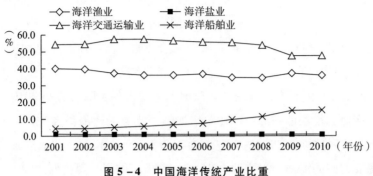

图 5 - 4 中国海洋传统产业比重

涨的趋势（见图 5 - 5、图 5 - 6）。十年来，滨海旅游业的产业增加值约占海洋新兴产业总产值的 65%，是海洋新兴产业的支柱产业，且其年均产业增加值占全国海洋产业总产值的比重为 41.35%，目前在全国海洋经济中的经济贡献率排名第二。海洋油气业的年均产业增加值在海洋新兴产业中的占比为 18.13%，而在全国海洋产业总产值中的占比为 11.47%，在全部海洋产业中位居第四。此外，作为战略性海洋新兴产业的海洋生物医药业、海洋矿业、海洋电力业和海水利用业，尽管目前在全国海洋产业以及海洋新兴产业中的地位比较靠后，但它们在这十年间的增长非常显著。其中海洋矿业的增长速度在全部海洋产业中是最高的，年平均增速约 60%，而以利用海洋能源资源为主的海洋电力业的增速居第二位，年平均增速约为 45%。

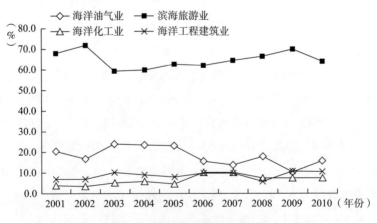

图 5 - 5 传统海洋新兴产业比重

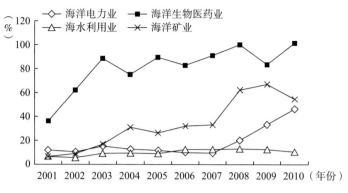

图 5 - 6　战略性海洋新兴产业比重

四　沿海地区海洋经济发展不平衡

对中国 11 个沿海地区 2001—2010 年的海洋生产总值进行统计分析发现，各沿海地区的海洋生产总值均呈递增的趋势，但各沿海地区的海洋经济发展存在着极大的地区不平衡问题（见图 5 - 7）。以海洋生产总值年平均值为标准对 11 个沿海地区的海洋经济发展水平进行排列，按照由大到小的顺序依次是广东、山东、上海、浙江、福建、天津、江苏、辽宁、河北、海南、广西。

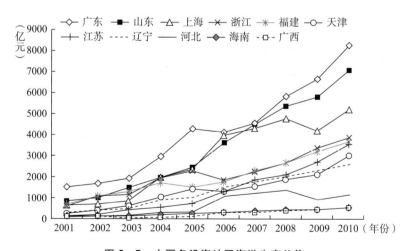

图 5 - 7　中国各沿海地区海洋生产总值

资料来源：《中国海洋统计年鉴》（2002—2011 年）。

尽管 2010 年广东的海洋生产总值占沿海地区生产总值的比重仅为

17.9%，其海洋经济对当地经济的贡献度并不算高，但其2001—2010年海洋生产总值年平均值占据了整个沿海地区海洋生产总值的22.1%，十年来一直居全国第一位（见图5-8）。广东的海洋第三产业在海洋产业中所占的比例为50%以上，这是其海洋经济水平较高的重要原因之一。居第二位的是山东，同广东的情况相似。目前山东的海洋生产总值占沿海地区海洋生产总值的比重仅为18.1%，但其海洋第三产业的比重达到了43.5%。

居第三位的上海和第六位的天津对海洋经济的依赖程度处于全国前列。2010年上海和天津的海洋生产总值占本地区生产总值的比重分别为30.4%和32.8%。2010年，上海海洋第三产业的比重是全国最高的，达60.5%，而天津的海洋第三产业比重处于全国最低位，仅为32.8%。同时，天津的海洋第一产业对海洋经济的贡献率也很低，几乎为0。

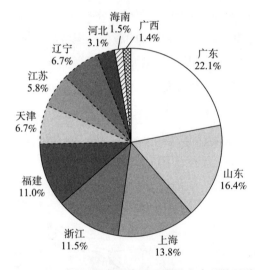

图5-8 2001—2010年各沿海地区海洋生产总值平均比重

位于第九位的河北、最末位的广西、第四位的浙江和第七位的江苏，对海洋第二产业的依赖度相对较高，2010年其海洋第二产业在海洋产业总产值中的比重分别为56.72%、40.66%、45.4%和54.27%。值得注意的是，以海洋第二产业拉动海洋经济增长的江苏的海洋经济总产值增长幅度最大，由2001年的171.98亿元增至2010年的3550.9亿元，增长了近20倍，其发展潜力可见一斑。

由以上分析可见，目前，全国各沿海地区对海洋经济的依赖度各不相同，而各地海洋产业结构的优化度直接关系到当地海洋经济的发展水平。因此，我们必须尽快加强海洋产业结构的调整，提高以海洋高科技为主的海洋第三产业的比重，这是提高整个沿海地区海洋经济发展水平的重中之重。

第二节　中国海洋资源的开发与利用

自 20 世纪 60 年代在中国近海发现油气资源开始，中国与周边国家的海洋权益之争也是越来越频繁，尤以东海、南海海域为甚。日菲越等国不断采用各种手段妄图霸占中国南海、东海岛屿，掠夺海洋资源。日本在东海对钓鱼岛进行非法"国有化"，菲律宾在南沙群岛多次因海域的主权问题与我国进行对峙，越南也因西沙群岛与我国冲突不断。这些海权争端无不源于对海洋资源的抢夺。随着海洋技术的发展，海洋资源的国际竞争形势日趋严峻，未来几十年乃至一百年，中国与邻国的海洋冲突仍将不可避免，这是中国走向海洋大国必须面对的挑战。

一　中国海洋资源开发利用的地理优势

中国是海洋大国，中国大陆濒临黄海、渤海、东海和南海，位于欧亚大陆东南、太平洋西北，地理位置优越，是环太平洋经济圈内的重要经济区。按照《联合国海洋法公约》规定的 200 海里专属经济区制度和大陆架制度，中国享有主权和管辖权的海域面积广阔，有 300 多万平方公里，约占陆地领土的 1/3；拥有绵延 3.2 万公里的海岸线，其中包括 1.8 万公里的大陆海岸线、1.4 万公里的岛屿岸线。中国海域海洋平均深度为 961 米，具有海底矿产资源、海洋生物资源、空间资源、港湾资源、海水资源和海洋能源资源。① 具体而言，中国海洋资源开发利用存在以下地理优势（见表 5 - 1）。

---

① 此部分相关数据源自《中国海洋统计年鉴》（2008—2010 年）。

表 5 - 1　中国各海区自然状况

自然海区名称	海域总面积（万公顷）	深度（米）		海洋石油（万吨）	
		平均深度	最大深度	累计探明技术可采储量	剩余技术可采储量
渤海	770	18	70	47134.8	31305.2
黄海	3800	44	140	—	—
东海	7700	370	2719	1221.7	826.6
南海	35000	1212	5559	34198.4	11880.7
合计	47270	—	—	82554.9	44012.5

资料来源：国家海洋局编著《中国海洋统计年鉴（2011）》，海洋出版社，2012，第31—33页。

（一）中国海域地质构造多样，海洋矿产资源、矿业矿种丰富

首先，中国石油共持有海域油气探、采矿权 53 个区块，总面积为 184456.10 平方公里，累计探明天然气地质储量为 77.65 亿立方米。四大海域的海洋石油累计探明技术可采储量达 82554.9 万吨，剩余技术可采储量达 44012.5 万吨，中国石油海上已探明储量位于渤海湾水深小于 5 米的区域。中国 2007 年的原油和液化天然气可开采储量为 30000 万吨，居世界第六位，不到美国的 1/2；天然气的可开采储量为 823455 万立方米，不足伊朗的 1/8，是美国的 2/3，居世界第七位；油页岩的可开采储量为 229000 万吨，不足美国的 1/10，略高于加拿大，居世界第六位。中国 2009 年的原油产量为 18960 万吨，约为美国的 1/2、俄罗斯的 1/3，居世界第三位；天然气的产量为 3325488 万亿焦耳，不足美国的 1/6、俄罗斯的 1/5，居世界第四位。四大海域中最深的是南海，深度达 5559 米，平均深度达 1212 米。四大海域的总面积为 47270 万公顷，全国海水可养殖面积为 260.01 万公顷，已养殖面积达 109.49 万公顷；浅海滩涂可养殖面积为 242 万公顷，已养殖面积为 89.37 万公顷；大陆架渔场面积为 28000 万公顷。其次，中国海洋矿业矿种主要包括海滨砂矿、海滨土砂石等非金属矿，以及海滨有色金属、海滨贵金属矿等金属矿。其中，滨海砂矿拥有的矿种达 65 种，已发现的海滨砂矿几乎覆盖了黑色金属、有色金属、稀有金属和非金属等各类砂矿，其中以钛铁矿、锆石、独居石、石英砂等规模最大，资源量最丰富。现已发现的钛、锆、铍、钨、锡、金和其他稀有金

属，分布在辽东半岛、山东半岛、福建、广东、海南、广西沿海以及台湾周围，且在台湾和海南尤为丰富。值得一提的是，近年来中国的海滨砂矿产量一直保持平稳增长的态势，仅 2009 年就实现增加值 21 亿元，同比增长 7.5%。

此外，近年来，中国的盐业生产持续增长，一直保持着世界原盐和海盐产量最大国的纪录。2009 年，全世界的原盐产量约为 2.8 亿吨，而中国的原盐产量达到了 7137 万吨，占全世界原盐产量的 25.5%，其中海盐的产量达到 3500 万吨，占中国当年全部原盐产量的 49.04%。

（二）中国海域拥有丰富的海洋生物资源、海水资源

首先，中国海域拥有丰富的海洋生物资源，共有 22561 个物种，已鉴定的鱼、虾、蟹、贝、藻等生物品种共有 20278 种，脊椎类动物以鱼类为主，有 3000 种。全国养殖总面积为 185.93 万公顷，其中包括鱼类养殖 8.32 万公顷、甲壳养殖 30.29 万公顷、贝类养殖 115.39 万公顷、藻类养殖 11.06 万公顷。四大海域初级生产力总量达 45 亿吨，鱼类生物量为 1500 万吨。目前全国主要经济渔业种类有 150 多种，优势品种有 20 多种。海水养殖量呈逐年上涨的趋势，仅 2009 年的海水养殖量就达到 14052220 吨，较 2008 年提高了 4.8%（见表 5-2）。

表 5-2 中国海水养殖产量

单位：吨

指标项		2009 年	2008 年
海水养殖总产量		14052220	13403236
按水域分	海上	7398170	6737688
	滩涂	5117752	5166516
	其他	1536298	1499032
按养殖方式分	池塘	1852906	1414221
	普通网箱	324606	269937
	深水网箱	59121	35673
	阀式	3880306	3823441
	吊笼	523294	444663

指标项		2009 年	2008 年
按养殖方式分	底播	3870594	2980620
	工厂化	102804	83250

其次，海洋中最大的资源就是海水，可利用的海水资源主要有三类，即海水中的水资源、化学资源、地下卤水。中国对海水资源的主要应用表现在海洋盐业和海水淡化业两方面。近年来，中国海水利用规模进一步扩大，自主创新能力不断提升，在大力发展生活用水技术、海水利用装备制造等领域取得了重大突破。2009 年，全年海水利用业实现增加值 15 亿元，同比增长 18.6%。而多年来，中国一直保持着世界原盐和海盐产量最大国的纪录，且产量呈持续增长的态势。

（三）中国海域的旅游资源和海洋能源资源拥有极大的发展空间

首先，中国海域从北到南跨越近 40 度的纬度和温带、亚热带、热带三个气候带，拥有总面积约为 3.87 万平方公里的 6500 多个岛屿。滨海地区除环境优美、海洋景观多样、海洋物产丰富外，还具备"阳光、沙滩、海水、绿色、美食"等旅游要素。继 1996 年和 1997 年，国家旅游局先后推出了"度假休闲旅游"主题年和"海韵、湖光度假"专项旅游产品后，1999 年国务院批准建立的 12 个国家级旅游度假区中有 8 个为滨海旅游度假区。经过十多年的发展，中国逐渐形成了以大连、秦皇岛和青岛为中心的环渤海湾滨海旅游带，以上海、连云港和宁波为中心的长三角滨海旅游带，以福州、厦门和泉州为中心的海峡西岸滨海旅游带，以香港和深圳为中心的珠三角滨海旅游带，以海口和三亚为中心的海南滨海旅游带五大滨海旅游带。随着五大滨海旅游带的滨海旅游基础设施和配套设施的逐渐完善，滨海度假产品也应运而生，滨海旅游业逐渐成为带动海洋经济发展的重要支柱产业之一。

其次，海洋能源属于可再生的清洁能源，主要包括潮汐能、波浪能、海洋温差能、海水盐度差能等。中国的海洋能源丰富，理论蕴藏量达 6.3 亿千瓦，但受开发技术等影响因素的限制，目前利用的较少，有着非常大的开发利用空间。具体而言，目前中国的潮汐能资源状况探测得比较清楚，总蕴藏量为 1.1 亿千瓦，主要集中在东南沿海海域，其中以福建、浙江两省最多；中国的波浪能资源量约为 0.23 亿千瓦，可开发利用的约 1200 万—1300 万千瓦，主要分布在广东、福建、浙江、海南、台湾等地；海洋温差能可开发面积约为 3000 平方公里，主要分布在南海海域；海水盐度差能约为 1.2 亿千瓦，主要分布在广东、福建、上海等地。

二　中国海洋资源开发利用的地理劣势

（一）半封闭的海洋地理环境及诸多海权纠纷限制了中国海洋资源的开发利用

尽管中国拥有漫长的海岸线、丰富的海洋资源，但就其地理位置来说，中国海洋经济的发展受到了诸多限制。首先，只有渤海是中国的内海，黄海、东海、南海都是太平洋的边缘海，由于中国只与太平洋相邻，所以海洋资源的开发与利用只能面向太平洋。其次，尽管中国边缘海域的面积约为 472 万平方公里，但实际上中国的边缘海域基本处于半封闭状态。黄海东有朝鲜半岛，东海与太平洋被琉球岛链和台湾岛隔开，南海周边几乎被大陆、半岛或群岛包围，几大海域多处于邻国的第一岛链包围之内。最后，受明清两代封建王朝限制海洋发展观念的影响，中国大多数海域和岛屿都疏于经略，衍生出的诸多难以解决的海权争端严重限制着海洋资源的有效开发和利用。随着新时代海洋资源价值的上升以及中国边缘海油气资源的不断发现，海洋和岛屿的地缘价值也在不断提高，中国的海洋权益不断受到挑战，中国与其在海上相连的朝鲜、韩国、日本、菲律宾、马来西亚、文莱、印度尼西亚、新加坡和越南九个国家的海权关系也在不断地变化，周围海洋局势也变得日益严峻。这些不利的海洋地理环境严重限制着中国海洋经济的对外扩张，扼住了中国向远洋发展的喉咙，压缩着中国发展海洋经济的地理空间。

（二）中国海洋自然生态环境破坏严重，用海矛盾突出

随着中国海洋经济的快速发展，海洋生态系统受到严重的影响，正承受着巨大的压力，主要表现在海洋及海岸带栖息地损失，近海污染严重，

海洋底栖环境恶化，海水营养盐结构失调，海水盐度变化显著，海产品品质下降、服务功能降低，海洋生物多样性减弱和海洋珍稀物种濒临灭绝。同时，海洋生态灾害频发，赤潮、绿潮、海岸侵蚀等海洋环境灾害危害严重，海洋外来物种入侵、气候变化已经对海洋及海岸带生态环境产生了不利影响。这些都限制着中国海洋资源进一步的开发与利用。

（三）中国海洋资源开发潜力有限，海洋科学技术和生产力发展水平较低

人们通常用一个国家的人均管辖海域面积、海陆面积比值、海岸线系数三个指标来衡量该国的海洋资源总量、发展海洋经济和进入海洋的方便程度等。虽然中国拥有绵延 3.2 万公里的海岸线（包括 1.8 万公里的大陆海岸线、1.4 万公里的岛屿岸线）及丰富的海洋资源，但其人均占有海域面积位于世界第 122 位，人均海岸线长度仅有 0.014 米，与世界排名首位的澳大利亚的 0.957 米相比差距很大，低于世界平均水平（见表 5 - 3）。①与此同时，与海洋资源丰富的国家和地区相比，中国海洋资源分布不均，海洋资源开发潜力也是有限的。中国海岸线与国土面积之比为 1.875 米/平方公里②，在全球排名仅居第 94 位，海陆面积比排第 108 位。此外，尽管自新中国成立后，中国的海洋科技事业得到了突飞猛进的发展，但总体来看，目前中国的海洋科学技术和生产力发展水平还不高，难以满足大规模海洋开发的需要。这一方面说明了中国海洋资源的开发和利用虽然存在一定的潜力，而另一方面又对全国海洋资源的开发与利用以及发展海洋经济的战略方针提出了挑战，利用有限的资源开发潜力则需要科学有效的海洋资源开发战略作为支撑。

---

① 为与国际统计口径一致，此处数据根据《中国海洋统计年鉴（2010）》内大陆海岸线长度 1.8 万公里，2009 年年中人口数量 13.31 亿人、国土面积 960 万平方公里计算而得。

② 海岸线与国土面积之比主要用来衡量每平方公里的国家面积所对应的海岸线长度，该比值通常用来表示一个国家海洋化程度及从其内部每个点到海岸的容易程度。如岛屿国家马尔代夫和如希腊等拥有曲折海岸线的国家更有可能拥有高的比值，而如奥地利等内陆国家的比值则为 0。这里大部分国家的年中人口数量取值为 2009 年的该国年中人口数，但由于统计口径的不一致，土耳其、阿根廷、缅甸、埃及、孟加拉国、波兰等国的国土面积和人口数量用《中国统计年鉴（2010）》中 2008 年的数据表示。

表 5 - 3　世界主要沿海国家海岸线情况

国家	大陆海岸线长度（公里）	国土面积（万平方公里）	年中人口（万人）	海岸线/国土面积（米/平方公里）	人均海岸线长度（米）
印度尼西亚	35000	190.50	22996.00	18.37	0.152
俄罗斯	34000	1709.80	14185.00	1.99	0.24
日本	30000	37.80	12756.00	79.37	0.235
法国	30000	54.90	6262.00	54.64	0.479
美国	22680	983.20	30701.00	2.31	0.074
澳大利亚	20125	774.10	2102.00	2.60	0.957
加拿大	20000	998.50	3374.00	2.00	0.593
菲律宾	18533	30.00	8789.21	61.78	0.211
中国	18000	960.00	133146.00	1.88	0.014
英国	11450	24.40	6184.00	46.93	0.185

注：此部分资料根据《中国海洋统计年鉴（2010）》《中国统计年鉴（2010）》计算而得。

第三节　中国海洋生态环境的破坏与保护

由于海洋自身对危害其生态环境的有害物质具有一定的自洁功能，因此，尽管经历了人类几千年的开发和利用，其并未对海洋环境产生非常严重的影响。但随着人类对海洋资源开发利用程度的加大，各种对海洋资源的不当利用和人为的排污活动致使许多危及生物生存的海洋问题频频出现。海洋系统中的海洋生态环境问题变得日益严重和复杂，不仅包括由自然因素引起的海啸、风暴潮等海洋灾害，而且包括由人类活动引起的各种海洋污染以及对海洋生态的破坏。

一　中国海洋生态环境困境

当前中国面临的主要海洋生态环境问题分为海洋污染问题和海洋生态环境破坏问题两大方面。按照 1970 年联合国海洋污染科学问题专家联合小组对海洋污染的定义，海洋污染主要指的是人类直接或间接地把物质或能量引入海洋环境（包括海口），以致产生损害生物资源、危害人类健康、妨碍包括渔业在内的海洋活动、损害海水使用素质和降低或毁坏环境质量等不利影响。而海洋生态环境破坏则主要指人为原因造成的海洋生态失调，如人类的围海造田、港口建设、对传统经济鱼类的过度捕捞等活动造成的对区域内海洋生态系统的破坏等。对中国海域的海洋生态环境问题进行分析可以发现以下特点。

（一）四大海域海洋污染情况不容乐观，亟待净化治理

目前，中国海洋污染区域主要分布在黄海北部近岸、辽东湾、渤海湾、江苏沿岸、长江口、杭州湾、浙江北部近岸、珠江口等海域。全国海域的污染水质以第二类（较清洁）水质的海域面积最大，达 47840 平方公里，而劣于第四类（严重污染）水质次之，达 43800 平方公里。第二类（较清洁）水质海域面积自 2004 年起呈降—升—降趋势，仅 2011 年一年就下降了 22590 平方公里；而劣于第四类（严重污染）水质海域面积在 2004—2009 年一直变化很小，但 2010 年突然由 2009 年的 29720 平方公里升至 48030 平方公里，上升趋势明显。此外，相较于中度污染水质海域面积在 2004—2011 年变化不大的情况，轻度污染水质海域面积自 2004 年起一直呈波动变化的趋势，目前其面积与 2004 年相当（见图 5-9）。

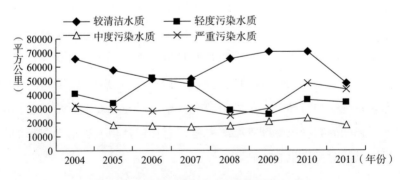

图 5-9　全国各污染水质海域面积状况汇总

资料来源：《中国海洋环境状况公报》（2008—2011 年）。

（二）四大海域中渤海海域的污染程度最高，东海海域的污染面积最大

改革开放以来，四大海域的污染面积不断增大，海洋生态环境不容乐

观，海洋环境的保护及治理工作绝对不可忽视。

对 2004—2011 年各污染水质海域面积占该海域总面积的比例进行分析发现，一直以来，渤海海域的污染情况都是四大海域中最严重的，其污染海域占总海域面积的平均比例一直居四大海域之首，为 32.18%，远远高于其他三大海域，而且近年来其污染面积略有上升，海洋生态环境不容乐观。黄海海域的污染面积在 2007 年前一直处于四大海域的第二位，但自 2007 年起，其海洋治理工作颇见成效，污染面积略有下降。2004—2011 年黄海的污染面积占其海域总面积的比例为 9.35%，目前与渤海海域的污染面积相当，达 34730 平方公里。尽管东海的污染程度相对来说并不算高，但由于其海域面积基数较大，目前东海海域的污染面积居四大海域之首，达 62670 平方公里。自 2004 年以来，其污染海域的面积占海域总面积的平均比例为 8.96%，水质总污染比例目前基本与黄海相当。海域面积最大的南海海域的平均污染面积比例为 0.62%，是四大海域中污染程度最小的。南海的年平均污染面积为 21758.75 平方公里，是四大海域中污染面积最小的，但值得注意的是，2009 年南海海域的污染面积曾一度达到 30750 平方公里，仅次于东海海域（见图 5-10、图 5-11）。

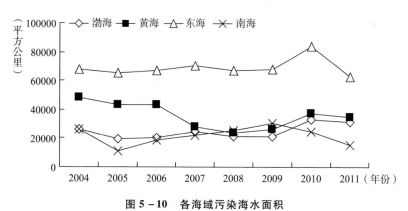

图 5-10　各海域污染海水面积

资料来源：《中国海洋环境状况公报》（2008—2011 年）。

（三）各大海域海洋灾难频发，海洋生态环境风险较大

近年来，中国海域赤潮、风暴潮、溢油等海域污染损害事件不断发生，给人类和海洋环境带来了不同程度的危害，破坏了海洋的生态平衡，

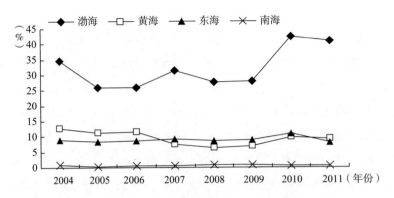

图 5 – 11　各海域污染水质面积占该海域总面积的比例

资料来源：《中国海洋环境状况公报》（2008—2011 年）。

威胁海洋生态环境。《中国海洋环境状况公报（2011）》显示，2011 年中国近岸海域环境问题仍然突出，主要表现为陆源排污压力巨大，近岸海域污染严重，赤潮灾害多发，局部区域海水入侵、土壤盐渍化、海岸侵蚀等灾害严重，海洋溢油等突发性事件的环境风险加剧等。

　　由于海洋污染的日益加剧，近年来，作为海洋环境污染重要表现之一的赤潮灾害在中国海域也有加重的趋势，已由分散的少数海域发展到成片海域。2000 年中国海域共记录到赤潮 28 次，比 1999 年增加了 13 次，累计面积 1 万多平方公里。而 2011 年中国海域共发生赤潮 55 次，比 2010 年减少 14 次，累计面积 6076 平方公里，比 2010 年减少 4816 平方公里。十年来，尽管累计面积有所减少，但赤潮的发生频率呈波动上涨的趋势。

　　自 2007 年以来，东海近岸海域一直是赤潮发生频率最高、面积最广的海域（见图 5 – 12）。2011 年，东海海域的赤潮发生频率达 23 次，约占全年赤潮发生次数的一半，累计面积达 1427 平方公里。而年平均赤潮发生次数及面积最小的黄海海域在 2011 年共发生赤潮 8 次，但累计面积达到了当年的最大值 4242 平方公里。目前，中国浙江中部近海、辽东湾、渤海湾、杭州湾、珠江口、厦门近岸、黄海北部近岸等地区是赤潮的多发区。渤海滨海平原地区依然是海水入侵和土壤盐渍化严重地区，黄海、东海和南海局部滨海地区海水入侵和土壤盐渍化程度呈加重趋势。中国砂质海岸和粉砂淤泥质海岸侵蚀严重，侵蚀范围逐步扩大，局部地区侵蚀速度加快。

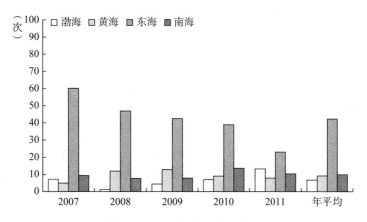

图 5 - 12　2007—2011 年中国海域赤潮发生次数

资料来源:《中国海洋环境状况公报 (2011)》。

二　中国海洋生态环境问题成因分析

(一) 陆域污染源是造成海洋污染的主要因素

中国海域的陆域污染源占入海污染物的 90% 以上, 其中以陆地企业向大海中排放油类、酸液、碱液、剧毒废液以及具有放射性的废水等污染物的工业污染源为主。其余陆域污染源主要包括以生活废水、生活垃圾为主的生活污染源, 过量使用的农药、化肥等农业污染源, 以及水产养殖过程中的陆上养殖污染源。目前全国陆源入海排污口超标排放现象严重, 仅27% 的入海排污口全年四次监测均达标。近岸局部海域受无机氮、活性磷酸盐等影响, 约 4.4 万平方公里海域水质劣于第四类海水水质标准, 约2.2 万平方公里近岸海域水体呈重度富营养化状态。

由 2010 年沿海地区工业固体废物及废水排放的处理情况可见, 以广东为代表的珠三角地区的工业污染总量是五大沿海经济区中最大的, 约占总工业污染源的 40% (见图 5 - 13)。该地区的工业固体废物的排放量居五大沿海经济区之首, 仅 2010 年一年的排放量就达 141609 吨, 占五大沿海经济区全部工业固体废物排放量的 40.8%。而该地区不符合排放标准的工业废水排放量也居五大沿海经济区的第二位, 2010 年达 12878 万吨, 仅次于长江三角洲经济区的 14092 万吨。

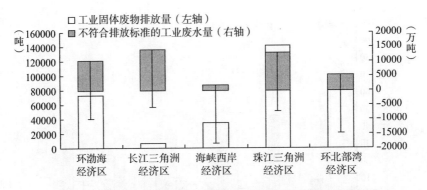

图 5-13　2010 年沿海地区工业固体废物及废水排放的处理情况

资料来源：国家海洋局编著《中国海洋统计年鉴（2011）》，海洋出版社，2012。

以广西为代表的环北部湾经济区的工业污染量居五大沿海经济区的第二位，主要原因在于其固体废物排放量过高，在 2010 年达 91401 吨，占总量的 26.35%（见表 5-4）。其未达标的工业废水的排放量为 5198 万吨，情况相对好些。排在第三位的是环渤海经济区，其工业固体废物及未达标的工业废水排放量都居五大沿海经济区的第三位。环渤海经济区中河北的工业污染状况最严重，辽宁次之。

值得一提的是，尽管长江三角洲经济区的工业废水排放量居五大沿海经济区之首，仅 2010 年一年就排放 14092 万吨，占总量的 32.04%，但其工业污染总量居五大沿海经济区之末。原因主要在于，该地区的工业固体废物排放量相对较低，2010 年仅排放 6179 吨，占全国工业固体废物排放量的 1.78%，几乎可以忽略不计。

表 5-4　2010 年沿海地区工业固体废物及废水排放情况

地区		工业固体废物排放量（吨）	未达标的工业废水排放量（万吨）
总计		346845	43987
环渤海经济区	合计	72493	10176
	辽宁	27877	5315
	河北	44506	1605
	天津	0	9
	山东	110	3247

地区		工业固体废物排放量 （吨）	未达标的工业废水 排放量（万吨）
长江三角洲 经济区	合计	6179	14092
	江苏	0	5138
	上海	2	723
	浙江	6177	8231
海峡西岸 经济区	合计	35163	1643
	福建	35163	1643
珠江三角洲 经济区	合计	141609	12878
	广东	141609	12878
环北部湾 经济区	合计	91401	5198
	广西	91391	5072
	海南	10	126

资料来源：国家海洋局编著《中国海洋统计年鉴（2011）》，海洋出版社，2012。

（二）海上污染源是造成海洋污染的重要因素

目前中国近岸海域的主要污染物质是无机氮、活性磷酸盐和石油类，这些污染物质的污染源属于海上污染源。除此之外，海上污染还包括重金属污染、有机物污染、放射性污染、城市排污和农药排污等。根据《中国海洋环境状况公报（2011）》的统计，目前中国海域内石油类含量超第一、第二类海水水质标准的海域面积约为 24500 平方公里，其中渤海、黄海、东海、南海分别为 6190 平方公里、5330 平方公里、5000 平方公里、7980 平方公里；长江口等部分区域石油类含量劣于第四类海水水质标准。此外，近岸局部海域化学需氧量超第一类海水水质标准，总面积约为 13660 平方公里，且主要分布在渤海近岸海域，其中辽河口、珠江口等局部区域海水中化学需氧量或超第三类或劣于第四类海水水质标准。

（三）不合理的开发活动致使海洋生态系统的结构和功能遭到严重破坏

目前中国存在许多不科学、不合理的海洋开发活动，主要体现在渔业捕捞和海水养殖方面，这对海洋生态结构造成了一定的影响。具体如下：海上石油、化学品运输的泄漏事故，以及对沿海港口和码头的废水、废物的处理不当致使海洋倾废量增加；许多不科学的海岸工程建设改变了局部水文的动力条件；沿海滩涂的盲目围垦致使海岸带生态环境遭到破坏；入海流域的断流对沿岸海域生态系统的结构和功能造成一定破坏；某些外来物种的盲目引进严重危害着本地物种的安全。

第四节　中国海洋科学与技术的创新

目前世界各国所进行的包括海洋资源、海洋主权、海洋环境等在内的海洋争夺战，主要源于他们对海洋利益的追逐，并且无论是政治上、经济上还是军事上的竞争，决定其胜败的根本因素均在于各国的海洋科学与技术发展水平。作为第一生产力的科技，尤其是海洋高新技术，是全面推进海洋经济发展战略、实现海洋事业腾飞的动力来源。

一　中国海洋科技发展面临的机遇

自新中国成立以来，中国的海洋科技发展事业逐渐为国家所重视，海洋技术进步飞快，并呈稳步增长的态势。国家于 1956 年制定的海洋科学远景规划是中国海洋科技事业正式开始的标志。在经过"文化大革命"的十年停滞后，国家对全国科技工作进行了大的调整，中国的海洋科技事业于中共十一届三中全会后步入全面发展的阶段。20 世纪 80 年代以后，国务院、各相关部门先后启动了攀登计划、国家和重点基础研究发展计划、国家高技术发展计划（"863"计划）、科技支撑计划以及与海洋领域相关的各种专项研究计划项目。在进入 21 世纪后，国家又提出了《国家中长期科学和技术发展规划纲要（2006—2020 年）》，将海洋科技发展列为中国科技发展的战略重点之一，并做出了全面部署。而《国家"十一五"海洋科学和技术发展规划纲要》《全国科技兴海规划纲要（2008—2015 年）》等与海洋科技相关的规划的颁布与实施标志着中国海洋科技事业进入了快速发展的机遇期。

经过 60 多年的发展，中国海洋科技的研究范围不断地拓展，从最初20 世纪 50 年代近海几个海滨观测站的设立，转向进军远洋；海洋科学的研究领域也逐渐扩展到海洋物理学、海洋地质学、海洋生物学、海洋化学、海洋药物科学等多个学科；其应用范围也拓展至海洋环境、海洋生态、海洋生物、海洋油气与矿产资源、海岸带可持续发展等多个领域；海洋科技的研究内容从最初的海洋基础研究逐渐深化为海洋检测技术、海洋生物技术、海洋勘查与资源开发技术、海水淡化技术的研究，其中以海洋生物技术和深海技术为核心的海洋高技术是现在及未来海洋技术发展的重点。目前已围绕海洋环境、海洋资源和生态及全球气候变化等热点问题，取得了一系列具有世界先进水平的研究成果。

2011 年 8 月，国家海洋局、科技部、教育部和国家自然科学基金委等联合发布了《国家"十二五"海洋科学和技术发展规划纲要》，明确了"十二五"期间海洋科技的发展目标：海洋基础研究水平和关键核心技术逐步进入世界先进行列，自主创新能力明显增强，海洋探测及应用研究能力和海洋资源开发利用能力显著增强。海洋科技创新体系更加完善，海洋科技对海洋经济的贡献率在 60% 以上，基本形成海洋科技创新驱动海洋经济和海洋事业可持续发展的能力。其中培育和支撑战略性海洋新兴产业的发展，对深海科技尤其是海洋工程与装备技术以及海水综合开发和利用相关技术的扶持，将是中国未来五年海洋科技发展的重点。目前，中国的海洋科技基本实现了"查清中国海，进军三大洋，登上南极洲"的伟大目标①，"可下五洋捉鳖"的梦想也将实现。尽管如此，由于中国海洋科技研究起步较晚，与发达海洋国家相比，中国的海洋科技总体水平还比较低。中国必须抓住机遇，制定科学的海洋科技发展规划，实现海洋科学和技术的跨越式发展。

二　中国海洋科技发展面临的挑战

（一）海洋科研机构经费收入现状及问题

2010 年中国海洋科研机构的经费收入总额达 1955 亿元，其中经常性

---

① 1977 年 12 月，国家海洋局在全国科学技术规划会议上明确提出"查清中国海，进军三大洋，登上南极洲，为本世纪内实现海洋科学技术现代化而奋斗"的战略目标，由此拉开海洋科技向各个领域全面拓展的序幕。

费用为 1866 亿元，占总收入的 95.45%，而在其基本建设中的政府投资额为 88 亿元，占总收入的 4.50%。对具体情况进行分行业的统计分析，发现存在以下几个问题。

第一，海洋工程技术类和基础性科学类研究行业的经费收入比重偏大，但总量不高。

在各类科研机构的经费收入中，海洋工程技术类和基础性科学类研究行业的经费收入分别达 980.68 亿元和 879.96 亿元，分别约占总收入的 50.16% 和 45.01%，是海洋科研机构经费收入的主体。其中，海洋自然科学研究行业的收入是所有科研机构中最高的，约占总收入的 37.24%，达 728 亿元；而海洋工程技术研究中的海洋化学工程技术和海洋能源开发技术研究的经费收入比例分别是 15.71% 和 13.24%，分别居第二位、第三位（见图 5 - 14）。虽然海洋工程技术类和基础性科学类研究行业的经费收入在全国海洋科学研究机构中居首位，但其在海洋生产总值中的比重并不高，分别为 0.24% 和 0.22%。可见，整个海洋科研机构的收入状况并不乐观，目前中国对研究的重视度还不够，这势必会影响海洋经济发展中的科技含量。

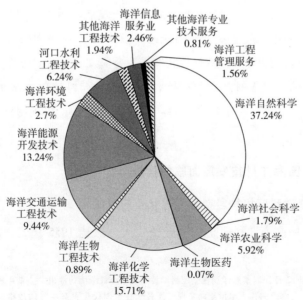

图 5 - 14　2010 年分行业海洋科研机构经费收入构成

进一步对海洋科研机构基本建设中的政府投资情况进行分析发现，以海洋自然科学为主的基础性科学类研究行业中政府投资的比重最高，占据了全部科研机构政府投资的 63.17%。而在所有的海洋科研机构中，海洋自然科学研究的政府投资比重达 48.79%，处于第一位；海洋交通运输工程技术行业的政府投资比重为 21.05%，居第二位；河口水利工程技术行业的政府投资比重为 10.2%，居第三位（见图 5-15）。

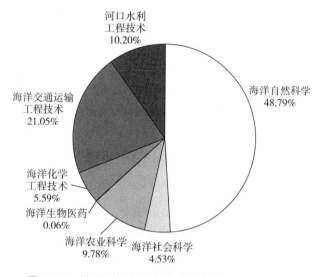

图 5-15 海洋科研机构基本建设中的政府投资构成

第二，海洋高新技术科学研究行业经费收入较低。

随着海洋经济的发展，海洋高新技术对于海洋经济的作用越来越明显，但就目前的情况而言，海洋高新技术研究行业的经费收入并不高，政府支持力度不大，这在一定程度上制约了海洋新兴产业尤其是战略性海洋新兴产业的发展。

在 2010 年中国分行业海洋科研机构经费收入中，除海洋能源开发技术行业的经费收入达 258.8 亿元，占总收入的 13.24% 外，其他海洋高新技术研究行业如海洋生物医药、海洋生物工程技术等行业的经费收入都偏低，两大行业的经费收入分别为 1.33 亿元、17.48 亿元，分别占总收入的0.07%、0.89%。在海洋科研机构基本建设中政府对海洋生物医药科研机构的投资占总投资额的比重仅约 0.06%，对其他类别的海洋高新技术研究机构基本没有投资资助。

第三，海洋服务业类科研机构的经费收入偏低。

作为海洋服务业类科研机构，海洋信息服务业的经费收入也严重偏低，这在一定程度上制约了海洋第三产业乃至整个海洋经济的发展。2010年海洋信息服务业的经费收入为48亿元，在总收入中的比重是2.46%。而海洋技术服务业的主力军——海洋工程管理服务类科研机构的经费收入为30.5亿元，仅占总收入的1.56%。此外，海洋环境工程技术类研究机构在2010年的经费收入仅占科研机构总经费收入的2.7%，共53.28亿元。这种对海洋环境技术研究的经费限制必然影响着整个海洋环境的保护和治理，制约整个海洋经济的可持续发展。

目前中国海洋科研机构的经费分配方式体现了中国当前海洋经济的发展仍依赖于传统的基础科研技术，这与海洋经济的可持续发展理念及海洋新兴产业的发展方向极其不符。因此，若要提高整个海洋科技水平，必须对海洋科研投资进行合理规划，制定出更适合中国海洋可持续发展的经费支撑体系。

（二）海洋科研机构人才结构现状及问题

对海洋科研机构的科技活动人员学历构成比例进行分析发现，四大类科研机构中本科生的比例均居首位；具有硕士学位的人员比例比较平均，为24%—32%，其在海洋科研机构中所占的比例低于本科生，居于第二位；专科生的构成比例与博士相当，除海洋技术服务研究机构中专科生占科研人员的7%外，其他三大海洋科研机构中大专生的构成比例基本一致，为12%—15%（见图5-16）。

这种"两头低、中间高"的科研人员构成状况，对于处于起步阶段的中国海洋经济的发展暂时是可行的。但随着海洋经济的发展，我国对科学技术水平的要求将逐渐提升，中国目前的科研人才现状根本满足不了海洋经济飞速发展的需要。

第一，目前中国海洋科技人才的教育水平仍以大学本科为主。但对于理论功底和专业知识要求比较高的海洋科研机构，尤其是海洋基础科学和海洋工程技术研究机构来说，对高层次人才的需求量应该更大些，而中国

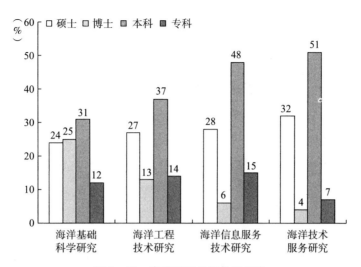

图 5 - 16　海洋科研机构学历构成

目前的人才构成状况却远不能满足这方面的要求。2010 年，海洋技术服务研究中本科生占 51%，是四类研究机构中本科生比例最高的，而博士的比例仅为 4%；海洋信息服务技术研究机构中本科生的比例也高达 48%，居第二位，博士的比例仅为 6%；海洋工程技术和海洋基础科学研究机构的研究人员中本科生的人数分别占总量的 37% 和 31%，博士比例分别为 13% 和 25%。因此，在发展海洋科技的过程中，必须加大培养或引进高精尖海洋科技人才的力度，这是提升海洋科技水平的基本前提，不可忽视。

第二，对于发达的科研机构来说，除高精尖海洋科技人才外，具有一定研究能力的硕士应主要从事科研辅助以及具体的管理工作，其比例应居海洋科研机构的首位。而对于具备某项专业技能的本科生及专科生来说，他们应该是从事具体生产、服务和劳动的主体，而非科研机构的主要成员。这与中国当前科研机构的现状完全不符。因此，在发展海洋科技的过程中，必须合理调整科研人才的构成比例。在加强海洋科学教育的同时，正确引导各类海洋人才的就业取向。

第三，就中国目前的实际情况而言，海洋事业发展尚处于初期阶段，除了传统的海洋科研院所及行政部门外，还没有较为明确的行业对海洋科学人才尤其是本科生和专科生形成新的需求。因此，大多数本科生和专科生选择的工作不在海洋科学范畴内。这一方面对海洋科学专业的教育内容和质量提出了挑战，另一方面也对中国现有的海洋事业发展规划提出了质疑。

（三）海洋科学教育现状及问题

第一，海洋科学教育体系逐步完善。

随着国内外对海洋重视程度的不断提高，中国海洋科学专业教育得到了快速的发展。国内原来只有中国海洋大学、厦门大学、同济大学和大连海军舰艇学院等少数院校开展海洋科学和技术教育，后来包括广东海洋大学、上海海洋大学、大连海洋大学、浙江海洋学院等在内的多家专门以海洋教育为主的院校纷纷成立。另外，如北京大学、清华大学、南京大学、中山大学、上海交通大学、大连理工大学等高校也陆续开始开展各种涉海方面的教学与研究工作。

目前，中国涉及海洋科学教育的学校已有 30 多所；教育系统已有专门的海洋科学研究单位 15 个，其中部属高等学校 5 个、军队系统 2 个、地方院校 8 个；国内共有海洋科学一级重点学科 2 个，海洋科学一级学科博士学位授权点 4 个，有物理海洋学、海洋生物学、海洋地质学等专业的二级学科博士点多个。

第二，海洋科学专业人才的培养不能满足中国海洋经济发展的需要。

随着涉海院校、涉海专业和涉海科目的增多，在近几年高校大规模扩招的形势下，涉海专业的招生规模也得到了一定程度的扩张。据统计，国内涉海专业本科生的年招生人数为 1500—2000 人，硕士年招生人数约为 400 人，博士年招生人数约为 150 人。尽管海洋专业人才得到了一定的补充，但从总体数量上看，对于中国这样一个海洋大国来说，目前的海洋科学专业人才规模与其发展还是不相称的。

另外，中国目前海洋专业人才的教育质量也存在问题，在国际上的竞争力不强。海洋科学是以观测为基础，理论研究、实验室模拟并重的基础科学，从事海洋科学研究的高级专门人才主要在海洋科学及相关领域从事科研、教学、管理及技术工作。而在对从事具体海洋事务的本科生进行培养时，应注重数学、物理及海洋科学方面的基本理论和基本知识的教育，进行科学研究方面的基本训练，使其掌握基本调查方法和实验技能，具备从事基本调查和海洋科学研究的基本能力。目前培养的海洋专业人才在面对如海外归国留学生带来的竞争压力时，往往显现不出优势，提高海洋教育的教学质量是当前的重要任务。

第五节　中国海洋经济的国际合作

一　中国开展海洋经济国际合作的必要性

在世界经济发展以及国际竞争日渐激烈的当下，海洋经济逐渐成为沿海国家综合实力竞争的焦点之一。尤其是在《联合国海洋法公约》发布以后，各沿海国家纷纷大肆开采其大陆架上的油气资源，疯狂捕捞富鱼区内的海洋生物，为了各自的国家利益，关于海洋资源、海洋岛屿、海洋划界等关系到海洋权益的争夺战可谓随处可见。而在疯狂掠夺海洋资源之后，各国不约而同地出现了如海洋环境恶化、海洋能源安全、海洋科技发展瓶颈等诸多海洋问题，面对这些问题，各国不得不开始反思并积极着手制订相应的解决方案。但由于地球上的海洋本就是一个整体，是互相关联的，许多海洋问题一旦出现，就可能牵一发而动全身，并不是仅靠一个国家的努力就能够得到解决的。因此，在这种经济全球化的发展大趋势下，各沿海国家之间就海洋发展问题开展国际合作已经是必然的选择。

就目前的状况而言，国际海洋经济的发展仍然是竞争多而合作少，但海洋国际合作已是全球经济一体化发展的主流趋势。《联合国海洋法公约》已有条款针对海洋科技的国际合作做出了明确的法律规定，要求各国在互利的基础上，进行海洋科技的国际合作，使国际海洋合作成为各国必须履行的法律义务。由各沿海国家和国际组织之间进行的面向全球海洋的海洋合作活动，不仅能够推动世界海洋经济的全面发展，而且必将有助于促成公正、平等的国际海洋新秩序的建立。在此主流趋势下，中国绝对不能置身事外，必须积极参与国际海洋合作与交流，以达到海洋经济可持续发展、提高海洋整体竞争力的目的。

二 中国海洋经济国际合作现状及发展目标

中国海洋经济国际合作涉及的形式多样，主要包括与沿海国家政府间的双边或多边合作，与联合国海洋组织的合作，与包括国际海事组织的合作，与世界银行、亚洲开发银行等国际金融组织的合作，与沿海国家海洋研究机构和高等院校之间的合作，与国外非政府组织（NGO）、企业和私人机构的合作等。目前中国已就海洋资源开发与利用、海洋能源安全、海洋生态环境保护、海洋经济技术等问题与世界许多沿海国家缔结了一些多边或双边条约及文件，这为中国全面实施海洋开发战略提供了良好的外部环境。中国先后与美国、朝鲜、加拿大、印度、韩国、日本、蒙古国、俄罗斯、德国、澳大利亚、乌克兰、芬兰、挪威、丹麦、荷兰等国家签订了20多项环境保护双边协定或谅解备忘录，目前已缔结和参加的涉及海洋环境保护的国际条约主要有10多部，如《国际重要湿地公约》（1971年）、《1972伦敦公约》（1972年）、《1996议定书》（1996年）、《联合国海洋法公约》（1982年）等。2002年11月，中国与东盟国家就南中国海的复杂局势签署了承诺和平解决争端的《南海各方行为宣言》；2005年3月，中国、菲律宾、越南在菲律宾签署了第一份合作勘探南中国海的协议；2006年9月4日，东盟十国、中国、日本、韩国、印度、斯里兰卡和孟加拉国等国在日本东京缔结的《亚洲地区反海盗及武装劫船合作协定》宣布生效，同年10月27日，中国正式签署该协定。

随着中国海洋经济实力的提升，中国参与的海洋国际合作事务范围越来越广，中国在国际上的话语权也越来越重。中国于2004年6月参加了在纽约召开的联合国海洋事务与海洋法非正式磋商进程第五次会议和《联合国海洋法公约》缔约国第十四次会议，并向大会就海洋法决议部分提出了相应修改意见。除此之外，中国还与一些海洋强国就具体的海洋事务达成了合作意向。2005年，中国与美国就《海洋与渔业科技合作议定书》执行25年来的成就进行了回顾，并续签了合作议定书。与此同时，中俄两国还就基础与应用海洋学、大洋矿产开发、海洋立法、海洋环境、海洋自然灾害预报、南北极研究、海洋科技开发等领域达成了具体合作意向。虽然中国在海洋国际合作领域已经取得了一定的成绩，但是仍然存在着许多不足，亟待对海洋国际合作战略进行科学合理的规划。在未来的海洋国际合作交流过程中，我们应继续把握机遇，逐步拓宽合作范围，以维护国家主权、增强海洋综合竞争力为主要目的，有重点、有目的地开展海洋合作活动。

第六节　中国海洋经济的制度创新

一　中国海洋经济可持续发展制度创新的主要形式

一个国家的综合竞争力除了体现在经济实力、军事力量、科技能力等硬实力方面外，还应体现在国家的制度、文化、意识形态等能够代表国家向心力和吸引力的软实力方面。因此，若要发展中国的海洋经济、提升海洋综合竞争力，除了需对海洋资源、海洋环境、海洋科技以及海洋对外合作问题进行关注之外，还需对具有支撑作用的海洋制度问题进行必要的探索。而制度是一个涵盖范围很广的概念，包括政治制度、经济制度、文化制度等，这里主要讨论的是经济制度。

道格拉斯·诺思认为制度其实是一种社会博弈规则，而从博弈规则的结构看，制度则可分为非正式规则、正式规则、实施机制三大方面。但无论从哪个方面看，中国现行的经济制度都适应不了海洋经济可持续发展的需要，必须进行必要的制度创新。

首先，非正式规则所包括的意识形态、价值观念、伦理规则、道德规范、风俗习惯、意识形态等文化传统和行为习惯，主要依赖人们的主观意志而存在。尽管历史上的中国是一个海洋经济发达的海洋大国，但受近代以来形成的闭关锁国、重陆轻海的经济发展观影响，中国若要振兴海洋经济，走海洋强国之路，就必须增强国民的海洋意识，完善相应的海洋非正式规则。

其次，正式规则包括宪法以及宪法秩序下的成文法和不成文法、特殊细则及个别契约等人们有意识创造的一系列规则、规范。目前中国已经出台了许多关于海洋资源保护、海洋环境保护、海域使用等方面的法律法规。如《中华人民共和国领海及毗连区法》《中华人民共和国专属经济区和大陆架法》主要针对维护海洋权益中易出现的具体问题进行了必要的法律界定。1993 年 5 月 31 日，国家海洋局和财政部共同制定了《国家海域使用管理暂行办法》，并于 2002 年 1 月 1 日正式实施《中华人民共和国海域使用管理办法》。两法对海域使用许可和有偿使用问题进行了具体的规定，为解决海洋资源开发的无序、无度、无偿问题提供必要的法律依据。国家还针对海洋环境保护问题出台了《中华人民共和国海洋环境保护法》以及六个国务院条例，这对规范海上生产秩序、促进海洋资源的合理开发利用、保护海洋环境具有重要的意义。此外，国家还就各种海洋专项事务，如海洋自然保护区管理、水下文物管理、涉外科研管理等问题制定了专项法律法规，并出台了《中华人民共和国渔业法》《中华人民共和国海上交通安全法》《中华人民共和国对外合作开采海洋石油资源条例》《中华人民共和国矿产资源法》《中华人民共和国旅行社管理条例》《中华人民共和国盐业管理条例》等法律法规。一些地方管理机构也纷纷出台多项地方性海洋管理法规和规范性文件，对整个海洋法律体系进行了必要的补充。

目前海洋经济比较发达的国家及一些邻近国家的海洋法律基本是在 20 世纪 70 年代联合国海洋会议刚刚召开时颁布实施的，而中国有关海洋领域的法律、法规基本都是在 1982 年《联合国海洋法公约》颁布后出台的。中国海洋领域的法律法规比其他海洋国家晚出台 15—20 年，相关法制建设落后于发达国家。另外，随着经济状况的改变及时代的变迁，中国目前的许多涉海法律法规略显陈旧，适用性较低，亟须紧跟海洋发展形势，给予必要的修订。

最后，实施机制主要指的是保证正式和非正式规则实施的强制性措施。目前，中国海洋领域法律法规普遍存在主管部门不明确、操作性差、执法和司法程序衔接不畅、相关配套条例和实施办法不完善等问题；在海洋执法等方面，存在着诸如海洋执法体制不健全、海洋执法行政意识淡薄、行政执法人员素质不高、对海洋执法活动的监督力度不够等问题，也严重影响着涉海法律的施行效果。而涉海法律法规形同虚设，有法不依、执法不严的根本原因在于缺乏科学有效的实施机制的制约。因此，必须对海洋实施机制进行创新，通过强有力的实施机制将违约成本提至违约收益之上，从而保证海洋经济可持续利用制度的有效施行。

二　中国海洋经济可持续发展制度创新的核心内容

按照新制度经济学的理论，产权制度、政府规制、经济组织制度是解决资源利用的外部性问题的关键，即经济制度的核心内容。按照这一理解，可以对中国海洋经济可持续发展制度的内在逻辑做如下分析。

首先，由于产权制度本身可对行为主体起到一定的激励和约束作用，所以海洋资源可持续利用的产权制度应是海洋经济可持续发展制度集合中最基本、最重要的制度安排。但受海洋资源可持续利用的技术、程度、范围以及产权界定的交易费用等因素的影响，在海洋经济发展的不同时期，最佳产权制度的具体内容也应该是不同的。

其次，由于海洋资源的特殊性和复杂性，产权一般很难完全界定为私人的，而受交易费用的影响，产权失效的问题也会发生，海洋资源的利用很难直接通过市场实现最优配置，进而出现了对海洋经济可持续发展的政府规制。政府需要对海洋资源进行综合而有效的管理，其中包括对物和人的直接管制以及对制度实施机制的有效运作，等等。为了降低交易费用，政府作为制度的供给者，还可以根据制度演进的规律从先进国家有意识地引进制度，即提供强制性的制度变迁。

最后，政府与各涉海管理部门之间不可能做到信息的完全对称，这势必导致政府管理的低效率甚至失灵以及各类寻租行为的发生。可将契约理论和组织理论应用至此，通过建立健全海洋经济可持续发展的组织制度来降低产权制度下和政府规制过程中产生的高额交易费用。

可见，产权制度、政府规制和经济组织制度是构建中国海洋经济可持续发展制度体系不可或缺的三个方面。三者之间存在内在的逻辑演进关系，即产权制度是中国海洋经济可持续发展制度集合中最基本、最重要的制度安排，但海洋资源特性带来的高昂交易成本往往导致产权界定困难，需要政府对海洋资源进行有效管理。而政府管理的低效率以及寻租行为导致政府失灵现象，需要组织制度的规制。组织制度的效率取决于产权的合理界定，而界定清晰的产权则需要高效的政府管理来实施和保证。因此，在设计中国海洋经济可持续发展制度时，可结合制度经济学的相关理论，分别对海洋经济可持续发展的产权制度、政府规制和组织制度进行深入分析，结合中国当前三方面的制度现状，探讨促进海洋经济可持续发展的有效制度安排途径。

第六章
中国海洋经济效率测度与评价

　　随着陆地资源的日渐枯竭，世界范围内的人口、粮食、环境、资源和能源五大危机日益显现。为了化解危机，人类将目光逐步转向富含大量资源的海洋世界，意欲从丰富的海洋资源中寻求更大的生存机会。而随着世界海洋科技的迅速发展，人类对海洋的认识也逐步加深，可供人类利用的海洋资源也变得越来越丰富，人类社会对海洋的依赖越来越强。海洋作为人类生存的第二空间可以说是生命的摇篮、人类能源的宝库、贸易的通道，逐渐成为人类资源战的主战场，其资源的重要性日渐凸显。

　　中国是一个海洋大国，拥有着丰富的海洋资源。自20世纪90年代席卷整个沿海地区的海洋开发热潮蔓延开始，海洋经济得到了持续快速的发展。"十一五"期间，中国海洋经济平均增长13.5%，持续高于同期国民经济增速。到2015年，全国海洋生产总值已高达64669亿元，比2014年增长7.0%，海洋生产总值占国内生产总值的9.6%。其中，海洋产业增加值为38991亿元，海洋相关产业增加值为25678亿元。[①] 海洋经济在整个国民经济体系中发挥着越来越重要的作用，已逐步成为中国建设海洋强国和21世纪海上丝绸之路国家战略的重要支撑和中国经济可持续发展的新增长点。[②]

[①]　国家海洋局：《2015年中国海洋经济统计公报》，中国海洋信息网，2016年3月8日，ht-tp：//www.coi.gov.cn/gongbao/jingji/201603/t20160308_33765.html。

[②]　邱明：《中国海洋经济步入"新常态"》，新华网，2014年12月4日，http：//news.xinhua-net.com/fortune/2014 - 12/04/c_1113518298.htm。

与此同时，伴随着中国海洋经济的飞速增长、海洋科技的快速发展，海洋经济与资源、环境承载力之间的矛盾日益激化，海洋产业布局与海洋功能严重错位，国有经济占主导地位的海洋产业产权争议之声日渐高涨，这对我们的海洋经济发展提出了新的问题和挑战。尤其是在新常态背景下，中国海洋经济发展所处的内部和外部环境都发生了深刻变化，发展高质量的蓝色 GDP 对于建设海洋强国以及经济健康发展的重要意义进一步凸显。由于这些矛盾和冲突皆可反映在海洋三次产业经济效率的变化上，因此，本书欲以海洋三次产业为主要研究对象，从动态的视角探索海洋产业经济效率及其演变规律，进而为制定符合中国海洋经济发展实践，集生态、社会、经济多重目标于一体的海洋经济可持续发展战略提供理论依据。

第一节　海洋产业经济效率评价模型及原理

一　海洋产业经济效率评价模型选择

一般来说，效率有宏观和微观两个层面的含义。微观经济效率通常用产业或行业生产效率（Productive Efficiency）来代表，指的是某一特定政策对行业或产业的收益的影响。宏观经济效率则将视角拓展至整个宏观层面，目的在于对资源配置的变化所引起的总收益和总成本的变化进行评估。本书是在微观的基础上分析宏观效率，旨在通过分析各涉海上市公司投入与产出之间的关系，确定海洋产业乃至整个海洋经济的宏观经济效率。

（一）效率评价方法的选取

对于效率的研究方法一般分为参数法和非参数法两种。就评价技术本身而言，由于目前针对中国海洋产业经济效率研究的成果比较少，如对生产函数的形状进行估计，主观性太强，而且由于统计数据的缺失，采用参数方法估计各类效率函数（如成本函数、标准利润函数和替代利润函数）也不可行。相较于其他评价方法，非参数方法中的数据包络分析方法（Data Envelopment Analysis，DEA）是一种对具有相同性质的投入和产出的相同类型决策单元（Decision Making Unit，DMU）进行绩效评价的方法。用 DEA 方法衡量效率可以清晰地说明投入和产出的组合。DEA 方法更适用于评价多项投入指标和多项产出指标的线性规划模型，主要通过计算给定样本中多个 DMU 的相对效率值，在对各 DMU 的投入和产出值进行加权平均后，与样本中的最佳机构对比，由此得出样本中哪些机构有效以及哪些无效的评价结论。这里选择 DEA 方法的原因主要在于，这种方法可通过明确地考虑多种投入（即资源）的运用和多种产出（即服务）的产生，比较提供相似服务的多个服务单位之间的效率。它避开了计算每项服务的标准成本，可以把多种投入和多种产出转化为效率比率的分子和分母，而不需要转换成相同的货币单位。因此，本书拟运用 DEA 方法，通过一个综合性的指标对中国海洋三次产业的多投入和多产出效果进行评价。

本书直接采用澳大利亚统计学家法雷尔（M. J. Farrel）在 1957 年《生产效率的测量》一文中提出的效率概念[①]，在涉海企业的 DEA 效率分析中，通过技术效率（TE）来反映在给定投入的情况下企业获取最大产出的能力。技术效率为 1，意味着该涉海企业的生产是有效率的，位于生产可能性边界上；技术效率小于 1，则意味着其生产是无效率的，位于生产可能性边界内部。

（二）全要素生产率变动分解模型的选取

企业生产率的提高应来自各种因素的综合作用，为打破常规单要素生产率指标的局限性，应引用一个综合性指标——全要素生产率——来反映企业外部环境和内部制度变革所引起的投入—产出效应。1953 年瑞典经济学家和统计学家 Malmquist 提出用 Malmquist 指数来分析不同时期的消费变

[①]　M. J. Farrel，"The Measurement of Productive Efficiency," *Journal of the Royal Statistical Society*, 1957, 120 (3), pp. 253 – 290.

化。1982 年，Caves 等首度将 Malmquist 生产力指数作为全要素生产率指数使用，之后其与 Charnes 等建立的 DEA 理论相结合，逐渐衍化出基于成本、规模效率和不变规模收益的 Malmquist 指数模型。因此，本书意欲在 DEA 分析的基础上，依据全要素生产率变化（Malmquist 生产力指数）分解模型，分别对三大类别涉海企业的全要素生产率变化（Total Factor Productivity Change）、技术效率变化以及技术变化进行实证研究，并对涉海企业技术效率的收敛性做出分析。

用来考察全要素生产率变动（$Tfpch$）的 Malmquist 生产力指数通常用第 t 期和第 $t+1$ 期的 Malmquist 全要素生产率指数 M_0^t 和 M_0^{t+1} 的几何平均数来计算：

$$M_0^t(x_{t+1}, y_{t+1}, x_t, y_t) = d_0^t(x_{t+1}, y_{t+1}) / d_0^t(x_t, y_t)$$

$$M_0^{t+1}(x_{t+1}, y_{t+1}, x_t, y_t) = d_0^{t+1}(x_{t+1}, y_{t+1}) / d_0^{t+1}(x_t, y_t)$$

式中（x_t，y_t）和（x_{t+1}，y_{t+1}）分别表示第 t 期和第 $t+1$ 期的投入和产出量；d_0^t（x_t，y_t）和 d_0^t（x_{t+1}，y_{t+1}）分别以第 t 期的技术 T_t 为参考集，表示第 t 期和第 $t+1$ 期的效率水平；d_0^{t+1}（x_t，y_t）和 d_0^{t+1}（x_{t+1}，y_{t+1}）分别以第 $t+1$ 期的技术 T_{t+1} 为参考集，表示第 t 期和第 $t+1$ 期的效率水平。Malmquist 全要素生产率指数的具体函数表达式为：

$$Tfpch = Techch \times Effch = Techch \times Pech \times Sech$$

全要素生产率的提高更多地反映了企业的技术进步程度这一"硬要素"和企业自主权的扩大、内部管理体制的完善、外部环境的改善等"软要素"对企业产出的贡献程度。$Tfpch$ 即 Malmquist 全要素生产率指数，若大于 1，表示指标呈上升趋势；若小于 1，表示指标呈衰退趋势；若等于 1，则表示指标没有变化。[①]

公式中的 $Tfpch$、$Techch$、$Effch$、$Pech$、$Sech$ 分别代表全要素生产率变化、技术进步、技术效率变化、纯技术效率变化和规模效率变化。代表技

---

① Fare, Rolf, Shawna Grosskoft, Mary Norris, "Productivity Growth, Technical Progress, and Efficiency Change in Industrialized Countries: Reply," *American Economic Review*, 1997（87），pp. 1040 - 1044.

术进步的技术进步指数（*Techch*）是用相对规模报酬不变技术计算的，它测度了技术前沿面从时期 t 到时期 $t+1$ 的移动，通过比较不同时期的生产前沿面的移动来反映技术进步情况，即相同投入在不同时期的最优产出之比。经济学上的技术进步主要指的是知识、技能、发明创造、组织结构等投入要素之外的对经济增长有促进作用的各种因素，应用于经济活动中而形成的经济水平和效率的提高。技术效率变化指数（*Effch*）是在规模报酬不变且要素可自由处置条件下的效率变化指数，测度从时期 t 到时期 $t+1$ 每个决策单元到最佳生产前沿面的变化情况，通过比较不同时期决策单元相对于生产前沿面的距离反映技术效率的变动，即不同时期的实际产出水平与各自最优产出的距离比。因此，这里的技术效率提高除了包括传统意义上的应用于各海洋产业的涉海生产技术水平的提高外，还包括涉海企业的日常经营管理政策的改进、内部管理体制的完善等对经济效率有影响的各种要素的进步。

技术效率变化指数（*Effch*）又可以分解为纯技术效率变化指数（*Pech*）和规模效率变化指数（*Sech*），即 $Effch = Pech \times Sech$。其中纯技术效率变化指数（*Pech*）可通过计算各期在规模报酬可变条件下本期距离函数的比率得到，反映更多的是海洋科学技术的发现和发明、海洋工艺的革新、海洋技术的传播与扩散和生产方式的进步等；规模效率变化指数（*Sech*）主要通过比较不同时期的规模效率来反映其变动。

二　指标体系的建立

通过梳理国内外文献，结合中国涉海企业大多以投资成本较高的资产性投资为主的实际发展现状，在指标体系建立原则的指导下，选择固定资产作为资本投入指标，选择主营业务成本作为间接投入指标，选择利润总额作为直接产出指标，选择主营业务收入作为间接产出指标（见表 6–1）。[①]

---

① 程娜：《基于 DEA 方法的我国海洋第二产业效率研究》，《财经问题研究》2012 年第 6 期。

表6-1   海洋三次产业经济效率投入产出指标体系

一级指标	二级指标	具体指标
投入	资本投入	固定资产
	间接投入	主营业务成本
产出	直接产出	利润总额
	间接产出	主营业务收入

三　生产技术模型与样本选取

（一）生产技术模型

虽然目前中国的涉海企业大多是国有企业，民营涉海企业比重较低，但由于涉海企业属于典型的资本密集型行业，从事海洋经济的企业（无论是否为国有企业）一般规模较大，产权结构并不必然同企业规模联系在一起。因此在模型选择方面，我们选择不考虑规模报酬变动的 CRS 模型来测度效率值，而非 VRS 模型。

另外，由于我国的海洋经济发展尚处于起步阶段，目前我国的海洋产业呈现投资成本高、投入量大的特征，而随着国家对海洋经济关注度的提高，海洋投资将会持续扩大。但目前的高投资是否真的能够带来高的收益？如不能，问题出现在哪？这些是我们需重点关注的问题。因此，我们选择以产出为导向的生产技术来进行效率评价，更关注的是在所有投入要素不变的情况下样本的产出情况，即在投入一定的条件下如何尽可能地加大产出的问题。

（二）样本数据及技术处理

考虑到海洋产业统计资料的稀缺性和数据的准确性，本书选取在沪深两市上市的 53 家涉海上市公司作为分析对象，即决策单元（DMU）。数据来源于 Wind 数据库，样本数据期间为 2006—2015 年。这里 $n = 53$，$m = s = 2$，符合查纳斯准则，即 $n \geq 2$（$m + s$）。

另外，考虑到样本中个别利润指标为负，对全部样本数据进行了技术处理，以保证样本数据的可用性。

第二节　海洋产业的经济效率分析

为了直观展示涉海企业及全部海洋产业的效率值变化趋势①，我们分别取各类涉海企业当年 DEA 值、Tfpch 值、Techch 值、Effch 值、Pech 值、Sech 值的几何平均值，将其绘制成三类涉海企业的经济效率、全要素生产率、技术进步指数、技术效率、纯技术效率和规模效率变动趋势图，并对影响效率的具体因素做详尽分析。

一　海洋三次产业经济效率总体分析

对海洋三次产业的经济效率值进行分析可发现，2006—2015 年，海洋三次产业的总体变化趋势基本相同，呈正 V 形变动趋势（见图 6 - 1）。自 2006 年开始，三次产业的经济效率均有所下降，2009 年降至谷底，之后数年经济效率呈波浪式变动，其中 2013—2014 年下滑趋势尤为明显。因受金融危机和国内国际经济环境变化的影响，海洋三次产业在 2009 年和 2014 年的效率值分别低于 0.6 和 0.9，除此之外，其他年份三次产业的效率值均在 0.9 以上。但十年来海洋三次产业的效率值始终未能达到生产前沿面，且金融危机后的效率值始终未超越 2006 年的水平，尚未恢复至金融危机前的状态。

对海洋三次产业的全要素生产率进行分析发现，2007—2015 年海洋三次产业的全要素生产率指数大多时候接近于 1（见图 6 - 2）。这表明，近

① 根据国民经济三次产业分类标准，可将海洋产业划分为海洋第一产业、海洋第二产业、海洋第三产业和海洋相关产业。为与陆域经济指标相对应，本书未对海洋第零产业和海洋第四产业进行扩展探讨，仅按照三次产业的划分标准对海洋经济的三次产业进行具体分析。海洋第一产业即传统产业（亦称海洋农业），主要指的是海洋水产业，包括海洋捕捞业、海水养殖业以及正在发展中的海水灌溉农业；海洋第二产业包括海洋盐业、海洋油气业、滨海砂矿业、海洋船舶工业、海洋电力业，以及初步形成产业的深海采矿业、海洋生物医药业、海水利用业；海洋第三产业包括海洋工程建筑业、海洋交通运输业、滨海旅游业；海洋相关产业主要指的是海洋公共服务业以及海洋科研教育管理服务业。

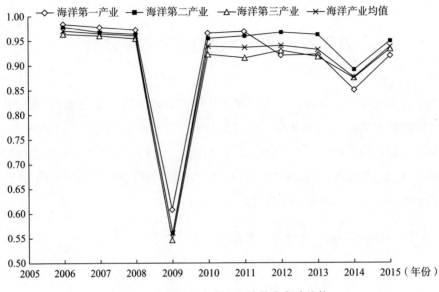

图6-1　海洋三次产业经济效率变动趋势

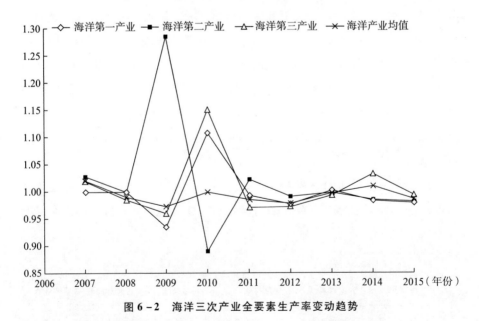

图6-2　海洋三次产业全要素生产率变动趋势

十年来三次产业的生产效率总体较高，海洋生产技术的应用、涉海企业经营管理水平的提高和组织结构的改良等要素对海洋产业的总产出具有一定的贡献。

但总体来看，海洋第二产业的全要素生产率变动与海洋第一、第三产业呈相反的趋势，这在 2008—2011 年表现得最为明显。在此期间，海洋第二产业的全要素生产率呈先上升后下降再上升的斜 Z 字形波浪式变动趋势，而海洋第一、第三产业的变动却恰巧相反；海洋第一、第二产业的全要素生产率在 2013—2014 年呈下降趋势，而海洋第三产业却呈上升态势。

二　海洋第一产业经济效率评价及因素分析

（一）海洋第一产业经济效率及全要素生产率的跨期动态变化分析

对海洋第一产业 2007—2015 年的经济效率及全要素生产率进行分析发现其呈现以下几个特征。

第一，对海洋第一产业中不同类型企业的经济效率进行分析发现（见图 6－3），自 2007 年开始，各类型控股企业的经济效率呈下降趋势，2009 年降至谷底，回升之后在 2013—2014 年又有一个小的回落。其中中央国有企业的经济效率降势最为明显，其他两类涉海控股企业的经济效率变化曲线基本重合。

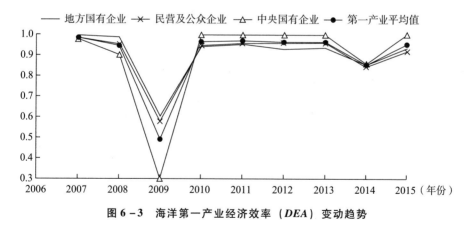

图 6－3　海洋第一产业经济效率（DEA）变动趋势

第二，2007—2015 年中央国有企业的经济效率有五年保持在生产前沿面上，明显比地方国有企业、民营及公众企业高，而地方国有企业和民营及公众企业的经济效率不相上下。可见国有经济比重高对于海洋第一产业的经济效率具有正向的影响。

第三，对海洋第一产业的全要素生产率的跨期动态变化趋势进行分析发现（见图6-4），2007—2015年的 *Tfpch* 值变化不大，除2009年和2010年外，大多数年份的数值维持在1左右。按照企业类型细化分析发现，民营及公众企业和地方国有企业的全要素生产率在2007—2015年的变化并不明显，*Tfpch* 值在1上下波动，对整个产业的影响可直接忽略；而中央国有企业的 *Tfpch* 值在2009年和2010年变化比较大，直接影响着整个产业的全要素生产率的变动。

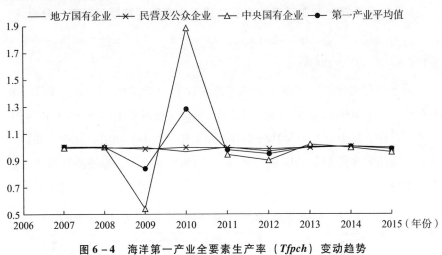

图6-4　海洋第一产业全要素生产率（*Tfpch*）变动趋势

第四，对全要素生产率进行分解分析发现（见图6-5和图6-6），技术进步指数的变动趋势与第一产业全要素生产率的变动趋势完全相反，而技术效率的变动趋势与第一产业全要素生产率的变动趋势基本相同。这说明海洋第一产业的技术进步指数对生产率的提高非但未起到促进作用反而起到了阻碍作用，相对来说技术效率的变动对全要素生产率的影响更大。

第五，按照企业类型对技术进步指数和技术效率进行分析发现，2007—2015年，三类企业的技术进步指数变化曲线大有重合之势；而三类企业的技术效率变化趋势虽基本趋同，但中央国有企业变化最为明显、变动幅度最大。这说明中央国有企业的技术效率变化是导致2009年及2010年全要素生产率波动的主要因素。

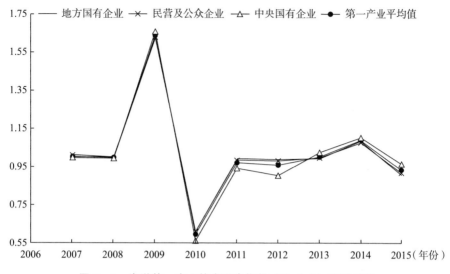

图 6 - 5　海洋第一产业技术进步指数（*Techch*）变动趋势

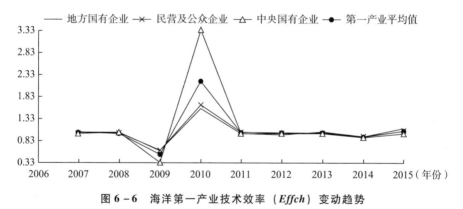

图 6 - 6　海洋第一产业技术效率（*Effch*）变动趋势

第六，进一步对纯技术效率和规模效率变化曲线进行分析发现（见图 6 - 7 和图 6 - 8），三类企业的纯技术效率曲线基本重合，而中央国有企业的规模效率变化曲线在 2009 年及 2010 年的变动幅度明显比其他两类大。这说明中央国有企业的规模效率变化是导致 2009 年及 2010 年技术效率变化，乃至全要素生产率变化的主要影响因素。

（二）海洋第一产业经济效率的因素分析

由此可见，海洋第一产业全要素生产率变化的主要原因在于中央国有企业引起的规模效率变动所导致的技术效率的提高，而技术进步指数

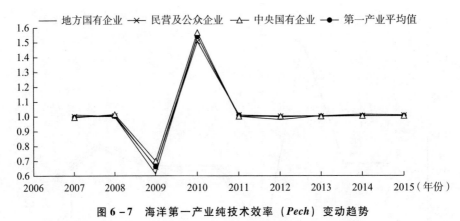

图 6 – 7 海洋第一产业纯技术效率（*Pech*）变动趋势

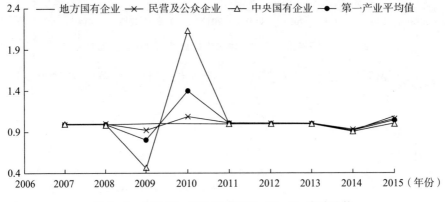

图 6 – 8 海洋第一产业规模效率（*Sech*）变动趋势

（*Techch*）变化对全要素生产率的提高却起到副作用。也就是说，海洋第一产业全要素生产率的提高主要在于中央国有企业规模效率变动引起的技术效率的提高完全抵消了技术进步指数下降对生产率产生的不良影响。如受经济危机的影响，2008 年中央对第一产业中涉海企业收紧投资，引发规模效率的下降。而危机过后国家对涉海央企进行政策回调有一个周期，其技术进步指数的回升不及规模效率的变化幅度，由此导致整个产业技术效率乃至全要素生产率在 2008 年的下降，并造成 2008 年产业经济效率的大幅下跌。待危机过后，规模效率和滞后的技术进步指数效应显现，进而引发 2010 年全要素生产率乃至整个产业经济效率的提升。

可见，对于海洋第一产业来说，我们应更多地关注海洋经济政策、外部经济环境的变化以及涉海企业的产权结构等影响其技术进步指数的因素，来提高其经济效率。

三　海洋第二产业经济效率评价及因素分析

（一）海洋第二产业经济效率及全要素生产率的跨期动态变化分析

对海洋第二产业 2007—2015 年的经济效率及全要素生产率进行分析发现其呈现以下几个特征。

第一，对海洋第二产业的经济效率进行分析发现（见图 6 - 9），三类企业经济效率的变动趋势与海洋第一、第三产业基本相同：自 2007 年开始整个海洋第二产业的经济效率呈下降趋势，2009 年降至谷底，后又急剧上升，此后在经历 2013—2014 年的一次小的回落后，又涨至 2015 年的 0.957，但其始终未能达到生产前沿面。

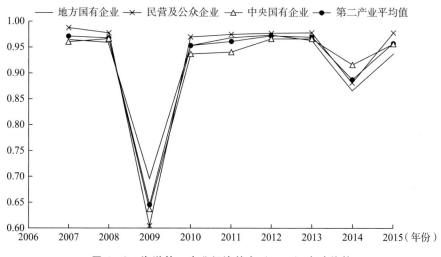

图 6 - 9　海洋第二产业经济效率（DEA）变动趋势

第二，海洋第二产业中三种类型企业的效率表现与海洋第三产业极其相似。中央国有企业并未表现出如第一产业中的显著高效率，而民营及公众企业的效率除 2009 年和 2014 年外，一直居三类企业效率之首，但其十年间的效率值仍低于 1，未达到生产前沿面。这说明，目前所实行的扶持海洋第二产业民营及公众企业的一些涉海经济政策已经取得了一定的效果。

第三，对海洋第二产业的全要素生产率的跨期动态变化趋势进行分析发现（见图 6-10），在 2007—2015 年，民营及公众企业的全要素生产率一直比较稳定，基本没有什么波动，或可忽略不计；而中央国有企业及地方国有企业的全要素生产率在 2009—2010 年出现了大的波动（相比较而言，地方国有企业的变动幅度更大），并在 2012 年后基本处于 1 的稳定状态。

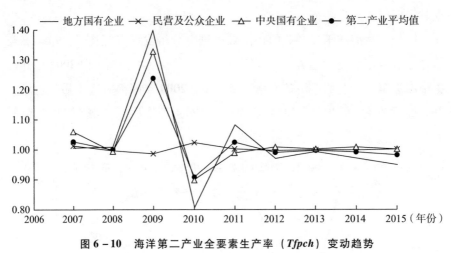

图 6-10　海洋第二产业全要素生产率（*Tfpch*）变动趋势

第四，对海洋第二产业的技术进步指数（*Techch*）和技术效率（*Effch*）进行分析发现（见图 6-11 和图 6-12），技术进步指数（*Techch*）的变化趋势（与海洋第一、第三产业基本相同）与全要素生产率基本一致，而技术效率变化趋势则与全要素生产率基本相反。这说明，总体来看，近十年来海洋第二产业技术效率的变动对全要素生产率变动的贡献度为负，而技术进步指数的贡献度为正，且相对来说技术进步指数对全要素生产率的影响更大。

第五，海洋第二产业的技术进步指数（*Techch*）和技术效率（*Effch*）变化趋势与海洋第一产业基本相同。在 2007—2015 年，三类企业的技术进步指数变化趋于一致，且地方国有企业与中央国有企业的变化曲线基本重合。值得注意的是，整个海洋第二产业涉海企业的技术进步指数在 2008—2009 年均呈大幅上涨态势（其中民营及公众企业的涨幅略逊于国有企业，说明民营及公众企业受经济危机的影响相对较小），而在 2009—2010 年三类企业的技术进步指数均呈下降趋势，之后逐渐趋于 1 的平均水平。

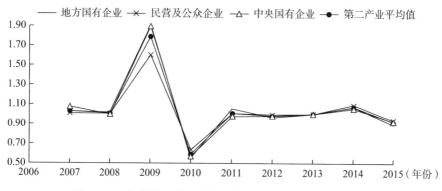

图 6-11 海洋第二产业技术进步指数（*Techch*）变动趋势

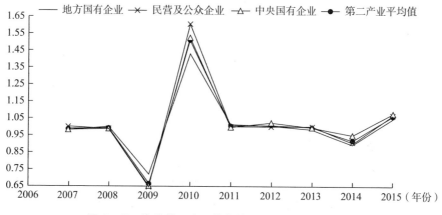

图 6-12 海洋第二产业技术效率（*Effch*）变动趋势

第六，三类企业的技术效率变动曲线与第一、第三产业基本相同，三种类型企业的曲线大有重合之势，且 2009 年、2010 年两年的变化比较明显。不同的是，民营及公众企业在 2009 年和 2010 年这两个技术效率变动的拐点上的变动幅度比其他类别的企业都大。

第七，对海洋第二产业的纯技术效率（*Pech*）和规模效率（*Sech*）变化进行分析发现（见图 6-13 和图 6-14），两大曲线的变动趋势与技术效率（*Effch*）变化趋势基本相同。值得注意的有两点，一是海洋第二产业技术效率（*Effch*）在 2013—2014 年整体呈下降趋势的主要原因在于三类企业的规模效率显著下降（其中中央国有企业的下降幅度较其他两类稍小），而与纯技术效率的变化无关；二是民营及公众企业在 2009 年、2010 年和 2014 年三个技术效率变动的拐点上的变动幅度比其他类别的企业都大。

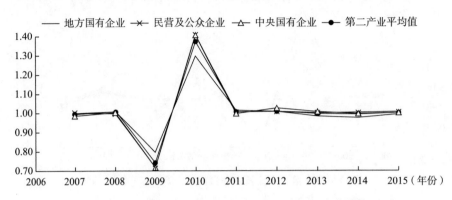

图 6-13　海洋第二产业纯技术效率（*Pech*）变动趋势

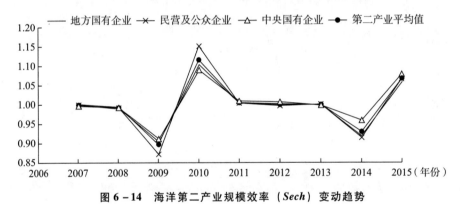

图 6-14　海洋第二产业规模效率（*Sech*）变动趋势

（二）海洋第二产业经济效率的因素分析

由此可见，影响 2007—2015 年海洋第二产业的全要素生产率变化的主要原因与海洋第一、第三产业恰好相反，主要在于技术进步指数（*Techch*）的提高，在 2008—2009 年表现得尤为明显。尽管 2008 年受国际油价大幅波动和金融危机的影响，海洋油气业产值上半年增长较快，下半年增幅回落，海洋化工产品价格呈现出先高后低的局面，海洋船舶工业新接订单量较往年有所减少，但整个海洋第二产业的经济总量仍保持较快增长。因此，与海洋第一、第三产业受当年经济环境的负影响不同，2008 年海洋第二产业的全要素生产率因技术进步指数的提高仍呈上升势态。这说明，目前所实行的扶持海洋第二产业（尤其是民营及公众企业）的一些涉海经济政策已经取得了一定的效果。

而与技术进步指数变动不同，由纯技术效率和规模效率变动引起的技术效率的变化对全要素生产率却完全起反作用。可见，提高海洋第二产业生产率的关键点在于提高第二产业的纯技术效率和规模效率。需特别注意的是，近年来海洋第二产业技术效率下降的主要原因是规模效率的显著下降，与纯技术效率关系并不大。

四　海洋第三产业经济效率评价及因素分析

（一）海洋第三产业经济效率及全要素生产率的跨期动态变化分析

对海洋第三产业2007—2015年的经济效率及全要素生产率进行分析发现其呈现以下几个特征。

第一，对海洋第三产业的经济效率进行分析发现，其变动趋势与海洋第一产业基本相同，在2008—2010年呈正 V 形变动趋势（见图 6 - 15）。十年间，2009 年的经济效率水平最低，在 2010 年回升后，除 2014 年略有下降外，其他年份三类企业的 *DEA* 值基本稳定。

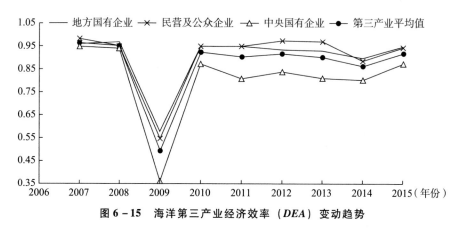

图 6 - 15　海洋第三产业经济效率（*DEA*）变动趋势

第二，与海洋第一产业不同，整个海洋第三产业的经济效率都偏低，其效率值明显低于海洋第一产业，均低于 1，未达到生产前沿面。其中中央国有企业的经济效率明显低于地方国有企业和民营及公众企业，十年间的效率值均低于产业平均值，是整个产业经营低效的主要原因。相对而言，民营及公众企业的经济效率是三类企业中最高的，但其十年间的效率值仍低于 1，未达到生产前沿面。

第三，对海洋第三产业的全要素生产率（*Tfpch*）的跨期动态变化趋势进行分析发现（见图 6 – 16），其变动趋势及原因与海洋第一产业大体相同。2007—2015 年，地方国有企业和民营及公众企业的全要素生产率（*Tfpch*）始终在 1 上下浮动，变化不大（除民营及公众企业在 2013 年有小幅上升外），其影响或可直接忽略。而中央国有企业的全要素生产率在 2009 年、2010 年、2014 年的变化比较明显，其全要素生产率（*Tfpch*）在 2009 年降至谷底 0.83，2010 年升至最高值 1.71，2014 年升至 1.056，这是导致整个产业效率变动的主要原因。

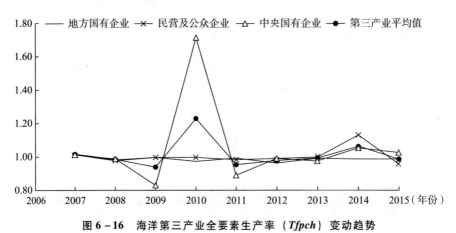

图 6 – 16　海洋第三产业全要素生产率（*Tfpch*）变动趋势

第四，对海洋第三产业的技术进步指数（*Techch*）和技术效率（*Effch*）进行分析发现（见图 6 – 17 和图 6 – 18），与海洋第一产业相同，三类企业的技术进步指数（*Techch*）变化趋势与全要素生产率的跨期动态变化趋势基本相反，而技术效率与全要素生产率的跨期动态变化趋势基本相同。这说明海洋第三产业的技术进步指数对生产率的提高非但未起到促进作用反而起到了阻碍作用，相对来说技术效率的变动对全要素的影响更大。

第五，从技术进步指数变化来看，三类企业的技术进步指数基本相

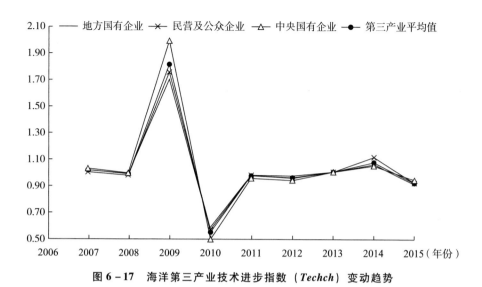

图 6 - 17 海洋第三产业技术进步指数（Techch）变动趋势

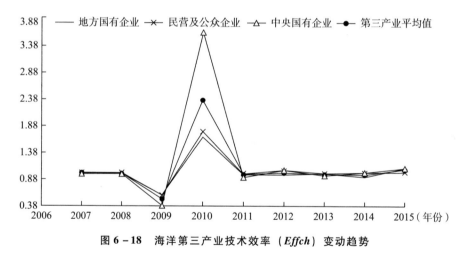

图 6 - 18 海洋第三产业技术效率（Effch）变动趋势

当，略有不同的是：2009 年中央国有企业的技术进步指数与该产业全要素生产率变动趋势相反，大幅上升至 1.99，高于产业平均值 17.4 个百分点；2014 年民营及公众企业的技术进步指数与该产业全要素生产率变动趋势相同，上升至 1.125，略高于产业平均值 4.2 个百分点。

第六，三类企业的技术效率变化趋势基本相同，但中央国有企业的技术效率变化比较明显。在全要素生产率变化明显的 2009—2010 年，中央国有企业的技术效率指数由 2008 年的 0.99 急降至 2009 年的 0.39，又急升至

2010 年的 3.64，后又急降至 2011 年的 0.93。

第七，进一步对纯技术效率和规模效率变化曲线进行分析发现（见图 6-19 和图 6-20），三类企业两大曲线的变动趋势与第一产业基本趋同。但与海洋第一产业中三类企业的纯技术效率变动曲线重合在一起不同，2009—2010 年，海洋第三产业中的中央国有企业的纯技术效率比其他两类企业变动幅度更大。其十年间的最低值为 2009 年的 0.64，最高值为 2010年的 1.5；此外，在 2009—2010 年，规模效率的变动幅度整体高于海洋第一

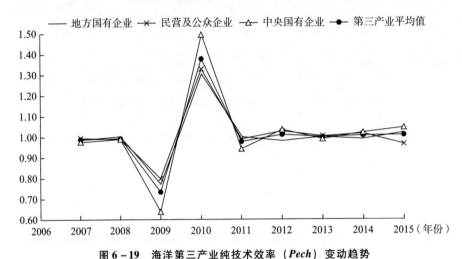

图 6-19　海洋第三产业纯技术效率（Pech）变动趋势

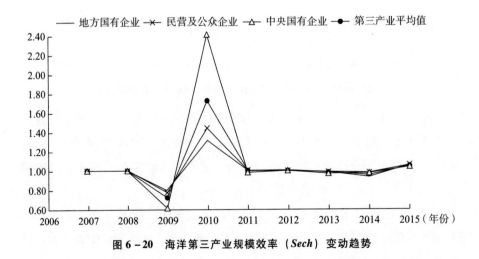

图 6-20　海洋第三产业规模效率（Sech）变动趋势

产业，且中央国有企业的规模效率变动幅度最大，而与海洋第一产业不同的是，其他两类企业的规模效率均出现了不同程度的变动，且民营及公众企业比地方国有企业规模效率变动幅度大些，对生产率的变动也有重要贡献。这说明中央国有企业的纯技术效率变动和三类企业（尤其是中央国有企业）的规模效率变动是导致 2008 年及 2009 年技术效率变化，乃至全要素生产率变化的主要影响因素。

（二）海洋第三产业经济效率的因素分析

总体来看，整个海洋第三产业的经济效率偏低，且中央国有企业的经济效率明显低于地方国有企业和民营及公众企业，而民营及公众企业的经济效率是三类企业中最高的，但其生产仍未达到有效的生产前沿面。究其原因主要在于外部经济环境、海洋生产技术、涉海企业经营管理水平等多种因素对海洋第三产业的影响更大，且对国有企业的影响明显大于非国有企业。

2009—2010 年海洋第三产业全要素生产率的变动则主要是中央国有企业因纯技术效率和规模效率变动引起的技术效率的提高完全抵消了因技术进步指数下降对生产率产生的不良影响后的结果；除此之外，其他两类企业（民营及公众企业的影响稍大些）规模效率的变化也对 2009—2010 年全要素生产率的变动产生了不同程度的影响，影响不容忽视。与海洋第一产业相同，受 2008 年金融危机的影响，海洋第三产业中三类涉海企业的规模效率和中央国有企业的纯技术效率在 2009 年均有下滑，而危机后经济环境的改善导致的技术进步指数的提升不如技术效率的下降明显，由此导致 2009 年经济效率的大幅下跌；2010 年经济效率的大幅提升也是三类企业的规模效率和中央国有企业的纯技术效率的提升引起的技术效率提升导致的。

2015 年海洋第三产业经济效率的上浮主要是民营及公众企业技术进步指数的贡献。2013 年，受全球经济不景气、海运需求低迷、船舶运力过剩、中国经济增长速度开始下滑等国内外多重因素的影响，以海洋工程建筑业、海洋交通运输业和滨海旅游为代表的海洋第三产业表现一般，海洋工程建筑业继续保持稳步增长，全年实现增加值 1680 亿元，比 2012 年增长 9.4%，而航运市场依旧低迷，海洋交通运输业增长继续放缓。2014 年，在经济新常态背景下，航运市场仍然延续低迷态势，海洋交通运输业运行稳中偏缓，滨海旅游继续保持快速发展态势，邮轮、游艇等新兴旅游业态发展迅速。由于海洋经济总体保持平稳运行，海洋产业结构进一步优化，海洋经济发展逐步从规模速度型向质量效益型转变。受海洋经济利好环境的影响，民营及公众企业和国有企业的技术进步指数在 2014 年均有不同程度的提升，进而导致 2015 年海洋第三产业经济效率的上浮。由于各因素对海洋第三产业中的国有企业影响较大，且民营及公众企业的技术进步指数涨势比国有企业大，所以民营及公众企业的经济效率相对较高，尤以近年表现最为明显。

第三节　中国海洋产业经济效率提升路径

可持续发展视阈下的海洋经济发展应是以创新、协调、开放的理念实现绿色、共享的发展，而海洋经济可持续发展的关键在于通过有效的机制设计来引导经济主体对海洋资源进行选择性地开发与利用，在保证海洋资源可持续利用的前提下发展各类海洋产业。

一　海洋第一产业经济效率提升的路径

海洋第一产业即传统产业（亦称海洋农业），主要指的是海洋水产业（渔业），包括海洋捕捞业、海水养殖业以及正在发展的海水灌溉农业。近年来，海洋第一产业呈平稳发展态势，海水养殖和海洋捕捞生产形势基本稳定，海洋渔业平稳较快增长，海水养殖产量稳步提高，远洋渔业快速发展，2013 年与 2014 年分别实现增加值 3872 亿元和 4293 亿元，增长率分别为 5.5% 和 6.4%。但在我国，绝大部分海洋第一产业都属于传统产业，与海洋新兴产业相比，其具有起步早、已经形成规模的特点，对海洋高新技术的要求相对较低。同时这些特点也决定着其发展的空间及发展潜力相对有限。

对于以海洋水产业为主的海洋第一产业来说，其生产率进步的原因主要在于由中央控股类涉海企业资源配置效率的改善所引起的规模效率的提高，因此，提高海洋第一产业经济效率应从提高技术进步指数和纯技术效率两方面入手。第一，应努力提升海洋第一产业的纯技术效率水平，继续优化以渔业为主的海洋第一产业的产业结构，加强海洋技术的研发力度和应用广度，贯彻产业技术政策，以实现产业的整体发展。值得一提的是，山东省海洋渔业增加值占全国海洋渔业增加值的比重一直居于全国首位，其发展经验值得学习和借鉴。第二，应加强对海洋第一产业民营企业的产业政策扶持力度，提高涉海企业的日常经营管理水平。本书选取的第一产业样本企业多是民营企业，仅中水渔业和开创国际属国有控股企业。而与国有控股企业相比，包括好当家、海大集团、壹桥海参、国发股份在内的民营控股类涉海上市公司经济效率普遍偏低，存在各种规模不经济、技术水平低、生产管理水平低等问题。其实，自2002年开始，国家施行的包括连续3年安排2.7亿元用于海洋渔民转产项目在内的一系列措施对海洋渔业的产业结构优化起到了一定的促进作用。但形成规模的渔业企业相对较少，目前我国海洋渔业主要以小规模的生产企业为主，沿海滩涂多发包给沿海乡镇、企事业单位及养殖专业户。可见，提高整个海洋产业经济效率的任务更多地将由民营企业或小生产单位负担。因此，应针对民营企业设计相应的资本市场创新、研究开发创新、管理创新的创新机制。

二　海洋第二产业经济效率提升的路径

对于海洋第二产业而言，近年来，随着国家《石化产业调整和振兴规划》《船舶工业调整和振兴规划》的实施，以及海洋化工基地建设项目、沿海风电场建设项目的相继运营投产，海洋化工业、海洋船舶工业、海洋电力业持续保持着向好发展趋势。受益于一系列产业政策，海水利用业的自主创新能力逐步提升，产业技术应用和推广不断加快，我国海水淡化能力不断增强，海水直接利用规模持续扩大。而随着管理力度的加大，海洋矿产资源开采活动更加规范有序，海洋矿业产量继续保持平稳增长。此外，涉海企业的相继上市、内部治理结构的改革和放松资本管制等相关政策措施已经发挥了一定的作用,大大提升了海洋第二产业的经济效率,对整个产业生产率的提高起到了一定的作用。2015 年,第二产业增加值为 27492 亿元,占海洋生产总值的比重为 42.5%,比 2014 年增加值提高了 443 亿元,比重降低了 2.6 个百分点。

但整个产业内仍存在的盲目扩张等影响规模效率的问题是制约其生产率提高的主要原因。海洋第二产业技术进步带来的经济效率的提升远高于规模不经济引起的综合效率的下降,对海洋第二产业生产率的提高起到了至关重要的促进作用。因此,提高海洋第二产业经济效率的重点和难点在于两点。第一,采取必要措施改善海洋第二产业规模不经济的现状。第二,针对民营企业目前表现出的经营高效态势,应继续加强政策的施行效力。

三 海洋第三产业经济效率提升的路径

海洋第三产业主要包括海洋工程建筑业、海洋交通运输业、滨海旅游业三大产业。自 2009 年开始,在国家拉动内需、加大投入的政策驱动下,我国滨海旅游业始终保持着较快的增长态势。近年来,受惠于产业政策的支持,滨海旅游产业规模持续增大,沿海地区依托特色旅游资源,发展多样化的旅游产品,邮轮、游艇等新兴旅游业发展迅速。相比较而言,受国际贸易形势及航运价格的影响,近年来,我国航运市场持续低迷,海洋交通运输业增长缓慢。而海洋工程建筑业始终保持着稳步发展态势,重大海洋工程稳步推进。2015 年,海洋第三产业增加值为 33885 亿元,占海洋生产总值的比重为 52.4%,是三次产业之首。

对于海洋第三产业来说,由纯技术效率和规模效率引起的技术效率指数变化对海洋第三产业全要素生产率的提高起到了决定性作用。这说明,近年来海洋第三产业中海洋技术的研发与应用、生产规模的扩大等行为大大提升了海洋第三产业的效率,对整个产业生产率的提高起到了一定的作用。但具体分析发现,尽管海洋第三产业的经济总量居海洋三次产业之首,但其经济效率居三次产业之末,尤其是国有企业的经济效率普遍比其他类别企业低。相比较而言,民营企业的经济效率较高。主要原因在于两点。一是民营企业的规模效率相对来说较高。如本章样本所示，十年来中海海盛、中昌海运等民营企业的固定资产投资额明显低于亚通股份、上港集团、招商轮船等国有控股公司，而其经济效率却表现出比国有企业高的水平。二是民营企业受外界经济制约因素变化的影响较小，这也从另一个侧面说明我们针对海洋第三产业民营企业实行的经济政策仍不足。

因此，提高海洋第三产业经济效率的重点应在于两点。一是加强该产业海洋科学技术的研发、海洋工艺的革新，推动海洋技术的传播、扩散和生产方式的进步，以提高整个产业的技术进步水平。二是针对民营企业给予必要的产业政策支持，进行必要的制度创新设计，尤其是应给予民营企业必要的资金支持，加强资本市场的创新力度，发挥其规模经济的优势，以充分调动民营企业的发展潜力。

综上所述，影响整个海洋经济效率的主要因素有规模不经济、技术进步水平、企业的国有化程度、生产管理水平等几大要素。因此，提高各海洋产业的经济效率除需采取优化海洋产业结构、科学规划涉海企业的经营规模、减少不必要的投入等措施外，还需积极采取加大科技研发力度、增强海洋知识教育和培训力度、优化涉海企业组织结构等能够促进海洋技术进步的手段。应针对各类海洋产业以及不同企业产权结构的特点量体裁衣，出台更有针对性的支持政策，并从资本市场创新、技术研发创新、企业管理创新等几方面入手，进行海洋产业的制度创新机制设计，以提高海洋经济的整体效率水平。

第七章
中国海洋资源的跨期配置与最优利用

第一节　可耗竭性海洋资源跨期配置建模的
理论基础

在资源经济学中，跨期模型通常用于解决可耗竭性资源在不同时期的配置问题。由于资源的可耗竭或不可再生特征，如果当期消费了一个单位的该类资源，那么该类资源的未来消费将必然减少一个单位。可耗竭性资源所具有的稀缺特征决定了其机会成本包含两个部分：其一是资源的边际开采成本；其二是稀缺价值或者租金。考虑到在门类齐全的海洋资源系统中，以油气资源为代表的海洋矿产资源属于可耗竭性资源，这就决定了跨期模型同样适用于对该类资源优化配置问题的研究。

本章将从资源经济学的相关理论出发，系统回顾并评述国内外学者针对可耗竭性资源跨期配置问题的研究成果。在欧文·费雪的标准两时期储蓄的微观经济模型基础上[①]，建立有别于传统戴蒙德模型的可耗竭性海洋资源的跨期配置理论模型。在两期模型的基础上进一步衍生出多期资源配置模型，并具体分析贴现率变动，特别是技术进步对可耗竭性海洋资源跨期配置的影响。最后，就影响可耗竭性海洋资源跨期配置的因素进行系统的

---

① Fisher, I., *The Theory of Interest* (New York: Macmillan, 1930).

分析与考量，围绕供给（资源生产者）和需求（资源使用者）两个层面分别就从量税与从价税对可耗竭性海洋资源跨期配置的影响进行数理分析，从理论上揭示资源税和价格管制在可耗竭性海洋资源跨期配置中所起的作用。

一　可耗竭性海洋资源跨期配置的意义

从海洋经济学的角度来看，以油气资源为代表的海洋矿产资源是海洋资源系统中重要的生产要素，这种海洋资源的可耗竭与不可再生的特性决定了其具有极强的稀缺性和公共物品属性，从而进一步决定了该类资源在配置中与普通商品之间的显著差别。在全球生态系统正面临着资源枯竭与环境污染严峻挑战的背景下，海洋经济的发展越来越多地关注到代际的可持续问题，在海洋经济的可持续发展中已经逐渐包含了对可耗竭性海洋资源永续利用的考量。如何使可耗竭性海洋资源在代际进行有效分配，以实现海洋经济在可持续发展中的代际公平，已成为海洋经济学理论研究的一个焦点议题。

可耗竭性海洋资源在代际的配置应该具有两层含义。一是这种分配应该是代际内部的最优分配，而保证各代人的发展愿望与权利能够公平地实现，这是代际资源分配问题所要考察的基础与核心。二是这种分配的最终落脚点在于代际公平性。考虑到后代人发展所遇到的资源约束是当代人强加给他们的，资源跨期配置问题的代际关系考察是当代人尤其是经济学理论工作者为实现可持续发展义不容辞的责任。

中国的经济增长正面临着越来越多的来自资源与生态环境系统的硬约束。如何使有限的资源在代际进行最有效的配置，协调当代人与后代人的发展空间与发展权利，一直以来是理论界非常关注的问题。与陆地资源相比，作为资源开发的新领域，丰富的海洋资源将为未来中国经济的发展提供巨大的空间和潜力。然而，如果仍将传统的、粗放型的、只顾及短期利益的资源开发模式运用到海洋资源系统中，不仅无助于从根本上打破当前中国经济增长的资源瓶颈，也将使中国未来的经济增长背负更多的资源与生态环境压力。因此，在当前中国海洋经济发展的现实环境下，对影响可耗竭性海洋资源跨期配置的因素进行分析，建立一种能够实现可耗竭性海洋资源跨期优化配置的长效经济机制，使其在代际实现优化配置，无疑具有重要的理论价值；同时，对可耗竭性海洋资源跨期配置影响因素的分析也将为目前中国其他自然资源的有效开发利用提供一定的理论参考，因此，围绕可耗竭性海洋资源跨期配置的理论研究同样具有十分重要的现实意义。

二 对现有研究成果的回顾与述评

从 1920 年马歇尔的《经济学原理》开始，经济学研究中开始渗透对可耗竭性资源的理论分析。1931 年哈罗德·霍特林在《可耗竭资源经济学》中首次对可耗竭性资源的开发和利用建立了理论分析的基本框架，并通过构建霍特林模型分析可耗竭性资源的供求和跨期最优开采问题。模型背后的经济学原理非常简洁明了：可耗竭性资源可以被视为随时间变迁而产生收益的资产，开采和消费一单位资源所导致的一项重要的机会成本是未来能够开采和消费的资源。一个寻求理论最大化的开采企业制定当前的开采决策时，应将资源消耗成本考虑在内，资源开采的价值即资源价格减去边际成本，应该等于不开采的价值，即资源消耗的边际成本。霍特林第一次提出在完全竞争条件下可耗竭性资源开采成本不变时，资源租金随时间变动的关系，即所谓的"霍特林定律"。霍特林定律表明，在开采成本不变时，资源租金增长率等于利息率。进一步地，霍特林指出，可耗竭性资源的价格等相关问题可以看成再生资源问题的一个特例，即资源再生率等于 0 的情况。[1] 在霍特林定律的基础上发展起来的可耗竭性资源最优消耗理论认为，达到资源最优消耗状态要具备两个条件：第一，随着时间的推移，资源租金须以与贴现率相同的速率增长，即任何时点上资源的时间机会成本均应为 0，此时为最优资源存量条件；第二，资源品价格等于资源品边际生产成本与资源影子价格之和，此时为资源最佳流量或最佳开采条件。[2] 随着经济学分析技术的不断发展，对可耗竭性资

---

[1] Hotelling, H., "The Economics of Exhaustible Resources," *The Journal of Political Economy*, 39 (1931): 137 – 175.

[2] 赵新宇：《不可再生资源可持续利用的经济学分析》，博士学位论文，吉林大学，2006，第 34—36 页。

源最优开发和利用问题的研究逐渐从单一时期发展到多时期，从而引发了理论界对可耗竭性资源代际配置问题的探讨。这种讨论主要从两个方面进行：一是资源代际配置及其与经济增长的关系；二是资源代际配置的影响因素。以下我们将从这两个方面对已有的理论研究进行系统的回顾与评述。

（一）可耗竭性资源代际配置及其与经济增长的关系

早在 1972 年罗马俱乐部①提出的第一份研究报告《增长的极限》中，人们就已经注意到可耗竭性资源的消耗同经济增长之间的相关性。而针对环境、资源利用以及经济增长的大规模研究则出现于 20 世纪 70 年代中后期。达斯古普塔和希尔、索洛、斯蒂格利茨成为早期将自然资源的消耗问题引入新古典增长理论的研究者。达斯古普塔和希尔通过效用贴现的方法证明了现值最优的策略对后代人的残酷性，消费和效用最终都趋于 0，消费集中在资源丰富的早期，资本投资不能够弥补资源损耗对产量的影响。② 而索洛在其文献中指出，在不考虑柯布—道格拉斯生产函数中资源耗竭数量的情况下，适当的资本积累可以维系持续消费，其条件是总产出流向资本的份额必须超过资源所得的份额。③ 两篇文献得出的结论截然不同，由于没能考察技术进步对资源消耗问题的影响，结论难免有失偏颇。而斯蒂格利茨在考虑技术进步的情况下证明，足够大的外生技术进步率足以弥补资源损耗的影响，人均消费和效用的可持续增长是可行的，并可达到现值最优。④ 早期的研究对资源约束条件下的资源消费及经济均衡增长轨迹所

---

① 罗马俱乐部（Club of Rome）的宗旨是研究未来的科学技术革命对人类发展的影响，阐明人类面临的主要困难以引起政策制定者和舆论的注意。目前主要从事有关全球性问题的宣传、预测和研究活动。

② Dasgupta, P. , Heal, G. , "The Optimal Depletion of Exhaustible Resources," *The Review of Economic Studies*, 41 (1974): 3 – 28.

③ Solow, Robert M. , "Intergenerational Equity and Exhaustible Resources," *The Review of Economic Studies* (41), *Symposium on the Economics of Exhaustible Resources*, Oxford University Press, 1974, pp. 29 – 45.

④ Stiglitz, J. E. , "Growth with Exhaustible Natural Resources: The Competitive Economy," *Review of Economic Studies* (41), *Symposium on the Economics of Exhaustible Resources*, Oxford University Press, 1974, pp. 139 – 152.

进行的有益探讨，为以后围绕可耗竭性资源相关问题的分析打下了基础。

在随后的研究中，人们逐渐把研究视角转向了资源的代际关系角度。哈特维克的研究关注代际消费平滑问题，在霍特林定律的基础上，他认为将可耗竭性资源开发投资于可再生生产资本（如机器等）将会保证代际获得一个平滑的消费流①，这一规则被命名为"哈特维克规则"。索洛在随后的研究中将哈特维克的研究进一步模型化。② 尽管哈特维克的这一研究对自然资源的持续利用产生了比较深远的影响，但是哈特维克规则的适用是有条件限制的，他并没有考虑贴现率在不同时期的变动情况。同时，在开放经济下，这一规则也不一定成立。考虑到资源配置的代际公平问题，Howarth 和 Norgaurd 进一步从社会最优的角度出发，他们指出，在两代人之间适当分配财产权能够使资源在跨时期的配置中处于帕累托最优的状态。③ 当然，这种考察是从当代人最优的角度来加以分析的，因为当代人也会关心自己的未来。另外，Kemp 和 Long 在戴蒙德模型中引入自然资源并进行资源配置的跨期均衡分析;④ Olson 和 Knapp 利用戴蒙德模型分析可耗竭性资源作为财产在代际的分配问题。⑤ 西方学者围绕资源在代际的配置及其与经济增长之间关系进行研究，为可耗竭性资源跨期配置的理论建模提供了较为系统的范式和框架。

针对可耗竭性资源的代际配置及其与经济增长之间关系的问题，国内学者也展开了一系列的研究工作。赵丽霞和魏巍贤将能源作为新的变量引入柯布—道格拉斯生产函数，在建立向量自回归模型的基础上，研究了中国经济增长与资源投入之间的关系;通过研究中国电力消费与经济增长之

---

① Hartwick, J. M. , "Intergenerational Equity and the Investing of Rents from Exhaustible Resources," *The American Economic Review*, 67 (1977): 972 - 974.

② Solow, R. M. , "On the Intergenerational Allocation of Natural Resources," *The Scandinavian Journal of Economics*, 88 (1986): 141 - 149.

③ Howarth, R. B. , Norgaurd, R. B. , "Intergenerational Resources Rights, Efficiency, and Social Optimality," *Land Economics*, 66 (1990): 1 - 11.

④ Kemp, M. C. , Long, N. V. , "The Under-exploitation of Natural Resource: A Model with Overlapping Generation," *Economic Record*, 55 (1979): 214 - 211.

⑤ Olson, L. J. , Knapp, K. C. , "Exhaustible Resources Allocation in an Overlapping Generation Economy," *Journal of Environmental Economics and Management*, 32 (1997): 277 - 292.

间的关系，证实了 GDP、资本存量、人力资本以及电力消费之间存在着长期均衡关系。他们认为能源已成为中国经济发展过程中不可完全替代的限制性要素。[①] 在三要素的生产函数框架下，基于 1952—2001 年中国电力行业的数据，林伯强证实了中国实际 GDP、资本存量、人力资本以及电力消费之间同样存在长期均衡关系。[②] 刘长生、郭小东等利用线性回归和基于阈回归模型的非线性回归的分析方法对中国能源消费与经济增长的关系进行了研究，得出的结论是：能源消费与经济增长之间存在着非线性关系，能源消费对经济增长的影响为倒 U 形，即当能源消费水平较低时，其对经济增长产生正面积极影响；当能源消费水平较高时，其对经济增长产生负面消极影响。[③] 从目前的研究来看，越来越多的国内文献已能在灵活建模的基础上，通过实证研究揭示可耗竭性资源的跨期配置及其对中国经济增长的影响。

（二）可耗竭性资源代际配置的影响因素

许多学者对影响可耗竭性资源在不同时期内配置的因素进行了深入细致的探讨。Ciriacy-Wantrup 对资源税与资源保护的关系做了有益的阐述，这是有关可耗竭性资源代际配置影响因素研究的早期文献。[④] Lee 的研究则在代际引入了管制价格，分析价格干预对可耗竭性资源在不同时期间的分配所产生的影响：一个高于竞争性市场价格的资源管制价格会增加本期的资源开采数量而影响下一时期的资源开采数量；而管制价格如果低于竞争性市场价格，则对下一时期资源开采数量的影响不确定。[⑤] Farzin 考察了霍特林可耗竭性资源开采模型中贴现率对资源开采和跨期配置的影响，结果

① 赵丽霞、魏巍贤：《能源与经济增长模型研究》，《预测》1998 年第 6 期，第 32—34、49 页。

② 林伯强：《电力消费与中国经济增长：基于生产函数的研究》，《管理世界》2003 年第 6 期，第 18—27 页。

③ 刘长生、郭小东、简玉峰：《能源消费对中国经济增长的影响研究——基于线性与非线性回归方法的比较分析》，《产业经济研究》2009 年第 1 期，第 1—9 页。

④ Ciriacy-Wantrup, S. V. J., "Taxation and the Conservation of Resources," *The Quarterly Journal of Economics*, 58 (1944): 157 – 195.

⑤ Lee, D. R., "Price Controls on Non-renewable Resources: An Intertemporal Analysis," *Southern Economic Journal*, 46 (1979): 179 – 188.

显示贴现率变动的实际效果依赖替代性资源生产的资本投入、资源提炼的成本以及资源储量。[①] Conrad 和 Hool 运用跨期模型对资源税在矿产企业生产中的作用进行了深入细致的分析。他们的研究认为，不同的税种和税收形式在不同时期对矿产资源的开采所产生的影响各不相同，其影响需要通过比较税率变化与贴现率来确定。[②] 此外，Gamponia 和 Mendelsohn 也沿着霍特林的思路对资源税在不同时期的经济影响进行了分析。[③] 这些学者的研究成果为可耗竭性资源的跨时期配置研究奠定了良好的理论基础并且提供了较为成熟的分析思路。但是，他们的分析也不是完全没有缺陷的，如 Gamponia 和 Mendelsohn 的研究仅限于资源税对矿产开采的经济分析，并没有涉及对资源使用企业的考察，与此同时，关于持续的资源税调整对资源供求在长时间维度上的影响也没有涉及。Lee 的研究同样也没有考虑到价格管制对资源使用企业的影响，而可耗竭性资源的跨期配置对资源需求方的影响应同样作为这一问题分析的重点。

与国外的研究相比，国内学者针对这一问题同样展开了深入的研究工作。范金在把可耗竭性资源作为一种生态资本引入戴蒙德模型的基础上，得出结论如下：经济若沿均衡轨道发展，则每一代的边际时间偏好率必须等于其所面临的物质资本的利息率；而随时间的推移，生态资本价格必定以相当于利息率的比率上升。[④] 成金华和吴巧生指出，从可耗竭性资源的定价理论出发，以价格理论为基础，着重探讨在特定资源使用制度下如何配置现有资源，并分析资源配置的不同状况对经济增长所起的作用，是近年来国内学者研究可耗竭性资源跨期配置影响因素问题的主要思路。[⑤] 王万山在 Tietenberg 模型的基础上，认为实现可耗竭性资源的可持续利用必

① Farzin, H. Y. , "The Effect of Discount Rates on Depletion of Exhaustible Resources," *Journal of Political Economy*, 92 (1984): 841 – 851.

② Conrad, R. F. , Hool, R. B. , "Intertemporal Extraction of Mineral Resources under Variable Rate Taxes," *Land Economics*, 57 (1984): 319 – 327.

③ Gamponia, V. , Mendelsohn, R. O. , "The Taxation of Exhaustible Resources," *The Quarterly Journal of Economics*, 100 (1985): 165 – 181.

④ 范金：《可持续发展下的最优经济增长》，经济管理出版社，2002，第 98—142 页。

⑤ 成金华、吴巧生：《中国自然资源经济学研究综述》，《中国地质大学学报》（社会科学版）2004 年第 4 期，第 47—55 页。

须满足三个苛刻的条件，即代际效率和公平兼顾的社会贴现率、准确确定生态环境安全标准，以及存在虚拟的后代人代表。[①] 尽管寓意深刻，但是他的分析并没有提出具体的关于可耗竭性资源跨期利用与贴现率的条件，从而导致了结论的模糊。而宋冬林和赵新宇的研究认为当代人在没有约束的情况下会无限制地使用可耗竭性资源，从而对后代人的资源利用产生负外部性。由此，他们把资源税引入戴蒙德模型，分析政府行为在代际对可耗竭性资源配置所产生的效果。在他们的初始模型中，资源税通过政府直接给予家庭，但由于家庭没有在当期进行减少外部性的有益活动，因此资源虽然会在当期减少外部性，而在下一时期却可能产生更严重的外部性后果。在其改进模型中，家庭通过自己的行动减少外部性并得到政府补贴，进而可以得到更多资本，使资源约束得以改善。[②] 国内学者对可耗竭性资源跨期配置问题的研究尽管取得了一定的进展，但目前研究的局限在于，现有文献所用模型多是在戴蒙德模型的基础上引申出来的，许多研究成果并没有系统揭示可耗竭性资源跨期配置的影响因素。进一步地，其就贴现率变动对资源跨期配置的影响并没有得出确定的结论，更没有考虑到技术进步对可耗竭性资源跨期配置产生的影响。与此同时，国内文献在对可耗竭性资源跨期配置考察的过程中，疏于在各时期引入资源税、价格管制和产权等因素，这使得可耗竭性资源跨期配置的理论体系建构尚不完整。

第二节　可耗竭性海洋资源优化配置的跨期模型

　　尽管并未直接涉及可耗竭性海洋资源的跨期优化配置问题，但基于资源

---

①　王万山：《非再生自然资源跨代使用的制度安排研究》，《经济评论》2006 年第 3 期，第 18—24 页。

②　宋冬林、赵新宇：《引入资源税的世代交叠模型及其改进》，《吉林大学社会科学学报》2007 年第 2 期，第 86—92 页。

的共同属性，前文对可耗竭性资源跨期配置的国内外研究成果的系统梳理与回顾，同样也为考察可耗竭性海洋资源的跨期配置提供了基本的分析方法和建模框架。由此，我们将在建立两时期的可耗竭性海洋资源优化配置模型的基础上，通过引入跨期替代弹性、贴现率和技术进步因素，进一步将模型拓展至多时期，分别考虑贴现率和技术进步对资源跨期配置的具体影响。[①]

一 两时期的可耗竭性海洋资源优化配置模型

(一) 模型的基本分析

假定一个海洋经济系统在两个时期内（t_1和t_2）进行生产。设在两个时期内用于生产的可耗竭性海洋资源的总量为D，前一时期消费D_1资源，生产产出Y_1；后一时期消费D_2资源，生产产出Y_2。则Y可以看作D的函数。

因此，海洋经济系统内的资源约束条件为：

$$D = D_1 + D_2 \qquad\qquad (7-1)$$

假定所考虑的目标条件是以t_1期产出衡量的两时期海洋经济产出最大化，则有：

$$\max\left[Y_1(D_1) + \frac{Y_2(D_2)}{1+r} \right] \qquad\qquad (7-2)$$

其中r为贴现率。

在此基础上，把式（7-1）代入式（7-2），并且海洋经济产出最大化的一阶条件为：

$$Y_1{}'(D_1) = \frac{Y_2{}'(D_2)}{1+r}$$

这个等式为可耗竭性海洋资源两时期配置的 Muler 方程。进一步地，设代表性厂商的生产函数为$Y = A_k F(L_k, K_k, D_k)(F' > 0, F'' < 0$，且规模报

[①] 纪玉山、李华主、李克：《我国非可再生资源跨期优化配置问题研究》，《税务与经济》2008 年第 6 期，第 1—7 页。

酬不变），由于本部分所关注的只是可耗竭性海洋资源在两时期中的配置问题，为简化分析，故假设 L 和 K 是既定的。由此可以把生产函数记为 $Y = A_k F(D_k)$，其中 A 为两时期的全要素生产率。将其代入海洋经济产出最大化的一阶条件，得到：

$$A_1 F'(D_1) = \frac{A_2 F'(D_2)}{1 + r} \tag{7-3}$$

设全要素生产率的增长率为 a（$a > 0$，衡量技术进步等），并设 $\beta = 1 + a$，因此有 $A_2 = (1 + a)A_1 = \beta A_1$，把此条件代入式（7-3）中，得到：

$$\frac{F'(D_2)}{F'(D_1)} = \frac{1 + r}{1 + a} \tag{7-4}$$

式（7-4）为可耗竭性海洋资源两时期配置 Muler 方程的扩展式，该式描述了资源配置均衡时两时期资源边际产出的比例及贴现率同技术进步率的关系。这也说明了可耗竭性海洋资源的跨期配置会受到贴现率和技术进步的影响。

（二）引入跨期替代弹性的分析

对式（7-4）两边取对数，有：

$$\ln(1 + r) - \ln(1 + a) = \ln F'(D_2) - \ln F'(D_1) \tag{7-5}$$

两边全微分，有：

$$\mathrm{dln}(1 + r) - \mathrm{dln}(1 + a) = \frac{F''(D_2)}{F'(D_2)}\mathrm{d}D_2 - \frac{F''(D_1)}{F'(D_1)}\mathrm{d}D_1$$

$$= \frac{F''(D_2)}{F'(D_2)}D_2\,\mathrm{dln}D_2 - \frac{F''(D_1)}{F'(D_1)}D_1\,\mathrm{dln}D_1 \tag{7-6}$$

定义 $\dfrac{1}{\sigma(D)} = -\dfrac{DF''(D)}{F'(D)}$ 为可耗竭性海洋资源的边际产出弹性，并且其倒数 $\sigma(D) = -\dfrac{F'(D)}{DF''(D)}$ 为可耗竭性海洋资源的跨期替代弹性，并有 $\sigma(D) > 0$。

特别地，如果海洋经济生产函数的形式为柯布—道格拉斯生产函数，且假设规模报酬不变，即 $F = AK^{\phi}L^{\varphi}D^{\gamma}$（$\phi > 0$，$\varphi > 0$，$\gamma > 0$，$\phi + \varphi + \gamma =$

1），可耗竭性海洋资源的跨期替代弹性可以表示为 $\sigma(D) = \dfrac{1}{1-\gamma}$，其中 γ 为海洋经济生产中可耗竭性海洋资源所占的份额。

由上式可以看出：γ 越大，即可耗竭性海洋资源在生产中使用越多、所占的份额越大，其跨期替代弹性越大；进一步可得出，跨期替代弹性与海洋经济生产函数的结构有关。

把 $\sigma(D)$ 代入式（7-6），并设两个时期的跨期替代弹性相等，整理得出：

$$\sigma(D)\mathrm{d}\left(\frac{1+a}{1+r}\right) = \mathrm{d}\left(\frac{D_2}{D_1}\right) \tag{7-7}$$

从式（7-7）中可以看到，当 $\sigma(D)$ 值较大时，即可耗竭性海洋资源的跨期替代弹性越大，技术进步和贴现率的变化对资源跨期配置的影响越大。

综上可得：γ 越大，即可耗竭性海洋资源在海洋经济中使用得越多，资源所占的份额越大，其跨期替代弹性越大，因此该类资源受到技术进步和贴现率变化的影响也越大。

（三）贴现率和技术进步对资源跨期配置的影响

首先来看贴现率对资源跨期配置的影响（假定技术进步率 a 不变）。根据约束条件式（7-1）：

$$D = D_1 + D_2$$

对 $F'(D_1) = \dfrac{\beta F'(D_2)}{1+r}$ 两边求 $\dfrac{\mathrm{d}D_1}{\mathrm{d}r}$，并利用式（7-4）及跨期替代弹性整理，有：

$$\frac{\mathrm{d}D_1}{\mathrm{d}r} = -\frac{F'(D_1)}{(1+r)F''(D_1) + \beta F''(D_2)} = \frac{\sigma(D)\cdot D_2}{(1+r)\cdot\left(1+\dfrac{D_2}{D_1}\right)} > 0 \tag{7-8}$$

从式（7-8）中可以看出，D_1 与 r 呈同向变动关系，即如果贴现率越高，海洋经济生产中的可耗竭性海洋资源越应在 t_1 期应用，从而在 t_2 期中可以得到一个较大的贴现收入，进而使两时期的海洋经济产出达到最大。

再来看技术进步对资源跨期配置的影响（假设贴现率 r 不变）。根据约束条件式（7－1），并设 $\theta = 1 + r$，对 $F'(D_1) = \dfrac{\beta F'(D_2)}{1 + r}$ 两边求 $\dfrac{\mathrm{d}D_1}{\mathrm{d}a}$，并利用式（7－4）及跨期替代弹性整理，有：

$$\frac{\mathrm{d}D_1}{\mathrm{d}a} = \frac{\theta F'(D_2)}{F''(D_1) + \theta(1 + a)F''(D_2)} = -\frac{\sigma(D) \cdot D_2}{(1 + a)\left(\dfrac{D_2}{D_1} + 1\right)} < 0 \qquad (7 - 9)$$

从式（7－9）中可以看出，D_1 与 a 呈反向变动关系，即当海洋经济系统全要素生产率的增长率 a 变大时，可耗竭性海洋资源更倾向于在 t_2 期配置，因为随着技术进步，单位可耗竭性海洋资源的产出收益会更大。

二　多时期的可耗竭性海洋资源优化配置模型

（一）模型的基本分析

假定海洋经济生产活动从 t 时期开始，并在 $t + T$ 时期结束，T 为大于 0 的有限常数。海洋生态系统的资源总量仍为 D，并假定在全部时期内消费完毕，时期 s 使用 D_s 的资源（$t \leqslant s \leqslant t + T$），海洋经济生产产出 Y_s，因此 Y_s 为 D_s 的函数。设总产出为 TY，且贴现率 r 在连续时期内保持不变。那么，资源约束条件变为：

$$D = D_t + D_{t+1} + D_{t+2} + \cdots + D_{t+T} = \sum_{s=t}^{t+T} D_s \qquad (7 - 10)$$

所考虑的以 t 时期海洋经济产出最大化衡量的目标泛函为：

$$TY_t = Y_t(D_t) + \delta Y_{t+1}(D_{t+1}) + \cdots + \delta^T Y_{t+T}(D_{t+T}) = \sum_{s=t}^{t+T} \delta^{s-t} Y_s(D_s)$$

设 $\delta = \dfrac{1}{1 + r}$，运用 Kuhn-Tucker 定理，有：

$$\max TY_t = \sum_{s=t}^{t+T} \delta^{s-t} Y_s(D_s) \qquad (7 - 11)$$

$$\text{s. t. } D = \sum_{s=T}^{t+T} D_s \qquad (7 - 12)$$

构造拉格朗日函数，得出最优化均衡条件为 $Y_s' = \delta Y_{s+1}'(D_{s+1})$，可以

看到，多时期模型中最优化均衡所得出的 Muler 方程与两时期模型的 Muler
方程相对应，故上一部分的分析范式和结论对于多时期模型也同样适用。

（二）多时期 s 影响因素变动对以后第 k 时期资源配置的动态影响

通过对以上建立的多时期模型均衡条件进行迭代，对于时期 s 以后的
第 k 个时期而言（$t < s \leqslant T$），可以得出以下的扩展均衡方程：

$$Y_s{}'(D_S) = \delta Y_{s+1}{}'(D_{s+1}) = \cdots = \delta^{s+k} Y_{s+k}{}'(D_{s+k}) \qquad (7-13)$$

这里仍然沿用第一部分的假设，海洋经济的生产函数采用 $Y = A_k F(D_k)$ 的简化形式，a_k 为 k 时期相对于 s 时期全要素生产率 A_k 的增长率
（$a_k > 0$），即 $A_{s+k} = (1 + a_k)A_s$，因此迭代的均衡条件可表示为：

$$F_s{}'(D_s) = \frac{(1 + a_k) F_{s+k}{}'(D_{s+k})}{(1 + r)^k} \qquad (7-14)$$

首先考察 s 时期贴现率的变动对资源跨期配置的影响。对式（7 – 14）
求 $\dfrac{\mathrm{d}D_s}{\mathrm{d}r}$，令各时期的跨期替代弹性相等，仍设为 $\sigma(D)$，有：

$$\frac{\mathrm{d}D_s}{\mathrm{d}r} = \frac{\sigma(D) \cdot D_{s+k} \cdot k}{(1 + r) \cdot \left(1 + \dfrac{D_{s+k}}{D_s}\right)} > 0 \qquad (7-15)$$

从式（7 – 15）可以看出，D_s 与 r 呈同向变动关系，即如果贴现率越
高，可耗竭性海洋资源应更多地在 s 期应用，从而在 $s + k$ 期中，可以得到
一个较大的贴现收入，进而使多时期的海洋经济产出最大化，这与两时期
分析的结论一致。

接着考察 s 时期技术进步对资源跨期配置的影响。同样，对式（7 –
14）求 $\dfrac{\mathrm{d}D_s}{\mathrm{d}a_k}$，有：

$$\frac{\mathrm{d}D_s}{\mathrm{d}a_k} = -\frac{\sigma(D) \cdot D_s}{(1 + a_k)\left(\dfrac{D_s}{D_{s+k}} + 1\right)} < 0 \qquad (7-16)$$

从式（7 – 16）可以看出，D_s 与 a_k 呈反向变动关系，即当海洋经济系
统全要素生产率的增长率 a_k 在 $s + k$ 时期变大的时候，可耗竭性海洋资源相

较于 s 时期更倾向于在 $s+k$ 期配置，即更倾向于在以后的时期配置，因为随着技术进步，单位可耗竭性海洋资源的产出收益会更大。这也与两时期模型的结论相一致（见图 $7-1$）。

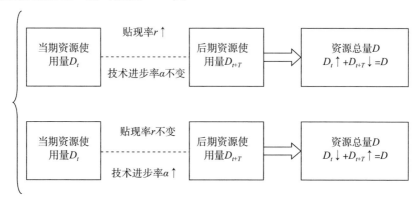

图 7 - 1　贴现率与技术进步对可耗竭性海洋资源跨期配置的影响

通过以上的分析过程可以看到，在一个长的离散时间序列的海洋经济系统中，可耗竭性海洋资源的跨期配置在贴现率提高时会使资源向较前的时期倾斜，而在技术进步率提高时资源倾向于向较后的时期配置，其结论与以上分析的两时期模型相同。故两时期模型分析的结论扩展到多阶段后，其结论具有一般性。

第三节　资源税与价格管制对可耗竭性海洋资源
跨期配置的影响

在前文中，我们在建立可耗竭性海洋资源跨期优化配置模型的基础上，具体分析了贴现率与技术进步对这一类资源跨期配置产生的影响。与贴现率和技术进步等这些内生于海洋经济系统的因素相比①，资源税和价

---

① 相对于资源税和价格管制等明显带有外生性特征的政策安排，贴现率和技术进步应当作为海洋经济系统的内生性因素，尽管贴现率和技术进步等因素在目前资源经济学的研究中越来越多地被内生化处理，但为了更直观地揭示贴现率与技术进步对可耗竭性海洋资源跨期配置的影响，我们在前文的建模过程中仍对两者采取了外生化的处理方式，这也成为模型不完善并在后续研究中需要进一步改善之处。

格管制等来自海洋经济系统以外的政策性安排同样对可耗竭性海洋资源在不同时期的配置具有重要影响。鉴于此，本部分对于资源税及价格管制影响的分析将从可耗竭性海洋资源产品的生产者和使用者两个方面展开。首先分别表述特定时期可耗竭性海洋资源的生产者和使用者对该类资源生产和使用的具体特征，在此基础上，引入资源税展开进一步的分析，得出资源税在不同时期对可耗竭性海洋资源配置的影响。在对税收的分析中，通过对从量税和从价税两个方面进行分析，得出这一部分内容的主要结论。

一 可耗竭性海洋资源跨期配置中供求双方的厂商生产基本模型

在一个海洋经济系统中，存在可耗竭性海洋资源的生产者 Y_S（资源供给者），例如石油生产企业和天然气生产企业等，也存在着利用可耗竭性海洋资源从事生产和消费活动的资源使用者 Y_D。假定市场处于完全竞争状态，考察资源生产者 Y_S 在连续的离散时期 T 内每一个时期 t 生产可耗竭性海洋资源产出的数量为 X_t，厂商以利润最大化为目标进行生产，生产的成本函数为 $C_t = C_t(X_t)$，其中 $t = 1, 2, \cdots, T$。另外，在生产过程中，各种可耗竭性海洋资源的生产厂商无论大小，其成本都随生产数量的持续增长而提升，且这种成本提升的速度不断加快，因此可以假定 $C'_t > 0, C''_t > 0$。考虑到产出的贴现问题后，以本期厂商收入衡量的企业利润函数可以写成以下形式：

$$\prod_t = \frac{1}{(1+r)^{t-1}} \Big[\sum_{t=1}^{T} P_t X_t - C_t(X_t) \Big] \qquad (7-17)$$

其中，P_t 为时期 t 的可耗竭性海洋资源产品的价格。另外，资源的约束为：

$$\sum_{t=1}^{T} X_t \leq R \qquad (7-18)$$

其中，R 为海洋经济系统中可耗竭性海洋资源的总储量。以上条件表示可耗竭性海洋资源的生产者在时期 t 生产的资源量不应超过资源的总储量。由于存在可耗竭性海洋资源的勘探等问题，已探明可开采的资源量在理论上总是小于或至多等于海洋经济系统中总的资源存储量。这样，可耗竭性海洋资源生产者以本期收入最大化衡量的产出决定问题可以表示如下：

$$\max \prod{}_s = \sum_{t=1}^{T} \left\{ \frac{1}{(1+r)^{t-1}} \left[\sum_{t=1}^{T} P_t X_t - C_t(X_t) \right] \right\}$$

$$\text{s. t.} \sum_{t=1}^{T} X_t \leqslant R \tag{7-19}$$

应用 Kuhn-Tucker 定理，厂商的最优化条件为：

$$\frac{\partial L}{\partial X_t} = \frac{1}{(1+r)^{t-1}} \left[P_t - C'_t(X_t) \right] - \lambda = 0$$

其中 λ 是可耗竭性海洋资源的影子价格。

在可耗竭性海洋资源生产厂商的生产路径中，其最大化生产应符合以上条件。特别地，对以上最大化条件求 X_t 对 P_t 的导数，有：

$$\frac{\partial X_t}{\partial P_t} = \frac{1}{C''(X_t)} > 0 \tag{7-20}$$

即时期 t 的可耗竭性海洋资源产量与当期资源价格 P_t 同方向变动，当可耗竭性海洋资源产品的价格升高时，相应的资源产量 X_t 也上升。因此，以本期贴现价格衡量，若本期可耗竭性海洋资源的价格水平相对其他时期较高，则资源生产企业会提高本期资源品供给，而减少未来的资源品供给。这一条件与经济事实相符，因为可耗竭性海洋资源生产厂商在比较资源价格后愿意在价格高时多生产产品从而获得更多的利益。这样对于海洋经济中某一时期 t 及其后续时期 t'（$t \geqslant 0$，$t' > 0$ 且 $t' > t$），有如式（7-21）的关系：

$$(X_t - X_{t'}) \left[\frac{P_t}{(1+r)^{t-1}} - \frac{P_{t'}}{(1+r)^{t'-1}} \right] \geqslant 0 \tag{7-21}$$

式（7-21）意味着：若 $X_t \geqslant X_{t'}$，则 $\dfrac{P_t}{(1+r)^{t-1}} \geqslant \dfrac{P_{t'}}{(1+r)^{t'-1}}$，反之亦然。

以上是对可耗竭性海洋资源生产厂商跨时期生产过程特征的描述。与之相对应，对于资源的需求方而言，我们假设资源消费者 Y_D 在连续的离散

时期 T 内，每一个时期 t 需要可耗竭性海洋资源产品的数量为 X_t，作为资源消费者的厂商以利润最大化为目标进行生产，生产的收益函数为 $B_t = B_t(X_t)$，其中 $t = 1,2,\cdots,T$。同样，在生产过程中，各种使用可耗竭性海洋资源从事生产活动的厂商无论大小，其利润都随生产数量的持续增长而下降，且这种利润下降的速度也不断加快，因此可以假定 $B'_t < 0, B''_t < 0$。考虑到产出的贴现问题后，以本期厂商收入衡量的企业利润函数可以写成式（7 - 22）的形式：

$$\prod_D = \frac{1}{(1+r)^{t-1}}\left[B_t(X_t) - \sum_{t=1}^{T} P_t X_t\right], t = 1,2,\cdots,T \qquad (7-22)$$

这样，资源消费者以本期收入最大化衡量的产出决定问题可以表示如式（7 - 23）：

$$\max \prod_D = \frac{1}{(1+r)^{t-1}}\left[B_t(X_t) - \sum_{t=1}^{T} P_t X_t\right], t = 1,2,\cdots,T$$

$$\text{s. t.} \sum_{t=1}^{T} X_t \leqslant R, t = 1,2,\cdots,T \qquad (7-23)$$

应用 Kuhn-Tucker 定理，厂商的最优化条件为：

$$\frac{\partial L}{\partial X_t} = \frac{1}{(1+r)^{t-1}}\left[B'_t(X_t) - P_t\right] - \lambda = 0 \qquad (7-24)$$

在使用可耗竭性海洋资源从事生产活动的厂商的生产路径中，其最大化生产应符合以上条件。特别地，对以上最大化条件求 X_t 对 P_t 的导数，有：

$$\frac{\partial X_t}{\partial P_t} = \frac{1}{B''(X_t)} < 0 \qquad (7-25)$$

即时期 t 作为可耗竭性海洋资源消费者的厂商产量与当期资源价格 P_t 反方向变动，当资源产品价格升高时，相应的资源品产量 X_t 也下降。因此，以本期贴现价格衡量，若本期价格水平相对其他时期较高，则使用可耗竭性海洋资源从事生产活动的企业会减少本期资源品的需求，而增加未来的资源品需求。这样对于经济中某一时期 t 及其后续时期 $t'(t \geqslant 0, t' > 0$ 且 $t' > t$），有如式（7 - 26）的关系：

$$(X_t - X_{t'}) \left[\frac{P_t}{(1+r)^{t-1}} - \frac{P_{t'}}{(1+r)^{t'-1}} \right] \leqslant 0 \qquad (7-26)$$

式（7-26）意味着：若 $X_t \geqslant X_{t'}$，则 $\dfrac{P_t}{(1+r)^{t-1}} \leqslant \dfrac{P_{t'}}{(1+r)^{t'-1}}$，反之亦然。

以上是对可耗竭性海洋资源消费者行为特征的描述。这里应注意的是，对于某一时期 t，若可耗竭性海洋资源供过于求，市场中间商或其他形式的经济部门可对可耗竭性海洋资源产品加以储备，满足经济中的生产需求波动，在价格较低时存储供给，价格较高时释放供给；同时，企业也会减少当期资源的利用并进行存储，以享受资源带来的利息收入。

二　从量税对可耗竭性海洋资源跨期配置的影响分析

在一个海洋经济生产系统中，若在某一时刻对可耗竭性海洋资源生产企业开始征收从量的资源税，或是在既有的从量税基础上重新调节税率，那么资源生产厂商 t 时期所面对的价格就变为含有从量税的价格 $P_t - \tau_t$，其中 τ_t 为 t 时期的从量税收。那么有特征方程（7-27）：

$$\frac{P_t}{(1+r)^{t-1}} - \frac{P_{t'}}{(1+r)^{t'-1}} \geqslant 0 \qquad (7-27)$$

引入从量税，有：

$$\frac{P_t - \tau_t}{(1+r)^{t-1}} - \frac{P_{t'} - \tau_{t'}}{(1+r)^{t'-1}} \geqslant 0 \qquad (7-28)$$

其中 τ_t 和 $\tau_{t'}$ 分别为 t 时期和 t' 时期的从量税率，由式（7-28），可以得到：

$$\frac{\tau_{t'}}{\tau_t} \geqslant (1+r)^{t'-t} \qquad (7-29)$$

在这里设税收的各时期平均变动率为 γ，那么有：

$$(1+\gamma)^{t'-t} \geqslant (1+r)^{t'-t} \qquad (7-30)$$

$\gamma \geqslant r$，当 $t' > t$ 时，$X_t \geqslant X_{t'}$。即在离散时间序列中，在海洋经济生产

系统内部，随着时间的延续，当资源税的增长率大于贴现率时，企业在当期生产更多可耗竭性海洋资源，并减少以后时期的资源品生产。因为储存资源的贴现收入少于税收的增加，从生产者利润最大化的角度考察，生产者愿意在当期投入更多，同时减少未来的产量，以规避资源税的增加导致企业成本的上升，反之亦然。

三　从价税对可耗竭性海洋资源跨期配置的影响分析

对于从价税的分析由于涉及可耗竭性海洋资源的价格变化，因此应从两方面进行分析。作为一种资源税的主要形式，从价税通常适用于对稀缺资源生产与消费的调节。若在某一时刻对可耗竭性海洋资源的生产企业开始征收从价的资源税，或是在既有的从价税基础上重新调整税率，那么资源生产厂商在 t 时期所面对的价格就变为含有从价税的价格 $(1 - \beta_t) P_t$，其中 β_t 为 t 时期的从量税。由于从价税的征收涉及价格的调整，因此需要从供给和需求两方面分别讨论，就可耗竭性海洋资源的供给方面而言，有特征方程（7-31）：

$$\frac{P_t}{(1+r)^{t-1}} - \frac{P_{t'}}{(1+r)^{t'-1}} \geq 0 \qquad (7-31)$$

引入从量税，有：

$$\frac{(1 - \beta_t) P_t}{(1+r)^{t-1}} - \frac{(1 - \beta_{t'}) P_{t'}}{(1+r)^{t'-1}} \geq 0 \qquad (7-32)$$

其中 β_t 与 $\beta_{t'}$ 分别为 t 时期和 t' 时期的从价税税率，由此可以导出：

$$\frac{\beta_{t'} P_{T'}}{\beta_t P_t} \geq (1+r)^{t'-t} \qquad (7-33)$$

在这里，设从价税税率的变动率和价格的变动率分别为 ν 和 ρ，那么式（7-33）可以改写为：

$$[(1+\nu)(1+\rho)]^{t'-t} \geq (1+r)^{t'-t} \qquad (7-34)$$

由此可得：

$$(1+\nu)(1+\rho) \geq 1+r，当 t' > t 时 \qquad (7-35)$$

由不等式的性质，式（7 - 35）可以进一步简化为：

$$v + \rho \geqslant r，当 t' > t 时 \qquad (7 - 36)$$

而这时，$X_t \geqslant X_{t'}$，反之亦然。

从以上条件可以看出，在离散经济当中，对于可耗竭性海洋资源的生产与消费而言，随着时间的推移，当从价资源税的变动率与资源价格变动率之和大于贴现率时，企业会在当期生产更多的可耗竭性海洋资源，并减少以后时期资源品生产的产量；因为储存资源的贴现收入不能弥补税收的增加和价格变动之和，从生产者利润最大化的角度考察，生产者愿意在当期投入更多，同时减少未来的产量，以规避资源税的增加和价格变动引致的成本上升，反之亦然。

另外，由于税收的调节会通过价格影响可耗竭性海洋资源的使用者，因此就资源需求方而言，从价税的调整也会对其生产产生影响，因此就资源品的需求而言，有特征方程（7 - 37）：

$$\frac{P_t}{(1 + r)^{t-1}} - \frac{P_{t'}}{(1 + r)^{t'-1}} \geqslant 0 \qquad (7 - 37)$$

引入资源价格变动，有：

$$\frac{P_t}{(1 + r)^{t-1}} - \frac{P_{t'}}{(1 + r)^{t'-1}} \geqslant 0 \qquad (7 - 38)$$

其中 β_t 和 $\beta_{t'}$ 分别为上述 t 时期和 t' 时期的从价税税率，由此可以导出：

$$\frac{P_{t'}}{P_t} \leqslant (1 + r)^{t'-t} \qquad (7 - 39)$$

在这里设资源价格的变动率仍为上述模型中的 ρ，那么式（7 - 39）可以改写为：

$$\rho \leqslant r，当 t' > t 时$$

在此时，$X_t \leqslant X_{t'}$，反之亦然。

从以上条件可以看出，从可耗竭性海洋资源的需求者方面来考察，在离散经济当中，随着时间的推移，资源价格会发生变动。当资源价格变动率小于贴现率时，可耗竭性海洋资源在当期的需求减少，从而以后时期资源品生产的需求量增加，因为此时生产者存储资源的贴现收入超过价格在各时期变动的成本。从资源需求者利润最大化的角度出发，需求者愿意在当期减少资源的利用并存储资源，同时增加未来的资源利用，以规避资源税的增加和价格变动引致的成本上升，反之亦然（见图 7 - 2）。

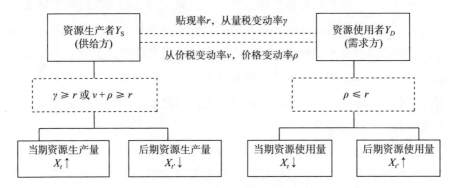

图 7 - 2　从量税与从价税对不可再生资源跨期供给与需求方面的影响

四　价格管制对可耗竭性海洋资源跨期配置的影响

如果存在价格管制，例如汽油等的价格始终由政府等相关部门指导，那么对可耗竭性海洋资源的生产者而言，在不考虑资源税的情况下，他们所面对的价格 $P_t = P_{t'}$，即资源价格在各时期的变化率大约为 0，这意味着 $\rho \leqslant r$，其直接后果是 $X_t \geqslant X_{t'}$。在当期 t，对可耗竭性海洋资源的生产将持续增加，不能形成可耗竭性资源对企业生产的硬约束，同时也不利于资源生产企业进行技术创新和工艺改进。而对可耗竭性海洋资源的使用者而言，在 $P_t = P_{t'}$ 的情况下，资源价格平均变动率 ρ 大约等于 0，这意味着 $\rho \leqslant r$，其直接后果是 $X_t \leqslant X_{t'}$，即随着时间的推移，对可耗竭性海洋资源的利用持续增加，资源使用企业没有动力去进行资源节约的技术改进，从而造成了企业生产活动中的资源浪费。从经济可持续发展的长期角度而言，对资源价格的持续管制将不断加大中国可耗竭性海洋资源的供需缺口，从而将使中国经济增长更加依赖于可耗竭性资源的过度消耗。

综上所述，通过对离散时间序列中资源税对可耗竭性海洋资源供给厂商和资源需求厂商的跨期影响的经济分析，我们揭示了资源税和价格管制在可耗竭性海洋资源跨期配置中所起的作用。根据从量税对可耗竭性海洋资源跨期配置影响的分析，我们认为，从量税在时间序列上的调整与变化会对该类资源的生产活动产生重要影响，其具体影响应视资源税的调整比例与贴现率的相互关系而定，不同的税率调整会对整个经济系统产生不同的影响。与此同时，就从价税而言，其在时间序列上的调整与变化同样会对可耗竭性海洋资源的生产活动产生重要影响，其具体影响应视资源税的调整比例及价格的调整比例之和与贴现率的相互关系而定。最后，就价格管制对可耗竭性海洋资源的跨期配置影响而言，从长期来看，价格管制会扩大该类资源的供需缺口，最终导致经济增长更加依赖于可耗竭性资源的过度消耗。

第四节　可耗竭性海洋资源的最优开采

有关可耗竭性海洋资源的最优利用涉及一系列的问题，其中包括：该类资源的最优耗竭率（Optimal Rate of Depletion），即应该以多快的速度开采资源；某一可耗竭性资源的储存量为多少；如何在不同时期达到资源利用的均衡状态等。在此基础上，这些问题可以进一步引申为：在一种可耗竭性海洋资源的总存储量尚未探明的情况下，如何实现对未来矿藏开采的最优配置；如何配置该种可耗竭性海洋资源以研究、开发和生产某种可耗竭性资源的替代品。与这些问题密切相关的是，在最优使用某种可耗竭性海洋资源的路径上，该种资源的影子价格将如何随着时间的变化而变化。所有问题的关键都围绕着如何在代际寻找最优的资源配置，而与这一问题紧密联系的则是跨期均衡分析中重点探讨的贴现率，以及与消费水平有关的边际消费效用的弹性。针对可耗竭性海洋资源的跨期优化配置，我们已在上一部分的分析中集中探讨过，尽管模型的设计和论证不可能十全十美，我们的研究工作还是回答了上述提及的部分问题。虽然可耗竭性资源的跨期优化配置是当前资源经济学研究的一个焦点，但可耗竭性资源的利用也存在着不受时间因素影响的另一方面，这里主要涉及的是资源的开采与销售的均衡对整个经济产生的影响。从这层意义而言，仅以可耗竭性海洋资源为例，可耗竭性海洋资源的跨期优化配置实则包含于该类资源的最优利用问题当中。因此，本部分的研究将从这一更具一般性的问题出发，在理论建模与分析论证的基础上，就上述提及的相关问题做进一步的解答。

一 有关资源的纯耗竭问题

在制定某种可耗竭性海洋资源的最优开采政策的过程中，其中需要解决的一个问题是如何在一段时期内对固定水平的资源存储的消费进行最优分配。对此，假定 S_0 是某种可耗竭性海洋资源的初始储存量且为确定的已知数，v_t 是 t 时期内该种资源的消耗速率，S_t 是 t 时期内该种资源总的剩余存储量，T 是时间范围（$t \leqslant t + T$），$U(v_t)$ 是该种资源消耗的瞬时效用，δ 为贴现率（$\delta > 0$），这里有：

$$\max \int_{t=0}^{t=T} U(v_t) \ e^{-\delta t} \mathrm{d}t$$

$$\text{s. t.} \ S_t = S_0 - \int_{t=0}^{t=T} v_t \ \mathrm{d}t, \dot{S}_t = -v_t, S_t \geqslant 0, \forall t \in [0, T] \qquad (7-40)$$

如果用 $U'(v_t)$ 来表示 $U(v_t)$ 关于 v_t 的一阶导数，同时假设 $U(v_t)$ 是严格的凹函数，另外还有 $\lim\limits_{v_t \to 0} U'(v_t) = +\infty$。

因此，该可耗竭性海洋资源的边际消费效用的弹性可以表示为：

$$\eta(v) = -\frac{vU''(v)}{U'(v)} > 0 \qquad (7-41)$$

在式（7-40）中，我们的目标是在一定时间内合理分配对某种可耗竭性海洋资源的消费，从而使总的贴现效用最大化。实现式（7-40）目标的关键在于，必须选定该种资源某一特定的消费水平，使边际消费效用的现值在所有时期内保持不变，这意味着对该种资源的消费可以在不同时期进行无成本的变换。

在此基础上，建立汉密尔顿函数对式（7-40）进行公式化求解，有：

$$H = e^{-\delta t} U(v_t) + e^{-\delta t} p_t(-v_t) \qquad (7-42)$$

在式（7-42）中，p_t 可以被理解为 t 时期资源约束下该种可耗竭性海洋资源的影子价格，另外，通过式（7-42）可以得出解决式（7-40）问题的两个必要条件，即：

$$p_t = \delta p_t \text{ 以及 } U'(v_t) = p_t$$

从以上两个条件可以进一步推出：

$$\frac{\dot{v}}{v_t} = -\frac{\delta}{\eta} \tag{7-43}$$

从以上的分析中可以得出，对于某种可耗竭性海洋资源而言，沿着满足最优开采必要条件的资源消费路径，资源消费随时间降低的速率等于贴现率与边际消费效用弹性之间的比率。因此，贴现率越大，资源消费水平随时间降低的速率越大，边际效用弹性的减小也提高了资源消费随时间减小的速率。

进一步地，如果给定一个具体的函数形式，以上分析不仅可以提供关于某种可耗竭性海洋资源消费变化率的信息，还可以显示出关于该种资源最初消费水平的信息。在此，假设边际消费效用弹性是一个常量，有：

$$v_0 = \frac{S_0}{\dfrac{\eta}{\delta} - \dfrac{\eta}{\delta}e^{-T(\frac{\cdot}{\cdot})}} \tag{7-44}$$

在时间范围无限延长的情况下，则有：

$$v_0 = S_0 \frac{\delta}{\eta} \tag{7-45}$$

式（7-45）表明，对于某种可耗竭性海洋资源而言，较高的初始资源存量意味着较高的初始资源消费水平以及在时间序列上更高的资源消费水平。与此同时，由式（7-43）可知，一个较高的贴现率意味着较高的递减速率以及较高的初始资源消费水平。另外，较小的边际效用弹性同样可以提高初始资源消费的水平。

二　海洋经济生产模型中的资源耗竭与资本积累

在海洋经济生产过程中，相较于可耗竭性海洋资源的消费，更普遍的情况是某种可耗竭性海洋资源作为一种投入要素用以生产商品，这意味着诸如海洋油气等可耗竭性海洋资源更多的是一种生产要素而非单纯意义上的消费品。在这样的条件下，假定海洋经济生产过程中仅有两种投入要素，即可耗竭性海洋资源 R 及资本 K，海洋经济生产的产出 Y 既可以被消费，也可用于投资以扩大资本积累。基于这一过程可以建立一个海洋经济的生产模型。其中，R_t 是 t 时期的资源投入，K_t 是 t 时期的资本储量，海洋经济的生产函数可以表示为 $Y_t = F(R_t, K_t)$。此外，假定生产过程中规模收益不变，生产函数为线性均匀函数，其他变量的意义与式（7-40）中相同，海洋经济的基本发展方程为：

$$\dot{K} = F(R_t, K_t) - v_t \tag{7-46}$$

在此情形下，该种可耗竭性海洋资源的最优开采问题变为：

$$\max \int_{t=0}^{\infty} U(v_t) \, e^{-\delta} \mathrm{d}t$$

$$\text{s. t. } \dot{K} = F(R_t, K_t) - v_t$$

$$S_t = S_0 - \int_{t=0}^{\infty} R_t \, \mathrm{d}t, \dot{S}_t = -R_t \tag{7-47}$$

其中，

$$v_t, K_t, R_t, S_t \geq 0, K_0 > 0$$

通过建立汉密尔顿函数对以上问题求解必要条件：

$$H = e^{-\delta t} U(v_t) + e^{-\delta t} p_t(-R_t) + e^{-\delta t} q_t [F(R_t, K_t) - v_t] \tag{7-48}$$

其中产生的必要条件包括：

$$q_t = U'(v_t) \tag{7-49-1}$$

$$p_t = q_t F_R \tag{7-49-2}$$

$$\dot{p}_t - \delta p_t = 0 \tag{7-49-3}$$

$$\dot{q}_t - \delta q_t = -q_t F_K \tag{7-49-4}$$

其中，p_t 是该种可耗竭性海洋资源的影子价格，q_t 是产品的影子价格。

对以上必要条件做进一步处理，令 $x = \dfrac{K}{R}$，以及 $f(x) = F\left(\dfrac{K}{R}, 1\right)$，在此情形下，该种可耗竭性海洋资源与资本之间的替代弹性可以表示为：

$$\sigma = \frac{-f'(x)[f(x) - xf'(x)]}{xf(x)f''(x)} \qquad (7-50)$$

进一步地，最优化的必要条件为：

$$\frac{\dot{v}}{v} = \frac{F_K}{\eta} - \frac{\delta}{\eta} \qquad (7-51-1)$$

$$\frac{\dot{x}}{x} = \sigma \frac{f(x)}{x} \qquad (7-51-2)$$

以上的分析表明，贴现率和边际效用弹性在决定某种可耗竭性海洋资源的消费变化率中具有关键性作用。在我们构建的海洋经济生产模型中，这种消费不再指向对可耗竭性海洋资源的消费，而是指向对利用该种资源生产出来的产品的消费。式（7-51-2）作为一项最优化的必要条件反映出了该种可耗竭性海洋资源投入水平的变化率，其既可以用资本—资源比的变化率表示，也可以将其表示为再生资本对可耗竭性资源的替代率。

进一步地，以上分析还表明，可耗竭性海洋资源的影子价格沿最优利用路径的移动轨迹是由贴现率决定的。作为必要条件之一的式（7-49-2）表明，在每一个时间点上，该种可耗竭性海洋资源的影子价格将与其由边际效用表示的边际产品价值相等；另一个必要条件式（7-49-3）作为霍特林定律的一个基本等式，反映的是在没有生产的资源纯耗竭的情况下，该种可耗竭性海洋资源的价格变化。因此，从这层意义而言，海洋经济生产模型并没有改变与可耗竭性海洋资源价格变化相关的任何情况。然而，作为海洋经济生产模型中的一项生产投入，可耗竭性资源的价格与海洋经济的产出之间的关系仍须做进一步的考察。在此，令 $\chi = \dfrac{p}{q}$，χ 是针对投入的该种可耗竭性海洋资源用海洋经济产出表示的资源价格，进一步整理，有：

$$\frac{\dot{X}}{X} = \frac{\dot{p}}{p} = \frac{\dot{q}}{q} = F_K \qquad (7-52)$$

因此，用海洋经济产出衡量可耗竭性海洋资源价格的增长速度，即为资本的边际生产率。根据必要条件式（7 - 51 - 2），当资本—资源比发生变化时，资源价格的增长率将沿着最优路径变化。效用贴现值表示的资源价格变化率就是效用贴现率，其必然为一个常数。

三 技术进步条件下可耗竭性海洋资源的最优开采问题

海洋经济生产的基本模型向我们揭示了可耗竭性海洋资源开发利用过程中的资源耗竭与资本积累的一般性问题，然而，在技术进步的条件下，如果存在将可耗竭性海洋资源按照一定的比例 r_t 分配给研发活动的情况，显然，这将影响发现可供开采的替代性资源的概率，从而使海洋经济生产或开采的基本模型在很多方面产生进一步的变化。

针对技术进步条件下可耗竭性海洋资源的最优开采问题，我们首先引入随机变量 T，且 $T > 0$，此时，由于存在大量可供开采的替代性资源，所以可耗竭性海洋资源的严格约束条件不再成立。作为一个随机变量，时间 T 的密度函数取决于海洋经济的 R&D 成本，并反映了海洋经济知识储备 k_t 的水平，而后者又取决于海洋经济 R&D 活动的积累，在这种情形下，有：

$$\dot{k_t} = h(r_t) \qquad (7-53)$$

在式（7 - 53）中，$h(r)$ 是严格的凹函数，且有 $h(0) = 0$。在一个给定的时间点，更多的海洋经济 R&D 投入意味着资源开采技术突破概率的提升，且存在概率随着成本的增加而递减的情况，因此，可以将 T 描述为某个特定值的概率的密度函数，即：

$$P(T = t) - \omega(k_t) \qquad (7-54)$$

根据式（7 - 54），T 在 t_1 和 t_2 之间的概率为：

$$\int_{k_{t_1}}^{k_{t_2}} \omega(k) \; \mathrm{d}v = \int_{t_1}^{t_2} \omega(k) \; \frac{\mathrm{d}v}{\mathrm{d}t} \mathrm{d}t \qquad (7-55)$$

在式（7 - 55）中，如果 $k_{t_1} = k_{t_2}$，则有 $r_t = 0, t \in (t_1, t_2)$，此时的联合概率为 0。如果以 t_1 为初始时点，在时间段为 Δt 的情况下，开发替代性资源的概率是：

$$\omega(k_t) h(r) \Delta t \qquad (7 - 56)$$

式（7 - 56）表明，开发替代性资源的概率是由这一时期初始时点的知识存量水平以及 R&D 活动成本的收入水平共同决定的。如果结合上一节我们所讨论的海洋经济生产的基本模型，用一种更为普遍使用的方法，可以将函数 $\tau(S_t, K_t)$ 界定如下：

$$\tau(S_t, K_t) = \max \int_T^{\infty} U(v_t) e^{-\delta(t - T)} dt \qquad (7 - 57)$$

在式（7 - 57）中，假定函数 $\tau(S_t, K_t)$ 为实值且可微分函数，其表明如果在时间 T 发生了技术进步的变化，与此同时，剩余的资源和资本存量变为 S_t 和 K_t，那么就可以推导出未来可耗竭性海洋资源的最优开采水平。此时，关于可耗竭性海洋资源的最优开采以及海洋经济 R&D 的相关问题可以用公式进一步表示为：

$$\max E\left[\int_0^T U(v_t) e^{-\delta t} dt + \tau(S_T, K_T) e^{-\delta t} \right] \qquad (7 - 58)$$

$$\text{s. t. } \dot{K}_t = F(R_t, K_t) - v_t - r_t \qquad (7 - 59)$$

$$\dot{S}_t = -R_t, \lim_{t \to \infty} S_t \geq 0 \qquad (7 - 60 - 1)$$

$$\dot{k}_t = h(r_t) \qquad (7 - 60 - 2)$$

式（7 - 58）中的 E 是期望因子，S、K 与 k 的初始值已给定，根据 Dasgupta 等早期的研究成果[1]，在对假设条件进行简化后，可以推导出求解的必要条件：

---

[1]　具体参见 Dasgupta, P. , Heal, G. , Majumdar, M. , "Resource Depletion and Research and Development," M. D. Intriligator（e. d.）, "*Frontiers of Quantitative Economics*," North-Holland, Amsterdam, （ⅢB,）1976, 以及 Dasgupta, P. , Heal, G. , Pand, A. , "Funding Research & Development," *Applied Mathematical Modeling*, 4（4）, 1980, pp. 87 - 94。

$$\frac{\dot{x}}{x} = \sigma \frac{f(x)}{x} \tag{7-61-1}$$

$$\frac{\dot{v}}{v} = \frac{F_K}{\eta} - \frac{\delta}{\eta} - \frac{\varphi(k)h(r)}{\eta} \tag{7-61-2}$$

其中：

$$\varphi(k) = \frac{\omega(k)}{\theta(k)}, \theta(k) = \int_k^\infty \omega(k') \, dk' \tag{7-62}$$

在式（7-61-2）中，$\frac{\varphi(k)h(r)}{\eta}$ 可以理解为由未来资源约束的不确定性引致的附加贴现率，这也意味着，在把技术进步因素纳入考察范围后，上文分析的贴现率和边际消费效用弹性将在可耗竭性海洋资源的最优开采中继续发挥着重要作用。进一步地，在这种情形下，可耗竭性海洋资源的影子价格可以表示为：

$$\dot{p} - \delta p = \omega(k) \frac{\partial \tau(S,K)}{\partial S} \tag{7-63}$$

式（7-63）表明，贴现率对可耗竭性海洋资源的价格变化率仍存在显著的影响，而公式中的新加入项反映了技术进步引致的该种可耗竭性海洋资源转变为不可耗竭性海洋资源的概率。

综上所述，我们已经分析了技术进步导致某种可耗竭性海洋资源成为不可耗竭性资源的情况。然而，在将技术进步因素纳入可耗竭性海洋资源最优开采的问题考察时，除了对海洋经济 R&D 投入导致发现可供开采的替代性资源的概率发生变化外，还有一种特殊情况，即支撑技术的存在使我们明确地知悉某一替代性资源对某种可耗竭性海洋资源所起到的置换作用。

对此，如果用 $w(t)$ 表示截止到时期 t 某种可耗竭性海洋资源的累积开采量，这里有 $w(t) = \int_0^t t_x \, d\chi$。假定这种可耗竭性海洋资源开采的成本极高，且该成本是截至目前资源累积开采量的函数。这也就意味着在可耗竭性海洋资源开采的过程中，总是优先开采高品位的矿藏资源，因此，资源的累积开采将导致越来越高的成本。在此情形下，t 时期该种可耗竭性海洋资源的单位开采成本可以表示为 $g(w)$，且有：

$$\frac{\partial g}{\partial w} = g' > 0 , \beta > 0 , w \geqslant \bar{w} , g(\bar{w}) = \beta \qquad (7-64)$$

式（7 – 64）表示，某种可耗竭性海洋资源的开采成本随资源累积开采量的增加而不断攀升，直到资源的累积开采量达到 $\bar{w}$。在 $\bar{w}$ 上，该种资源将被耗竭。支撑技术的出现在提供了无穷资源量的基础上，取代了针对该种可耗竭性海洋资源的传统开采活动，或以每单位 β 大小的固定成本，提供该种可耗竭性海洋资源的完全替代品。

针对存在支撑技术的可耗竭性海洋资源的最优开采问题，可以在海洋经济生产的基本模型基础上将其做进一步拓展，即在式（7 – 46）的基础上，有：

$$\dot{K}_t = F(R_t , K_t) - v_t - g(w_t) R_t \qquad (7-65)$$

继续适用上文海洋经济生产的基本模型中的符号，同样地，按照式（7 – 47）与式（7 – 48）的方法，通过建立汉密尔顿函数对式（7 – 65）的最优开采问题所涉及的一个资源消费的时间路径进行求解，得出的两个最优开采的必要条件分别为：

$$\frac{\dot{v}}{v} = \frac{F_K}{\eta} - \frac{\delta}{\eta} \qquad (7-66-1)$$

$$\frac{\dot{x}}{x} = \sigma \frac{f(x)}{x} + \frac{f'(x)}{xf''(x)} \cdot \frac{g(w)}{x} \qquad (7-66-2)$$

进一步地，继续用 q_t 表示产品的影子价格，用 ε 表示该种可耗竭性海洋资源边际产品的影子价格，或者用贴现后的效用表示产品的影子价格，那么有 $q_t F_R = \varepsilon_t$。假定 $\varepsilon_t g(w_t) = \bar{v}_t$，根据海洋经济生产的产品，该种可耗竭性海洋资源单位开采成本以及影子价格的变化应当满足以下条件：

$$\frac{\dot{\varepsilon}_t}{\varepsilon_t} = \delta \left(\frac{\varepsilon - \bar{v}_t}{\varepsilon} \right) + \frac{\dot{q}\bar{v}}{q\varepsilon} \qquad (7-67)$$

式（7-67）表明，在存在支撑技术条件下的可耗竭性海洋资源开采与海洋经济生产过程中，资源的影子边际价格或影子价格按一个比率发生变化。该比率等于作为纯稀缺矿租的价格和边际开采成本之差，加上产品价格的变化率乘以开采成本构成的价格比率。也就是说，资源的影子价格变化率等于贴现率与产品价格变化率的加权平均值，这个权重将按照海洋矿区使用费与开采成本在价格中所占的比重来分配。式（7-67）充分表明了贴现率在可耗竭性海洋资源最优开采中发挥的重要作用。另外，如果用 θ 表示资源产品价格，根据资源影子价格和产品价格的比率关系 $\theta = \dfrac{\varepsilon}{q}$ ，通过进一步处理可以得出：

$$\frac{\dot{\theta}}{\theta} = F_K\left(\frac{\varepsilon - \bar{v}}{\varepsilon}\right) \qquad (7-68)$$

式（7-68）表明，以产出表示的资源价格变化率等于资本边际产出[即式（7-52）]乘以影子价格中的作为纯稀缺矿租部分的价格和边际开采成本之差。式（7-68）与式（7-67）反映了在不影响结论的前提下，用贴现效用而非影子价格使两者在解释力上存在细微差异。

第八章
中国海洋经济可持续发展评价指标体系

中国海洋经济可持续发展是一个涉及政治、经济、文化、科技、教育、卫生、社会保障、生态环境、人民生活等各个方面的大的复合系统，因此，对中国海洋经济可持续发展的情况进行评价并不是一个或几个指标所能反映和涵盖得了的，需要建立一套科学、系统的指标体系。本章将在完善已有的中国海洋经济可持续发展指标基础上，构建中国海洋经济可持续发展评价指标体系，计算不同时期与不同区域的中国海洋经济可持续发展整体指数水平。从经济学的角度解读海洋生态环境保护的情况，用统计学的方法对中国海洋经济可持续发展指标体系的构建原则、体系特征、权数设置方法、多指标综合方法进行研究，并在此基础上探索中国海洋经济可持续发展之路。

第一节　构建中国海洋经济可持续发展评价指标
体系的理论基础

21世纪以来，各沿海国家为了追逐更多的海洋利益，针对海洋所进行的包括海洋资源、海洋主权、海洋环境等在内的海洋争夺战可谓愈演愈烈。中国是一个历史悠久的海洋大国。自新中国成立以来，中国的海洋科技发展事业逐渐得到国家的重视，海洋技术进步飞快。而随着沿海地区经济的高速增长以及对海洋开发广度与深度的不断拓展，海洋资源的无谓浪费和过度开发致使海洋资源日益短缺；传统与粗放型的海洋经济发展方式导致的海洋资源消耗强度大、废弃物排放量大、海洋生态环境负荷过大等问题也越来越严重；海洋经济与资源环境、社会发展之间的不协调问题日益影响着海洋经济的健康持续发展。本章将全面梳理海洋经济学的研究现状，并在现有的可持续发展评价指标体系中，创新性地提出中国海洋经济可持续发展的指标选取问题，深刻论述中国海洋经济可持续发展的目标，为后文构建中国海洋经济可持续发展评价指标体系进行理论铺垫。

一　海洋经济可持续发展评价指标体系的探索

进入 21 世纪以来，对海洋经济的环境进行评价逐渐成为学术研究的热点，对海洋经济可持续发展的评价指标体系方面的研究，也不断增多。

陈可文在《中国海洋经济学》的著作中，尝试建立了海洋经济评价指标体系，他将体系划分为 3 个子系统，即经济子系统、社会子系统与资源环境子系统，并进行了定量分析。在支持海洋经济发展的资源环境子系统中，陈可文选取了自然资源存量、海洋污染排放、海洋污染带来的损失、海洋灾害带来的损失等指标以衡量海洋经济的可持续发展潜力。

张德贤等在发表的《海洋经济可持续发展理论研究》中同样建立了海洋经济指标体系，他们建立的指标体系包含了 5 个子系统，分别为海洋经济子系统、海洋资源子系统、海洋环境子系统、海洋可持续发展能力子系统、社会发展子系统，在指标体系中增加了海洋生物多样性、工业污水达标排放率、海洋污染面积比重、海岸倾倒数量等指标，更加丰富了衡量海洋经济、资源环境保护情况的数据与实践。

韩增林和刘桂春也建立了海洋经济可持续发展评价指标体系，在《海洋经济可持续发展的定量分析》中，他们以海洋资源承载能力、海洋资源发展能力、海洋环境承载力和保护能力以及智力支持系统为一级指标，以这 4 个子系统为基础构建指标体系的框架，并通过 48 个二级指标，采用主成分分析法和层次分析法建立模型，衡量海洋经济的可持续发展情况。在创新的一级指标海洋环境承载力和保护能力子系统中，他们将单位海域面积固体废弃物倾倒强度、赤潮发生的年频率、海域污染治理投资占 GDP 的比例、海洋环境保护法规数目、入海废水排放达标率、海洋环境灾害造成的直接经济损失、海洋水体环境质量标准、滨海海域的水体质量指数、海洋水体污染物背景值、海域内年原油泄漏量、人均海洋环保费用、单位海域面积废水排放强度等指标纳入海洋经济可持续发展评价指标体系。

冯晓波等在发表的论文《沿海地区海洋经济可持续发展能力实证研究》中将构建海洋经济可持续发展评价指标体系量化于 4 个子系统，分别为海洋产业发展能力、海洋科技综合能力、海洋资源利用能力和海洋环境承载力。他们通过对 16 个二级指标的测量，考察了沿海地区海洋经济可持续发展的潜力，重点考察了海洋环境承载力对海洋经济发展的影响，并以此构建了海洋环境承载力子系统，并将工业废水处理、工业固体废弃物处理、海洋自然保护区个数、滨海观测台站等指标纳入评价指标体系。狄乾斌和韩增林在论文《海洋经济可持续发展评价指标体系探讨》中，将海洋经济可持续发展评价指标体系分为 3 个子系统，分别为海洋资源环境子系统、海洋经济子系统和社会发展子系统。在海洋经济子系统中，他们更加关注经济增长和经济增长质量；在社会发展子系统中，他们考察的方面包括人口增长、人民生活质量以及科技潜力；在海洋资源环境子系统中，他们具体考察了资源总量、环境污染和环境治理等方面，通过 28 个指标的共同测量，构建了海洋经济可持续发展评价体系，并以评价体系为基础，提出了政策与建议。

综上所述，虽然海洋经济可持续发展已经成为中国学术界的热点问题，但对海洋经济可持续评价指标体系的研究依旧处于起步阶段。在海洋经济发展日益重要的今天，构建具有实用性、科学性和可操作性的海洋经济可持续评价指标体系具有重要的理论意义与现实意义。如何在指标体系中具体衡量海洋经济发展与海洋资源环境保护的协调发展，为中国的海洋经济发展提供更好的建议，将是理论学者的重任。本章也将在吸收已有研究成果的基础上，尝试建立中国海洋经济可持续发展评价指标体系，为中国的海洋经济发展提出一些可行的政策建议，力争为实现海洋经济发展与海洋资源环境保护的双赢做出一点贡献。

二 海洋经济可持续发展的内容

海洋经济可持续发展应包括三大系统的可持续发展，具体为海洋生态系统的可持续发展、海洋经济系统的可持续发展以及海洋社会系统的可持续发展（见图 8-1）。

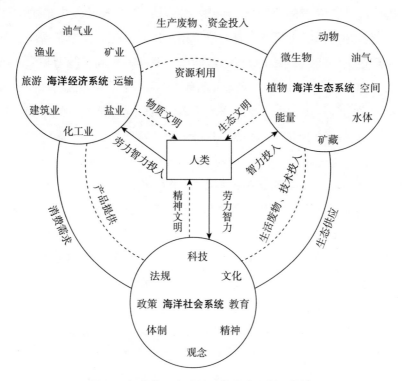

图 8-1 海洋三大系统可持续发展循环框架

（一）海洋生态系统的可持续性

海洋生态系统的可持续性是海洋经济发展的基础，主要体现在海洋生态系统的完整性与海洋资源的可持续利用两个方面。

海洋生态系统的完整性是一个综合性概念，它主要包括海洋生态系统各种元素和资源的数量及其在时间、空间上的分布，它们所处的环境，各个子系统之间正常的互相依存和影响的过程，以及其中的交互作用和环境条件。地球的生态系统包括陆地生态系统与海洋生态系统两大组成部分，两者相互依存、相互影响，海洋生态系统的完整性同样影响着陆地生态系统，如果海洋生态系统的构造缺失，那么整个地球的生态系统就会失调，从而给人类带来毁灭性的灾难。海洋生态系统是有可承载能力的，一旦超出了其极限就会对海洋生态系统产生不可逆的影响。因此，我们在进行海洋开发、发展海洋经济的时候，必须将经济发展保持在合理的界限内。

海洋资源的可持续利用是海洋经济可持续发展的物质基础。虽然，海洋的资源十分丰富，但是人类对海洋资源的过度需求导致了海洋经济的粗放式发展。人类开发和利用海洋资源的观念、方式、方法都没有达到可持续发展的标准，使得海洋资源极速消耗、海洋生态系统退化严重。因此海洋经济的发展必须以可持续发展为目标，在利用、开发海洋资源时注重海洋生态环境的保护，提高利用效率，在不影响海洋生态系统完整性的前提下，实现海洋经济发展与海洋生态环境保护的双赢。

（二）海洋经济系统的可持续性

海洋经济系统的可持续性是海洋经济发展的动力。如果片面地追求海洋经济发展的速度、产值与规模，海洋的生态环境系统必然会被损坏，因此，海洋经济发展应该建立在"技术—开发—保护"体系的基础上。

第一，海洋经济系统的可持续发展应该注重海洋经济发展的高效性，即提高海洋经济的效率与效用。一方面，在海洋生态系统完整性的前提下，应在尽可能低的生态代价下创造出更多的价值，实现对资源的最大化利用；另一方面，要以人的全面发展为目的，重视人的福祉建设，以高效率、高公平、高协同为基础，实现海洋生态系统的可持续利用与海洋经济的可持续发展。与此同时，海洋生态系统可持续利用的目的也是实现人类效用的可持续获得。在人类社会发展的历史中，人类从海洋获得了无数的资源与财富，即从海洋中获得了巨大的效用。也可以说，人类社会的发展进步离不开海洋，人类的未来同样也不能离开海洋，海洋资源对于人类的生存与发展来说是宝贵的财富。因此，梳理全新的海洋经济可持续发展观与海洋生态环境保护观，是我们进行海洋开发、海洋经济发展的重要方面。

第二，应全面协调海洋经济发展中各个方面的关系。也就是说，在海洋经济发展中，我们要正确处理人与人、人与自然的关系。在社会系统中，协调发展使得各个经济主体具有良好的互动关系，并成为一个整体。在海洋经济发展中，每一个经济主体都是海洋经济发展的一分子，它们有着自己的目标，在相互影响、相互制约中共同发展。那么，要处理海洋经济可持续发展问题，就必须处理其中各个方面的关系。在人与自然方面，海洋经济的协调发展应注重人与自然的和谐，在满足人类需求的同时，还要实现对海洋生态环境的保护。这要求人类在开发海洋的过程中能够重新梳理可持续发展的价值观，不断改造自身，规范自身的行为，在开发海洋中保护海洋，实现人与自然的共同发展。

（三）海洋社会系统的可持续性

海洋社会系统的可持续性是海洋经济发展的根本目的。可持续发展是指满足当代人的需要，同时不牺牲后代人利益的发展，是代际的和谐。社会是由个体组成的，可持续发展的关键也是人的问题。目前，人类的需求日益增长，消费极速增加，使得人类对生态的需求超出了生态系统的生产能力，与此同时，环境的污染进一步加快了生态系统的退化。因此，如何提高人的素质，提倡理性消费、节约消费，在满足当代人需要的同时，考虑到后代人的需要，是海洋经济可持续发展中不可忽视的问题。

海洋社会系统的可持续性更重要的是体现人与人之间的公平性，它包括海洋经济可持续发展中的人身平等、地位平等、权利平等、机会均等、分配公平。海洋经济可持续发展、海洋资源利用的公平是指海洋经济发展中选择机会的公平性，这不仅体现在当代人之间，而且体现于代际。当代人之间的公平要求海洋经济发展活动不能造成海洋资源的破坏与污染，也就是说一个人的行动不能对其他人产生有害的影响；代际公平是指不能为了当代人的利益，过度消耗海洋资源，不顾后代人对资源的需求，而把海洋生态危机留给后代。

三　中国海洋经济可持续发展的评价尺度

中国海洋经济可持续发展的评价尺度是社会有机体在运行过程中能够具体、全面检验与评判海洋经济可持续发展的依据。对中国海洋经济可持续发展的评价以社会要素构成的社会整体与系统为衡量依据，分析人类整体的行为对海洋经济可持续发展的影响。

（一）生产力尺度

生产力之所以能够成为海洋经济可持续发展评价尺度系统中的根本尺度，是由生产力本身的特性及其在社会结构系统中的地位和作用决定的。首先，生产力是人类认识自然、改造自然的能力，是不以人类的意志而转移的客观的物质力量。其次，生产力在不断地发展与进步，这体现为科学技术在不断创新与升级，先进的生产力会不断替代落后的生产力，进而带动生产关系的进一步演变与发展，最终实现整个社会经济的进步。最后，生产力决定生产关系，有什么样的生产力就需要什么样的生产关系与之适应，生产力的发展变化决定着生产关系的发展和变迁，并从根本上决定了整个社会的发展进程。因此，生产力的发展是一切社会进步与发展的决定性力量，是一切社会形态的物质基础。这是马克思主义唯物史观的基本观点，每一个社会必然有它依赖的物质基础，尤其在中国特色社会主义还处在初级阶段的现在，大力发展生产力是中国巩固与发展中国特色社会主义的物质基础。

（二）制度尺度

制度在经济活动领域起着重要的作用，是经济增长的内生变量。制度设计者对制度的预期就是尽可能地减少交易费用，从而使社会总福利达到更大。在社会文明体系中，物质文明是基础，它反映了人类生存与发展的能力与水平；而精神文明是灵魂，它体现着人类社会思想的主流与精神面貌；制度文明则是物质文明的杠杆、精神文明的依托。三者是相互影响、相互作用、相互促进的，物质文明为精神文明与制度文明提供物质保证，精神文明则为物质文明与制度文明提供理论指导与智力支持，而制度文明则是物质文明与精神文明的保障，三者共同构建了社会文明体系。制度文明在整个社会文明系统中起着重要的组织、协调、整合的作用，它决定了物质文明与精神文明的发展方向、发展进程、发展速度，制度同样可以成为构建社会秩序、实现社会稳定、促进经济发展的平衡器。一方面，制度建设可以为海洋经济的发展提供基本的政治方向和必要的政治环境，为海洋经济的可持续发展建立政治构架、政治规则，从而保证物质文明的健康、有序发展；另一方面，制度的建设也将影响精神文明的方向与性质，不仅成为经济发展的强有力杠杆，而且成为精神文明不可或缺的依托。

（三）人的发展尺度

海洋经济的可持续发展目标与社会主义的根本目标是一致的，即人的全面发展。海洋经济可持续发展的社会是各方面利益关系不断得到有效协调的社会，是社会管理体制和社会服务网络不断创新和完善的社会，是人与人、人与自然和谐相处的社会。在实现海洋经济可持续发展过程中，中国应突出人的社会主体地位。首先，人自身的和谐。人是社会发展的主体，人的个体和谐是实现社会经济可持续、和谐发展的根本前提，与此同时，人的个体和谐也是自然与社会的产物。从本质上讲，人自身的和谐就是实现人的自由、全面发展，树立正确的世界观、人生观和价值观，可以完美地处理人与人、人与自然、人与社会的关系。其次，人与自然的和谐。生态环境是人类生存与发展的前提与基础，没有自然环境人类将不复存在。但自然系统是有可承载能力的，即不可能无极限地为人类的需求增长提供更多资源，因为人类必须与自然形成良性的互动关系，使人类的经济发展与自然相适应，不断地改造自然，而非控制自然甚至掠夺自然。人与自然的和谐是社会经济可持续发展的基础条件，也是人的全面、自由发展的重要前提。随着科学技术的日新月异，人与自然的关系发生了巨大的变化，科学技术在为人类创造了巨量的物质财富的同时，造成了人与自然的对立，过度地开发自然、违背自然规律使人类面临着严重的生态危机、海洋危机。如果人类不及时处理好这些问题，势必会造成社会经济的不可持续，人类的生存与发展将面临重大的威胁。最后，人与人、人与社会的和谐。从本质上讲，社会是由人组成的，那么社会和谐从根本上讲是实现人与人、人与社会的和谐，通过人的不断发展，实现经济社会的可持续发展。所以，妥善协调和正确处理人们之间的各种利益关系，是实现海洋经济可持续发展的关键。

总之，中国海洋经济可持续发展是考虑到当前我们发展海洋经济与后代人继续开发利用海洋资源的双重需要，不牺牲后代人的发展空间来满足当代人需求的发展。

第二节　中国海洋经济可持续发展评价指标体系的构建

一　指标体系框架设计原则

构建海洋经济可持续发展评价指标体系是为了更好地分析和探讨海洋经济可持续发展系统的内部结构及系统整体的发展变化规律。因此，首先，指标体系必须可以客观地反映目前海洋经济发展中各个要素的状态；其次，它必须可以描述各个要素的发展变化与趋势；再次，它可以衡量海洋经济可持续发展的水平与潜力，并对当前中国海洋经济发展提出有效的政策建议，这是指标体系建立的主要目的；最后，如何动态调控中国海洋经济的可持续发展，进而有步骤地实现中国海洋经济可持续发展的目标，也就是说，在长期内，应该对中国海洋经济发展实行监督与矫正，并完成海洋经济可持续发展政策措施的制定。综合以上要求，海洋经济可持续发展评价指标体系的设计应遵守以下原则。

一是科学性原则。指标体系的科学性是指标体系具有意义的基本前提，它是对海洋经济可持续发展轨迹本质的描述。科学性具体表现为海洋经济可持续发展具有深刻而丰富的内涵，因此描述和刻画海洋经济可持续发展概念的指标体系必须具有足够的涵盖面，能够全面地反映海洋经济可持续发展内涵的各个侧面，对于主要内容不应有所遗漏。同时，指标体系的设计要反映海洋经济可持续发展的内在规律，因此应选取代表性较强的典型指标，以尽可能少的指标反映尽可能多的信息，避免选取意义相近、重复、关联性过强或具有导出关系的指标，力求指标体系简洁易用。单项指标功能要有科学的界定，综合性指标要有明确的含义、科学的界定和合理的组合。

二是系统性原则。海洋经济可持续发展系统涉及社会、海洋经济、海洋资源和环境各方面，可以划分为若干子系统，每个子系统又包含若干因素。系统的划分要有明确的层次性，不同层次上采用不同的指标，可以较为准确地反映系统的状况。越基层的指标门类越细、越具体，越高层的指标综合程度越高。同时应注意的是，在不同层次之间或同一层次内不同指标之间存在相关性，因此在构建海洋经济可持续发展指标体系时，除了力求全面概括与描述子系统和子系统中的不同主题外，还应注意反映不同子系统之间、相同子系统中不同主题之间的相互联系，从而有助于对海洋经济可持续发展系统整体性的把握。

三是海洋主体性原则。由于海洋经济与陆地经济之间存在着密切联系，两者的协调发展共同促进了社会的进步、自然的和谐，也有着共同的社会目标和经济目标，因此沿海城市和地区的社会可持续指标自然也成为海洋经济可持续发展的主要指标。但是，在设计海洋经济可持续发展评价指标体系时，要突出海洋经济可持续发展的特征。有关海洋经济可持续发展的指标应是考虑的主体，其他相关因素可能是可持续发展的重要指标，在这里就不一定是最重要的，往往是用一个综合性指标表示，而不是采用更细化的方法。

四是定性指标与定量指标相结合原则。对事物认识得越深入就越容易量化。指标的量化是采用定量评价方法的前提，因而它可以采用定量指标。如果一些意义重大的指标难以量化，也可以用定性指标来描述。在评价时，对定性指标也可以采用相对量化的方法。

五是可靠性和可行性原则。可靠性和可行性往往是指标体系建立的最大制约因素，因此在设计海洋经济可持续发展评价指标体系时，必须考虑统计资料来源的可靠性和实现数据支持的可行性。在建立指标体系时，要考虑易于收集数据，一般采用统计年鉴等权威性出版物；评价指标因素要与现行的统计口径、会计核算体系一致，便于取得评价指标体系的数据。

二 指标体系的指标选择与说明

构建海洋经济可持续发展评价指标体系的重点是准确地反映中国当前海洋经济发展的现状、发展趋势并对中国海洋经济可持续发展的能力进行评价。本书将重点考察中国海洋经济的发展水平、沿海地区社会发展水平以及海洋资源与海洋环境状况。因此，本章将海洋经济可持续发展评价指标体系构建成 6 个一级指标、56 个三级指标的评价体系，次级指标蕴含了反映各子系统的功能状态和发展水平的要素或变量，具体如表 8 - 1 所示。

表 8 - 1　海洋经济可持续发展评价指标体系

目标层	准则层	具体指标	序号
海洋经济子系统	海洋经济发展水平	海洋产业产值年均增长率	X_1
		海洋产业增加值占 GDP 比重	X_2
		主要海洋产业产值及增长率	X_3
		人均海洋产业产值	X_4
	海洋经济发展质量	海洋第三产业比重	X_5
		经济集约化指数	X_6
		海洋经济密度	X_7
		劳动生产率	X_8
海洋环境子系统	海洋污染程度	海洋污染面积比重	X_9
		海洋主要污染物的超标程度	X_{10}
		单位海域面积废水排放量	X_{11}
		单位海域面积固体废弃物倾倒量	X_{12}
	海洋生态水平	生态脆弱性指数	X_{13}
		海洋生物多样性	X_{14}
		生态监控区健康状况	X_{15}
	海洋生态保护	海洋生态监控区面积变化率	X_{16}
		污水处理率	X_{17}
		污染治理投资占 GDP 比重	X_{18}
海洋资源子系统	海洋资源禀赋	人均用海面积	X_{19}
		人均海洋生物资源量	X_{20}
		人均海底矿产探明潜在价值量	X_{21}
		人均海洋盐业资源量	X_{22}
	海洋资源利用效率	单位海域使用面积经济产出	X_{23}
		单位海域使用面积原油产量	X_{24}
		单位海域使用面积水产品产量	X_{25}

续表

目标层	准则层	具体指标	序号
海洋资源子系统	海洋资源可持续能力	海域持续利用指数	X_{26}
		水产品产量波动系数	X_{27}
		主要海洋产业万元产值能耗	X_{28}
海洋社会子系统	沿海地区人口水平	人口自然增长率	X_{29}
		海洋从业人口比重	X_{30}
		沿海地区18—64岁人口数量	X_{31}
	沿海地区居民生活水平	人均GDP	X_{32}
		居民消费价格指数	X_{33}
		基尼系数	X_{34}
		沿海城市城镇化水平	X_{35}
	涉海就业水平	涉海就业人口占地区就业人口比重	X_{36}
		大学（含大学）学历以上人口比重	X_{37}
		技术人员比重	X_{38}
海洋可持续发展潜力子系统	海洋教育能力	国家财政用于涉海教育支出占GDP比重	X_{39}
		海洋专业高等学校任教教师数量	X_{40}
		海洋专业本科（含本科）以上应届毕业生数	X_{41}
	海洋科研能力	海洋R&D投入比重	X_{42}
		海洋科技项目数	X_{43}
		专利授权数量	X_{44}
		海洋科研支出占GDP比重	X_{45}
	海洋宣传与管理能力	公众的海洋环保意识	X_{46}
		人均海洋环保费用	X_{47}
		海域管理力度指数	X_{48}
		海洋行政执法检查力度指数	X_{49}
海洋民生子系统	劳动者满意度	工资满意度	X_{50}
		福利满意度	X_{51}
		工作环境满意度	X_{52}
		工资增长率满意度	X_{53}
	劳动者认可度	对企业的忠诚度	X_{54}
		对现行法律法规的满意度	X_{55}
		对海洋文化的认可度	X_{56}

（一）海洋经济子系统

海洋经济子系统是海洋经济可持续发展评价指标体系中的核心，也是中国海洋经济发展的核心。人类开发海洋的目的就是能够在合理的范围内创造财富，在不破坏海洋的基础上实现经济发展。同时，海洋经济的发展也可以为其他子系统提供物质与资金支持。只有经济发展了，才能确保有更多的资金投入海洋生态环境保护的事业中，才能开展海洋教育、提高人们的生活水平、促进社会进步。

如表 8－2 所示，在海洋经济子系统中，本书主要考察海洋经济发展水平与海洋经济发展质量两个核心指标。

表 8－2　海洋经济子系统

目标层	准则层	具体指标	说明
海洋经济子系统	海洋经济发展水平	海洋产业产值年均增长率	反映中国海洋经济发展的总体趋势
		海洋产业增加值占 GDP 比重	反映海洋经济对全国经济发展的贡献，即海洋生产总值与 GDP 之比
		主要海洋产业产值及增长率	反映中国海洋产业发展的总体状况与发展趋势
		人均海洋产业产值	反映中国海洋经济发展的人均水平
	海洋经济发展质量	海洋第三产业比重	反映中国海洋经济发展的产业结构合理程度
		经济集约化指数	反映中国海洋经济发展的增长方式情况，可以用地区海洋生产的单位能耗与水耗综合表示
		海洋经济密度	反映中国从事海洋经济的区域范围以及海洋经济的开发程度
		劳动生产率	反映海洋从业人员的劳动效率，可以用海洋从业人员的人均海洋生产总值表示

海洋经济发展水平主要体现了中国海洋经济发展的现状，包括海洋产业产值年均增长率、海洋产业增加值占 GDP 比重、主要海洋产业产值及增长率、人均海洋产业产值四个指标。其中海洋产业产值年均增长率、海洋产业增加值占 GDP 比重主要体现海洋经济在中国经济中的地位与重要作用，总体反映中国海洋经济发展的水平与速度；主要海洋产业产值及增长

率、人均海洋产业产值主要反映海洋的产业结构，目前中国海洋产业主要包括海洋油气业、海洋船舶工业、海洋水产业、海洋盐业、海洋交通运输业、滨海旅游业等，此指标也可以间接地反映中国海洋经济发展的潜力。

海洋经济发展质量主要反映中国海洋经济发展的合理程度。仅注重速度的增长是不能可持续发展的，只有在发展质量上更加亲近自然，才能实现海洋经济的永续发展。在这个层面，本书主要涉及了海洋第三产业比重、经济集约化指数、海洋经济密度、劳动生产率四个指标。

（二）海洋环境子系统

海洋环境子系统主要是为海洋经济可持续发展提供空间支持。经济的发展离不开环境的约束，良好的海洋生态环境也会为人类从事海洋活动提供优良的发展空间与资源。此外，环境质量还直接影响从事海洋事务人员的生活条件与健康状况，同时影响整个地球的生态环境系统。

如表8－3所示，海洋环境子系统的主要构成方面是海洋污染程度、海洋生态水平、海洋生态保护三个方面。

表8－3　海洋环境子系统

目标层	准则层	具体指标	说明
海洋环境子系统	海洋污染程度	海洋污染面积比重	反映中国海洋的水质量，用超标面积与海洋总面积之比表示
		海洋主要污染物的超标程度	反映中国海洋污染的总体状况，用污染物超标的程度表示
		单位海域面积废水排放量	反映工业废水对中国海洋环境的污染情况
		单位海域面积固体废弃物倾倒量	反映工业的固体废物对中国海洋环境的污染情况
	海洋生态水平	生态脆弱性指数	反映中国海洋环境的敏感性程度，用生态脆弱指数表示
		海洋生物多样性	反映中国海洋生物的多样性，用生物多样性指数表示
		生态监控区健康状况	反映中国海洋生态监控区的现状，用生态监控区健康状况等综合表示

目标层	准则层	具体指标	说明
海洋环境子系统	海洋生态保护	海洋生态监控区面积变化率	反映中国海洋生态监控区的发展情况，用海洋生态监控区面积变化率表示
		污水处理率	主要反映中国在发展海洋经济中，对海水质量的重视程度
		污染治理投资占 GDP 比重	主要反映中国对海洋污染治理的关注度，用海洋污染治理投资与 GDP 之比表示

海洋污染程度主要体现中国在发展海洋经济过程中对海洋造成的破坏程度。海洋经济的可持续发展不能以污染海洋为代价，这样才能使海洋的环境得以支撑海洋经济的健康发展。在海洋污染程度层面上，本书主要考察海洋污染面积比重、海洋主要污染物的超标程度、单位海域面积废水排放量、单位海域面积固体废弃物倾倒量四个具体指标。

海洋生态水平主要体现海洋开放过程中海洋生态的总体状况，主要反映的是海洋生物的生存状况。生态脆弱性指数反映了当前海洋环境的敏感程度，而海洋生物多样性是海洋环境系统中重要的组成部分，是中国生态监控区健康状况的基本表现。

海洋生态保护主要体现了中国对海洋生态环境保护做出的努力与贡献。海洋经济的可持续发展就是在海洋经济发展与海洋生态环境保护中寻求平衡点，使财富的获得与环境的友好不矛盾。在这一层面，本书主要考察海洋生态监控区面积变化率、污水处理率、污染治理投资占 GDP 比重三个具体指标。

（三）海洋资源子系统

海洋资源子系统主要反映海洋资源对海洋经济可持续发展的物质支持能力。自然资源是人类社会生存与发展的物质基础，人类进步的过程实际上就是人类掌握自然并不断利用资源产生价值的过程。人类在开发与利用资源中获得收益，同时随着人类的进步，资源的外延与内涵也不断地发展变化。

如表 8-4 所示，海洋资源子系统主要由三个层面构成，即海洋资源禀赋、海洋资源利用效率与海洋资源可持续能力。

表 8 – 4 海洋资源子系统

目标层	准则层	具体指标	说明
海洋资源子系统	海洋资源禀赋	人均用海面积	反映中国海域资源基本情况，用沿海地区人均海域面积表示
		人均海洋生物资源量	反映中国海洋生物资源基本情况，用海洋捕捞产量、海水养殖产量等表示
		人均海底矿产探明潜在价值量	反映中国海洋矿产资源基本情况，用海洋原油、海洋天然气可采储量等表示
		人均海洋盐业资源量	反映中国海洋盐业的发展情况，用海洋盐业的产值总量表示
	海洋资源利用效率	单位海域使用面积经济产出	反映中国海洋开发的综合利用资源效率情况，用海洋生产总值与海洋经济海域面积的比值表示
		单位海域使用面积原油产量	反映中国海洋开发的原油产出情况，用海洋原油产量与原油海域面积之比表示
		单位海域使用面积水产品产量	反映中国海洋开发的水产品产出情况，用水产品产量与渔业海域面积之比表示
	海洋资源可持续能力	海域持续利用指数	反映中国海域资源可持续利用总体情况，用围海造地面积、排污倾倒面积比重表示
		水产品产量波动系数	反映中国海洋渔业资源可持续利用的情况
		主要海洋产业万元产值能耗	反映中国海洋产业发展的综合能耗水平

海洋资源禀赋主要考察中国海洋资源的总体状况。中国有着漫长的海岸线，这也意味着中国拥有丰富的海洋资源以及发展海洋经济的潜力。按照海洋资源的利用限度划分，可将其分为耗竭性和非耗竭性海洋资源。海洋非耗竭性资源包括海洋海水资源、海洋能源资源、海洋旅游资源、海洋化学资源等。海洋耗竭性资源还可被划分为可再生资源和非可再生资源。海洋可再生资源包括海洋植物、动物、微生物等资源。而海洋非可再生资源则包括海洋矿产资源、空间资源、土地资源等，对于海洋资源的可持续性研究的重点在于对海洋非可再生资源禀赋的考察。

海洋资源利用效率主要考察中国在海洋经济发展过程中对海洋资源的利用情况。海洋经济的可持续发展要求对海洋资源进行高效利用，海洋资源是海洋经济发展的物质基础，而整个海洋资源的开发利用过程则是人类通过市场交换赋予海洋资源价格，以实现其价值的过程，即对海洋资源的资产化过程。在海洋资源日益减少的今天，我们应该重视提高海洋资源的利用效率，这是处理经济发展与资源短缺矛盾的主要途径。

海洋资源可持续能力表示中国海洋经济可持续发展的潜力。中国如果继续沿用传统的、粗放式的海洋经济增长方式，必然会导致海洋资源的消耗强度增大、海洋资源的超负荷开采，进一步引起海洋经济、海洋生态环境、海洋社会发展之间的不平衡，进而影响到全社会经济的健康、可持续发展。

（四）海洋社会子系统

社会发展是海洋经济可持续发展的根本目的；发展海洋经济是为了社会的健康与稳定，是为了提高人民的生活水平。因此，沿海人民的民生福祉建设是海洋经济发展的方向，海洋社会子系统是海洋经济可持续发展评价指标体系中重要的组成部分。

通过表 8-5 可以看出，本书所构建的海洋社会子系统由沿海地区人口水平、沿海地区居民生活水平、涉海就业水平三个方面构成。

表 8-5　海洋社会子系统

目标层	准则层	具体指标	说明
海洋社会子系统	沿海地区人口水平	人口自然增长率	反应沿海地区人口增长情况
		海洋从业人口比重	反映沿海地区从事海洋经济生产的人口情况
		沿海地区 18—64 岁人口数量	反映沿海地区主要劳动者的构成情况
	沿海地区居民生活水平	人均 GDP	反映沿海地区生活水平的总体情况
		居民消费价格指数	反映沿海地区商品价格情况
		基尼系数	反映沿海地区人民收入差距情况
		沿海城市城镇化水平	反映沿海地区城市的发展情况
	涉海就业水平	涉海就业人口占地区就业人口比重	反映沿海地区从事涉海工作人员的比重
		大学（含大学）学历以上人口比重	反映沿海地区人口综合素质情况
		技术人员比重	反映沿海地区人口就业技术人员情况

　　沿海地区人口水平主要描述沿海地区的人口状况。可持续发展的重要方面就是人口增长的问题，即在满足人类不断增长的需求与生态环境保护之间寻求平衡，这是实现可持续发展的重要任务。在考察沿海地区人口水平时，本书选取了人口自然增长率、海洋从业人口比重、沿海地区 18—64 岁人口数量三个指标。

　　沿海地区居民生活水平主要描述沿海地区人民的总体民生发展状况，包括人均 GDP、居民消费价格指数、基尼系数以及沿海城市城镇化水平。发展海洋经济就是为了人民的幸福，而人民福祉的提高也将进一步促进海洋经济的可持续发展。因此，社会的稳定、人民的幸福是海洋经济可持续发展的重要部分。

　　涉海就业水平主要用来描述沿海地区涉海就业的问题。海洋经济离不开从事海洋工作的人才，沿海地区涉海就业人口占地区就业人口比重可以反映该地区的海洋经济发展情况，而大学（含大学）学历以上人口比重、技术人员比重则主要反映该地区涉海就业人员的综合素质及科技含量。

（五）海洋经济可持续发展潜力子系统

　　海洋经济的发展需要相关的教育投入、科研投入以及海洋经济可持续发展的宣传与管理，这为海洋经济发展提供了重要的支撑与保障，本书将这些因素归纳为海洋经济可持续发展潜力子系统。海洋经济的可持续发展需要政府在经济建设、社会建设中加大投入，针对海洋的教育、科研、宣传以及对海洋经济制度的维护与管理也是合理开发海洋、实现海洋经济可持续发展的重要组成部分。

　　如表 8-6 所示，海洋经济可持续发展潜力子系统主要由海洋教育能力、海洋科研能力及海洋宣传与管理能力构成。

表 8-6　海洋经济可持续发展潜力子系统

目标层	准则层	具体指标	说明
可持续发展潜力子系统	海洋教育能力	国家财政用于涉海教育支出占 GDP 比重	反映了国家对涉海教育的投入水平
		海洋专业高等学校任教教师数量	反映了国内高校与科研机构对于涉海教育的投入力度

续表

目标层	准则层	具体指标	说明
可持续发展潜力子系统	海洋教育能力	海洋专业本科（含本科）以上应届毕业生数	反映了从事海洋工作的人员的专业化程度
	海洋科研能力	海洋 R&D 投入比重	反映海洋科研投入情况
		海洋科技项目数	反映海洋科研项目情况，用科技课题数量表示
		专利授权数量	反映海洋科研产出成果情况，用专利授权数表示
		海洋科研支出占 GDP 比重	反映国家对海洋科研投入的总体状况
	海洋宣传与管理能力	公众的海洋环保意识	反映中国海洋经济的社会公众重视程度
		人均海洋环保费用	反映沿海地区对海洋管理的总体情况
		海域管理力度指数	反映沿海地区各政府对于海洋管理的投入力度
		海洋行政执法检查力度指数	反映沿海地区各政府对于海洋经济的制度维护力度

　　海洋教育能力是发展海洋经济的重要组成部分，教育水平的高低直接反映了该地区的发展潜力与能力。国家财政用于涉海教育支出占 GDP 比重反映了国家对涉海教育的投入水平，海洋专业高等学校任教教师数量则反映了国内高校与科研机构对于涉海教育的投入力度，海洋专业本科（含本科）以上应届毕业生数直接反映了从事海洋工作的人员的专业化程度。

　　海洋科研能力则为海洋经济可持续发展提供智力支持。科学技术的进步不仅可以提高人类开发海洋的效率，而且可以更好地保护海洋生态资源环境，实现海洋经济的可持续发展。海洋科研的投入可以用海洋 R&D 投入比重、海洋科技项目数、专利授权数量，以及海洋科研支出占 GDP 比重来表示。

　　海洋宣传与管理能力主要用于评价中国海洋经济的管理水平与宣传水平。要加深人类对海洋的理解与认识，不仅需要海洋管理能力的提高，而且需在海洋经济的宣传工作中突出海洋经济的可持续发展理念。在这个层面中，本书将用公众的海洋环保意识、人均海洋环保费用、海域管理力度指数、海洋行政执法检查力度指数来进行测量与考察。

(六) 海洋民生子系统

海洋经济可持续发展的最终目的就是提高民生福祉，海洋经济可持续发展同样要关注海洋从业人员的民生状况，本书将这一系列因素归纳为海洋民生子系统。此外，在新常态背景下中国海洋经济的可持续发展需要客观的统计数据作为分析的依据，包括劳动者满意度与认可度在内的主观因素是影响其发展的重要因素。因此，本书选择海洋从业人员的满意度与认可度两个指标来代表海洋民生状况。需要说明的是，这方面的数据具有极大的主观性，需要进行广泛的调研才能够得到。

如表 8 – 7 所示，海洋民生子系统主要由劳动者满意度与劳动者认可度两方面构成。

表 8 – 7　海洋民生子系统

目标层	准则层	具体指标	说明
海洋民生子系统	劳动者满意度	工资满意度	反映海洋从业人员对现有报酬的满意程度
		福利满意度	反映海洋从业人员对现有福利的满意程度
		工作环境满意度	反映海洋从业人员对现有工作环境的满意程度
		工资增长率满意度	反映海洋从业人员对报酬增加情况的满意度
	劳动者认可度	对企业的忠诚度	反映海洋从业人员对企业的认可程度
		对现行法律法规的满意度	反映海洋从业人员对海洋法律法规的认可程度
		对海洋文化的认可度	反映海洋从业人员对海洋文化的认可程度

劳动者满意度是海洋民生子系统的重要组成部分，劳动者的满意程度高将促使劳动者更加积极地从事海洋事业，对海洋经济的发展将起到关键性的作用。劳动者的满意程度主要通过调查问卷的形式反映到指标体系中，包括对现有工资的满意程度、对现有福利的满意程度、对工作环境以及工资增长率的满意程度。

海洋经济可持续发展离不开劳动者的认可，因此劳动者认可度也将成为评价我国海洋经济可持续发展情况的一部分。劳动者认可度的数据同样需要以调查问卷的形式获得，该指标主要包括海洋从业人员对企业的忠诚度、对现行法律法规的满意度以及对海洋文化的认可度三方面。

三　评价方法选择与数据处理

本章将采用极差法对原始数据进行正态标准化处理，具有以下优点：首先，对指标数据的个数、分布状况和取值范围没有什么要求；其次，转化后的数据都在 0 与 1 之间，便于进一步处理；最后，转化后的数据为相对数，性质较明显。

正指标计算公式为：

$$y = \frac{x - x_{\min}}{x_{\max} - x_{\min}} \tag{8-1}$$

负指标计算公式为：

$$y = \frac{x - x_{\max}}{x_{\min} - x_{\max}} \tag{8-2}$$

其中，y 是第 i 个指标无量纲化后的值。需要强调的是，得出的结果会出现略大于 1 或略小于 0 的情况，需将其标准化为 1 或 0 后再进行其他运算。

进一步，本章采用客观赋权法来计算权数，以便较好地保证指标评价结果的客观性。设有 n 个具体指标，m 个样本，形成原始指标数据矩阵 $X = (x_{ij})_{m \times n}$，对于某项指标，$x_j$ 与 x_{ij} 的差距越大，则表示该项指标在综合评价中所起的作用越大；否则表示该项指标在综合评价中所起的作用较小。在信息论中，信息熵计算公式如式（8-3）所示，其中 p_{ij} 表示系统处于相应状态下的概率，它是系统无序程度的度量，信息熵是系统有序程度的度量，二者的绝对值相等、符号相反。

$$H = -\sum_{i=1}^{n} p_{ij} \ln p_{ij} \tag{8-3}$$

其中，$i = 1, 2, \cdots, m; j = 1, 2, \cdots, n$。

指标的信息熵越小，其变异程度越大，提供的信息量就越大，在综合评价中就越重要，其权重也越大；反之，则权重越小。指标形成的矩阵可表示为 $M = (x_{ij})_{m \times n}$。

第一步，将各指标同度量化后，计算第 j 项指标下第 i 个样本指标值的比重 p_{ij}，有：

$$p_{ij} = \frac{x_{ij}}{\sum_{i=1}^{m} x_{ij}} \qquad (8-4)$$

第二步，计算第 j 项指标的熵值，有：

$$e_j = -k \sum_{i=1}^{m} p_{ij} \ln p_{ij} \qquad (8-5)$$

通常 k 的值可以通过公式 $k = \frac{1}{\ln m}$ 来计算，于是有 $0 \leqslant e_j \leqslant 1$。

第三步，计算第 j 项指标的差异性系数 g_j，公式表示为：

$$g_j = 1 - e_j \qquad (8-6)$$

g_j 越大，其权重就越大。

第四步，计算第 j 项指标的权重 w_j，有：

$$w_j = \frac{g_j}{\sum_{j=1}^{m} g_j} \qquad (8-7)$$

第五步，计算中国海洋经济可持续发展评价指数 v_i，计算综合得分：

$$v_i = \sum_{j=1}^{n} w_j p_{ij} \qquad (8-8)$$

显然，v_i 越大，样本效果越好，比较所有 v_i 的数值，即可得到评价结论。

进而，根据数据标准化方法，可以通过熵值法计算出各子系统及具体指标的权重；在得到权重的基础上，再通过查询中国海洋经济所需的不同数据，计算出中国海洋经济可持续发展评价指数。

本章通过建立 6 个一级指标，即海洋经济子系统、海洋环境子系统、海洋生态子系统、海洋社会子系统、海洋可持续发展潜力子系统、海洋民生子系统，构建中国海洋经济可持续发展评价指标体系，通过对 16 个二级指标 56 个三级指标的测算与考察，深入地探讨海洋经济开发过程中的具体问题，并做到从多方面反映中国海洋经济可持续发展的进展情况，尽量全面、准确地反映中国海洋经济可持续发展的问题。

第三节　新常态下中国海洋经济可持续发展
评价指标体系的应用

构建新常态下海洋经济可持续发展评价指标体系的重点是准确地反映中国海洋经济发展的现状、发展趋势，并对中国海洋经济可持续发展的能力进行评价，本书将重点考察中国海洋经济的发展水平、沿海地区社会发展水平以及海洋资源与海洋环境发展问题。此外，构建的评价指标体系可以从不同方面对我国新常态下海洋经济的发展情况进行全面的测量与研究。

一　不同层级的海洋经济可持续发展评价指标体系

本章构建的中国海洋经济可持续发展评价指标体系可以从多方面分析中国海洋经济可持续发展方面的问题。6 个一级指标可以综合考察中国海洋经济的经济发展状况、居民的幸福指数、生态环境保护及改进状况、海洋经济可持续发展的发展潜力状况等。首先，当把海洋经济子系统一级指数剥离时，可以深层次考察单纯的中国海洋经济可持续发展质量。因为不同的区域经济状况是有所不同的，例如不同海域、不同沿海城市在经济指数方面必然有较大的差距。而单纯的中国海洋经济可持续发展指标可以更加客观地评价地区或者沿海城市的海洋生态建设情况。其次，在把海洋经济子系统、海洋社会子系统指数从指标体系剥离出来后，可以进一步构建中国海洋经济可持续发展改进质量评价指标。最后，当把海洋资源子系统、海洋生态子系统与可持续发展潜力子系统进行组合时，则可以考察某海域的生态资源情况，以及海洋资源开发、海洋经济社会发展的潜力等情况。中国海洋生态环境保护是中国海洋生态经济可持续发展的重要组成部分，也是中国海洋生态经济可持续发展的核心内容。通过对海洋生态环境的质量进行考核可以全方面分析中国海洋经济可持续发展的趋势与存在的问题。

二　中国海洋经济可持续发展的国际比较及区域差异

指标体系的构建可以对中国海洋经济可持续发展情况进行比较全面的分析，更重要的是，可以得到国内外发达国家或地区海洋资源开发、海洋生态环境保护方面更为有益的参考，通过学习国外发达国家或地区海洋经济发展的成功经验以指导中国的实践。一方面，可以通过其数据得到中国海洋生态环境可持续发展的榜样指标，通过分析其不同，找到中国海洋经济可持续发展的不足与面临的挑战，通过学习与借鉴国外海洋经济可持续发展的经验，更好地规划中国海洋经济可持续发展的路径。另一方面，本书所构建的评价指标体系也可以包容多样化的海洋经济可持续发展模式，可以通过选取不同的一级指标，比如单纯的海洋经济可持续发展指标或海洋生态环境的绿色发展指标，来衡量不同地区、不同沿海城市的发展水平，通过比较国际不同类型的成功经验，寻找与自身相匹配的海洋经济可持续发展经验，即本书所构建的海洋经济可持续发展评价指标体系支持多样化的海洋生态环境保护的路径指导。

三　中国海洋经济可持续发展的趋势与实现路径

本章构建的海洋经济可持续发展评价指标体系可以多方面地考察中国海洋资源开发、海洋生态环境保护过程中存在的问题，除了通过各地区的比较了解其差距外，还可利用不同时期的海洋经济可持续发展水平，通过构建指标体系，综合地分析海洋经济可持续发展的路径。首先，通过分析中国海洋经济可持续发展评价指标体系的指标，可以从整体上把握中国海洋经济的可持续发展潜力；其次，通过分析不同年份的时间序列，可以从纵向研究中国各地区、各沿海城市的海洋经济可持续发展的趋势；最后，通过不同地区、不同沿海城市间的面板数据，可以从横向探索中国各地区之间、不同沿海城市之间的海洋经济可持续发展水平差异。总之，中国海洋经济可持续发展的实现路径不仅需要我们全方面地考察中国海洋经济发展的现状、趋势，而且需要注重发挥海洋经济主体的能动作用。

第九章
中国海洋经济功能定位

随着各种能源消费的增加以及对陆地资源的不断开采，各国逐渐将目光转移至海洋资源。当今，海洋自然资源、环境对人类社会的发展起着越来越重要的作用，其价值逐渐显现。但由于有着陆地资源过度开发导致对其使用不可持续的教训，各国纷纷重视海洋经济的可持续发展问题。可持续发展战略的制定离不开对海洋经济进行有效的功能定位。海洋经济功能定位需依赖于其所具有的资源环境，也要依赖于经济社会对其的需求。其依赖的两个条件发生变化，则相应的海洋经济功能就需重新定位。在不同阶段，开发利用资源的技术水平提高了，相同海域的经济功能可能需进行相应的调整。因此，海洋经济功能定位是动态的，并且对海洋经济功能的定位需要依赖一定的条件及科学方法。本章将主要按照各类海洋资源的经济特征，根据不同分类方法，对中国各海域的海洋经济功能进行初步的划定，从而为进一步分析中国海洋经济可持续发展问题提供依据。

第一节　海洋主要经济功能划定

海洋经济功能定位需要具备一定的自然及社会属性条件，另外，这种定位是为了实现海洋经济的可持续发展，因此其目的并不完全是对海洋资源的充分、完全利用。具体而言，对具有某种自然资源条件或自然环境条件并具有一定区位特征的海域，可进行经济功能定位，而这一定位还必须考虑此海域当前的开发利用程度以及社会经济发展对其的需求，也就是社会属性条件。对海域的定位会限制对其功能进行全方位开发，而只能从对其规定的主导功能出发来进行资源、环境的利用。另外，这种主导功能的规定应能促进所划定的海域与其他经济的各方面进行协调，从而提高经济、社会以及环境等各方面的综合效益，促进海洋经济以及整个社会的可持续发展。从现有的模式来看，按照不同海洋资源的经济特征，海洋的主要经济功能有以下几种。

一　空间资源开发利用功能

海洋的空间资源开发利用功能主要体现为港口区功能、滩涂养殖区功能、浅海养殖区功能、旅游区功能四个方面。

（一）港口区功能

港口区功能定位最为明确，港口区是海洋经济早期就开始建立的功能区。港口区可为船舶提供停靠、避风的区域，有利于对货物进行装卸作业。港口区包括港池、码头和仓储地，沿海经济开发以及沿海城市地位的提升离不开港口区的建设，甚至整个国民经济发展也在很大程度上依赖于港口区的发展。

港口区的规模并不是越大越好，其建设和发展需要有一定的经济及社会条件。经济条件应包括与之相近的腹地城市的经济发展水平，以及腹地经济与港口区经济的联系密切程度，如客货流量和已经存在的运输条件对港口区建设和发展起着很大的作用；而社会条件主要涉及一些港口运作所依托的基础设施条件。港口区建立时，若已有的水、电设施以及通信、交通设施都已经很健全，那么其规模可以适当扩大；若已有基础设施承受力有限，那么港口区不适宜扩展至太大规模。这些经济及社会条件不但决定着港口区的规模，而且它们与自然条件及国家战略布局一起影响着港口区的功能。

此外，不同港口区的地址选择对地形、地貌、地质、气象、水文等自然条件都有着相似的要求。第一，港口区选择的地址要求地形和地貌变化不大、相对简单，但在地质方面不仅应考虑有充足的水域和路域面积，而且应考虑发生地震的可能性，即选址时应尽量选在地震发生可能性小或者抗震条件好的地段。而一些软土层较厚的地区以及一些活动性断裂带、炸礁工程量较大的地区由于缺乏稳定性，不宜作港口区的主区。第二，从水文条件来看，应考虑水的深度、水文条件复杂性以及水域泥沙运动等进行选择。水的深度与港口的规模要相适应，水深过大不适宜建设中、小规模港口，但太小的水深在港口维护过程中挖泥量大，还会使得疏浚难度增大。从整个水文条件来讲，最主要的原则是简单。水文条件简单时，一般浪、流作用都较小，有利于港口的运转，水文变化规律也容易掌握。港口水域最好有天然掩护，很多已建港口的维护与处理港口淤积有关。因此在选择港口地址时应充分考虑水域本身及周边泥沙运动情况，考察水域与泥沙运动之间的影响。一般来讲，为避免港口严重淤积，最好选择泥沙运动较弱的地区。另外，可能出现剧烈演变的海岸或河口应慎选。鉴于这些港口区建设条件，新的港口在开发前，通常都必须对相应海域的海浪、雾、风、潮汐、降水、泥沙以及地质等要素状况做系统的了解，如2004年大连为开发长兴岛公开对长兴岛气象、水文观测工程进行招标，以积累所需的气象基础资料。

（二）滩涂养殖区功能

滩涂养殖区是一种地域规划较明确的功能区。这种养殖区主要用来养殖各种海鲜，如贝类、虾类、蟹类、藻类和鱼类等。因为养殖的海鲜主要靠引用的海水生长，需要适时换水，所以换、排水是否方便和浮泥多少在很大程度上影响着这一功能区的规划。另外，苗种和饵料来源也需丰富。有了上述两个条件之后，根据沿海的自然状况，中国有一些盐田制卤区、潮间带和潮上带大都位于低洼盐碱地，这类区域即可供滩涂养殖区规划选择。当然，对滩涂养殖区的面积也有一定的要求，通常都要在2平方公里以上，而且对底质矿物质种类及含量也有要求，如硫化物含量要小于 0.3×10^{-3}。

（三）浅海养殖区功能

浅海养殖区也是一种地域规划较明确的功能区。这一功能区的规划同样需要考虑水文、地质、地形条件，不同的条件适合不同种类海产品的养殖。养殖区总体上要求水文条件良好，地形、底质条件适宜。一些水交换不太畅通，温度和盐度不太适宜，风浪大的地方便不适合作为养殖区。另外，浅海养殖区的规划还可针对不同的海产品进一步具体化。一些鲍、参类适合有礁石、沙砾的养殖区，而平坦、泥沙底质的养殖区则适合养殖底栖贝类。当然浅海养殖区的规划也受到周边基础设施条件以及社会经济环境的影响，因为它们影响着海产品的生产，还影响着此类功能区经济目标的实现。

（四）旅游区功能

旅游区规划对于沿海国家发展而言也是不可缺少的，因为旅游区可通过吸引各地游客提高一个城市甚至一个国家的知名度，提高招商引资水平。但从实际规划来看，旅游区规划不像养殖区规划那样明确。旅游区的规划除了对海域有一定的要求之外，还重视一些有特色的人文资源。自然景观区和人文景观区的结合将使旅游区的建设获得更多的效益。自然景观区主要是海上景观、地质珍迹等。人文景观区主要是一些能吸引游客的远近闻名的古迹、遗迹，还可以是一些独特的民族风情、风俗。旅游区的定位将为周边经济带来很大的改变。旅游区周边需要一些供游客娱乐、活动、休息的场所，如滨海公园、度假村、酒店等。另外还可开发一些游客可以参与的运动，这些无疑将带动海边服务业的进一步发展。旅游区的发展极其依赖现有的交通条件，交通条件直接决定着游客能否较容易地进入旅游区。

二　矿产资源和海洋能源开发利用功能

（一）矿产资源开发利用区功能

矿产资源开发利用区指具有工业开采价值的矿产资源区。根据可开采的矿产资源种类，矿产资源开发利用区可分为油气区、固体矿产区、液体矿产区以及化学资源开发利用区等。矿产资源开发利用区主要进行海洋矿产资源的开采以及加工，因此在进行功能区规划时需考虑可用矿产资源的数量以及开采加工过程中可能造成的负面影响。具体而言，这种功能区的确定要确保不过度开采资源，实现资源的可持续利用，同时又不能对周边海域及陆地造成污染或引发其他地质灾害，损害环境的可持续性。在矿产资源开发利用区规划之前应进行勘探，对其进行有效的分析评估，确认其有工业开采价值并在海洋承载力允许范围之内以后才能最终定位。

规划的油气区是指已开采和确定开采的油气田区以及经分析评估可开采的油气埋藏区域。固体矿产区可分为金属矿区和非金属矿区，划分标准是《矿产工业要求参考手册》中有关金属矿和非金属矿的工业要求及矿床规模标准。正在开采以及经分析评估已具备条件的将要开发固体矿的区域都可称为固体矿。液体矿产区资源包括地热、医疗矿水和饮用矿泉水，液体矿产区也指正在开采的和已具备条件即将开采液体矿产的区域。化学资源开发利用区包括盐田区和地下卤水区。与前述功能区相似，盐田区和地下卤水区既包括已经开采的规划区，也包括将要开采的规划区。

（二）海洋能源资源开发利用区功能

海洋能源资源开发利用区主要利用可再生海洋能和风能实现效益，而且污染小，因此是当今最应当被鼓励规划的区域。但这种功能区规划在很大程度上依赖于其已有的能源条件。对于海洋能源资源开发利用区而言，其需具备的海洋水上条件有大于 2 米的平潮差、大于 2 米/秒的平均潮流速、大于 0.7 米的平均波高、大于 18 摄氏度的表层水温与底层水温温差。除此之外，海洋能源开发利用还需具备足够大的海域，其可装机容量要求在大于10000 千瓦。风能区要求海上具有一定的风能条件，包括年有效风能出现频率大于 6500、年有效风能大于 1200 千瓦时/平方米、年有效风能密度大于200 瓦/米。风能区的开发成本较高，而且利用的风能不能储存，其分析、评估极其重要，需要将相应的社会需求考虑进来，有需求才可建。

三 海洋资源环境恢复及保护功能

海洋资源环境恢复及保护的功能主要表现为当特定海洋区域受到人类活动影响或发生自然变迁，造成海洋资源的自修复能力降低，或环境的净化能力下降，需要人为干预来恢复和保护海洋资源环境。该功能区主要由禁渔区、增殖区和海洋保护区等构成。

禁渔区的主要经济功能是促进海洋生物资源的可持续发展和有序利

用，由于海洋水产品幼体分布密集的海域通常是海洋动物主要的索饵场和繁殖场所。为保护海洋资源，在特定时间内各种形式的捕捞活动及渔业生产活动均是被禁止的，以实现海洋资源有序开发和循环利用的长期目标。

海洋水产品增殖区的主要经济功能是对种群数量因自然或人为因素而大幅度减少的海洋水产品采用繁育保护等手段来恢复其种群数量，促进其长期可持续发展。海洋水产品增殖区通常需要具有足够数量的海洋水产品种群、足够数量的苗种资源以及适宜繁育的自然资源环境。海洋水产品增殖区利用现有的科技条件和经济社会条件，能够通过有力措施促进海洋水产品在相对较短的时间里恢复原有合理种群数量。海洋水产品增殖区对海洋水产品的养殖和捕捞有明确的规定和限制。

海洋资源恢复保护的经济功能通常以各种保护区的形式出现，如海洋资源恢复保护区、海洋保护区等。海洋资源恢复保护区由国家以及各级政府实施监督和管理，严禁在禁捕期间对保护的海洋资源进行捕捞和各种形式的破坏，主要包括由国家确定的在相对稳定时期内禁止捕捞的海洋资源恢复保护区和由国家渔业协定规定的临时性的禁止捕捞的海洋资源恢复保护区。海洋保护区由海洋自然保护区和珍稀濒危生物自然保护区构成。与其他海洋经济功能区相比，海洋保护区对自然条件和资源环境条件具有更高的要求，一般需要适于珍稀生物、动物生存和繁殖的特别的自然条件、完善的生态体系以及与非生物资源环境相关的符合条件的特定海域。其中，海洋保护区的经济功能主要是以保护海洋自然环境和自然资源，使之免遭破坏为目的，在海域、岛域、海岸带、海湾和河口对选择对象划出界线加以特殊保护和管理的区域。这类功能区不能创造任何工业价值，但对于海洋经济乃至整个生态环境的研究及其可持续发展有着重要的意义。海洋保护区与珍稀濒危生物自然保护区是密切联系的，海洋保护区也是为了保护珍稀濒危生物以及适合珍稀濒危物种种群生存的自然环境。若某海域有珍稀与濒危动物种源，生态条件又适合其扩大和再生，有必要对这些物种及其环境加以保护，这种以珍稀濒危动物和重要经济动物物种、种群及其自然环境为主要保护对象的海洋保护区就转变为珍稀濒危动物自然保护区。同样，若某海域发现具有生态研究价值的稀有、珍贵与濒危植物，周围环境适宜其生长和繁殖，也需要对其进行保护，这种以珍稀濒危植物和主要经济植物种群及其自然环境为主要保护对象的区域就是珍稀濒危植物自然保护区。珍稀濒危生物具有重要的经济价值、研究价值和特殊意义，如一些稀有动植物可供观赏，一些野生植物种群还能反映自然地带或地区自然环境与生态系统的特点，也可反映出一些具有特殊意义的过渡地带的植物群落分布特征。海洋保护区的划定应保证其周围环境不会对珍稀与濒危生物的永久性存在构成威胁，其面积也必须能满足被保护自然种群生存繁衍和发展之需要。中国目前已建立了 30 多个国家级海洋自然保护区和60 多个地方级海洋保护区，涵盖了中国海洋主要的典型生态类型，保护了许多珍稀濒危海洋生物物种，对生态系统的保护发挥着重要作用。

四 倾废、排污、泄洪及防灾功能

倾废、排污、泄洪及防灾是海洋的重要经济功能之一。倾废功能是指划分特定海域用于倾倒疏浚物或废弃物。可以用作倾废的海域一般要求海域比较开阔，符合沉积动力学的基本条件以及具有较好的水动力交换能力。对疏浚物及废弃物具有约束作用的海洋倾废标准规定，倾废行为必须满足《海洋水质标准》（GB3097－1997），不应对环境产生严重影响。海洋倾废标准还对倾废行为规定了约束原则。其一，疏浚物或废弃物的倾倒应遵循离岸原则，其流动应向海洋方向扩展；其二，无害原则，即疏浚物或废弃物的倾倒不应对附近的海水滩涂养殖业、海洋自然景观保护区产生不良影响；其三，回避原则，即疏浚物或废弃物的倾倒不应对生产和生活造成消极影响，应远离港口区、主航道、海水盐田生产区、海洋能源和矿产资源开发区等。

倾废在布局上要科学、合理，既要考虑海域排污自净能力，也要考虑周边的生产生活需要。与倾废功能相比，排污功能要求的自然条件更高，一般要求选择的特定海域具有较强自净能力以及较好的水体交换性。排污功能遵循的主要原则是回避原则，即在规定的排污区范围内，不新建其他海洋经济功能区，如盐田开发区、海洋自然景观保护区、海洋滩涂养殖区、海洋旅游区等。泄洪功能是指特定海域和出海口主要用来保证洪水的及时顺利排出入海，可以有效减少或消除企业和居民受洪水损害的风险，减少洪水对农业生产造成的损失。泄洪功能一般要求选择地势比较低洼的海域或入海口，该海域附近一般有大城市或一定规模以上的居民或大型工矿企业。泄洪功能除可应对河湖水系洪水威胁外，还可抵御海潮的影响，减少受灾区域范围和受灾时间。防灾功能区不仅包括汇洪功能区，还特指应对风沙、海浪灾害威胁而划分的特定海域，在该海域内往往实施有针对性的防治措施。例如，针对海浪及其产生的沿岸海流威胁建立的海岸防侵蚀区，可以有效地减少沿海城市、村镇、农田和工厂以及交通设施受到的影响；针对台风和严重气旋的威胁建立的防风暴潮区，可以减少严重的风暴海浪造成的灾害，保护主要城镇、企业和居民、港口等需要重点防护的经济区域。

第二节　海洋经济功能联系

上述研究体现了海洋经济的多功能属性，特别是在新技术条件和社会需求条件下，海洋经济功能不断拓展，特定海域的主要功能会根据自然条件、资源环境条件和经济社会条件发生改变，其在特定海洋区域的功能定位会发生调整，体现出明显的动态化特征。这种动态性既与海洋经济功能依托的内部条件有关，也与相临海洋区域经济功能之间的相互联系有关。由于海洋在自然性质上的流动性，相临海域或海岸地带之间伴随物质流和能量流，所以海洋经济功能联系较陆地更加密切。相邻海域经济功能的相关联系主要体现在下面几点关系中。

一　海洋经济功能间存在兼容关系

海洋经济功能间的兼容关系主要表现为，在特定海域同时存在两种或两种以上的经济功能，这些经济功能之间有的不存在矛盾，有的彼此相互冲突，但这些并存的功能可以彼此促进各自功能的发挥。例如，海水养殖区与盐田开发区在同一海域共存时，相互之间不发生矛盾，盐田在开发阶段中的蒸发池适合部分海产品的生产，为海水养殖业的发展提供条件，促进海水养殖业提高综合收益；特定海域的典型景观保护区与海洋旅游区之间也存在兼容关系，典型景观保护区的特色景观有利于促进旅游业的发展，而旅游业的发展又可为典型景观的保护和维护提供资金支持。

从海洋经济功能的定位来看，海域的发展应更加注重其海洋经济的主要功能。例如，在上述的海洋典型景观保护与海洋旅游的关系中，海洋典型景观保护是主要功能，在海洋经济功能定位中，要协调两者的关系，在使海洋典型景观得到有效保护的前提下，有效发展海洋旅游业。当两个经济功能之间存在一定矛盾时，通过协调管理，有时是可以实现两者的兼容发展的。例如，在协调海水养殖业与海洋旅游业之间的关系时，可以通过将海水养殖业与特定海域的旅游特色结合起来，发展具有特色的海水养殖业，调整海水水产种类和养殖方式，借鉴休闲农业的成功模式，建立海水养殖业与旅游业一体的休闲渔业，从而实现了两个功能的兼容。

二 海洋经济功能间存在互利关系

海洋经济功能间的互利关系主要表现在特定海域的两种或两种以上的经济功能之间存在一致关系。一方面，与兼容关系不同，两种海洋经济功能之间的互利关系并不强调两种功能均对对方产生直接正效应。在很多情况下，这种互利关系表现为正的外部性，例如，港口区与临港工业区，港口区与旅游开发区之间表现为互利关系，港口区的发展能够为临港工业区的发展提供更便捷的原料与产品运输通道，而临港工业区的发展也为港口区的发展注入了活力；港口区与旅游开发区也具有上述互利关系，港口区可以成为旅游开发资源，同时海洋旅游业的发展也促进了港口的繁荣。另一方面，与兼容关系不同，在特定海域，具有互利关系的经济功能之间存在替代关系，表现为功能区之间存在的重叠或交叉问题。例如，自然资源保护区与旅游开发区在不同区域的经济功能定位和关系存在差异，在核心保护区两者表现为互斥关系，以保护为主，对旅游开发进行限制；在非核心保护区两者表现为互利关系，旅游开发创造的财富可以为自然保护提供资金支持，自然保护又通过持续地吸引大量游客，促进旅游业的长期可持续发展，形成稳定的互利关系。

三　海洋经济功能间存在竞争关系

海洋经济功能之间的竞争关系表现为在特定海洋区域内，两种或两种以上的海洋功能不能兼容，选择一种海洋经济功能时，将放弃其他海洋经济功能；或者当选择某一海洋功能时，自然禀赋条件、资源环境条件和经济社会条件不适宜再选择其他海洋功能。海洋功能之间的竞争关系主要强调由于各种条件限制，多种海洋经济功能在该区域内不能共存，这些功能之间一般不是互损关系。例如，海洋矿产和能源开发区与海洋景观旅游区之间就具有竞争关系，在特定海域内选择建立海洋景观旅游区时，就不能选择建立海洋矿产和能源开发区。

可见，上述两种经济功能之间的竞争主要表现为对特定海域所属功能的竞争，并不是因为两个经济功能具有明显的互损关系。当特定海域存在上述问题时，通常根据确定的主导功能进行有效的选择，若其他海洋经济功能与主导功能之间不能兼容和共存，则选择不发展这些海洋经济功能。例如，在海洋矿产和能源开发区与海洋景观旅游区的选择中，应将海洋矿产和能源开发区确定为主导功能，海洋景观旅游区若与其不能有效兼容，则要舍去该功能。当海洋经济功能之间存在竞争关系时，关键是选择主导功能，而主导功能的选择一般会依据海洋整体利益最大化原则，或依据不可替代原则，在该海洋经济功能在整个海洋区域内可供选择的条件较少，或备择性窄时，优先考虑发展该海洋经济功能。

四　海洋经济功能间存在互损关系

海洋经济功能之间的互损关系表现为两种海洋经济功能相互产生负向影响，或其中一种海洋经济功能对另一种海洋经济功能产生负向影响，导致两种海洋经济功能不能同时存在于某一特定区域。例如，海水滩涂养殖区与排污倾废区，由于排污倾废区产生的污染会破坏海洋生物的生存环境，所以在通常情况下排污倾废区是不能与海水滩涂养殖区共存的。海水滩涂养殖区与港口区也存在互损关系，一方面，海水滩涂养殖区会导致生物的大量繁殖与蔓延，从而增加港口区船只航行的潜在风险，并影响港口区的生活环境；另一方面，港口区的生活垃圾及进出船只造成的污染会损害海洋生物的生存环境，增加海水滩涂养殖业的经营风险。当海洋经济功能间存在互损关系时，需要从海洋整体功能和经济社会发展需要出发，系统分析和全面权衡，依据功能选择的基本原则，对其进行调整和加以完善。与海洋竞争关系的调整类似，在解决存在互损关系的海洋功能时，关键也是要确定特定海域的主导功能，主导功能的选择一般会依据不可替代原则以及整体利益最大化原则，若该海洋经济功能备择性窄，则应优先考虑发展该海洋经济功能。例如，在海洋滩涂养殖区与排污倾废区的选择上，就海洋滩涂养殖业对海水的自然条件要求较高、备择性窄、产生的经济效益相对较高的特点，应给予优先考虑。

从上面分析可见，两种或两种以上海洋经济功能存在兼容或互利关系表现为在特定海域内，当这些海洋经济功能发生重叠时，海洋经济功能之间不但不相互排斥、相互损害，而且相互促进、共同发展，产生长期的正的外部性影响，上述功能关系被称为一致性功能重叠。当在特定海域内存在一致性功能重叠时，应根据自然条件和经济社会需要，在整体利益最大化原则和不可替代原则的基础上，选择主导功能，其他海洋经济功能根据重要性排出次序，以促进该海域内海洋功能的最大化。例如，在处理盐田开发区与海洋滩涂养殖区功能重叠问题时，由于盐田开发区需要的自然禀赋条件约束性更高，根据不可替代原则，应选择盐田开发区作为主要功能区。在处理海洋景观自然保护区和旅游开发区功能重叠问题时，依据利益最大化原则，应选择海洋景观自然保护区作为主要功能区。

两种或两种以上海洋经济功能存在竞争关系或互损关系表现为在特定海域内，当这些海洋经济功能发生重叠时，海洋经济功能之间会相互排斥，相互损害，不能共同发展。上述功能关系被称为不一致性功能重叠。当在特定海域内存在不一致性功能重叠时，必须根据整体利益最大化原则和不可替代原则确定主要功能，放弃与之具有互损关系的经济功能，并考虑协调和优化与之具有竞争关系的经济功能。在决定主要海洋经济功能以及其他经济功能之间的次序时，同样依据海洋整体利益最大化原则和不可替代性原则。当出现不一致性功能重叠问题时，要依据是否符合促进海洋整体利益发展的标准进行判断，选择有利于海域发展的重点功能或有利于优势资源开发的经济功能进行定位。当经济功能中涉及不可替代资源的开发利用或备择性窄的功能选择时，可以对其优先考虑。在实践中，若海洋经济功能之间出现不一致性功能重叠问题时，需要相关管理机构和企业进行协调，如环保机构、水产养殖机构和交通机构之间的协商与调整。考虑到在不一致性功能重叠问题处理过程中，各部门之间会或多或少地产生矛盾，甚至会出现矛盾激化的情况，因此，在海洋经济主导功能定位问题上，协商和调节是解决不一致性功能重叠问题的关键。第一，需要在选择特定海域的经济功能定位前，明晰和加深对海洋经济功能定位重要性的认识，使相关的各级政府和有关机构、企业和居民了解海洋经济功能定位的主要原则，认识海洋经济功能定位中强调的整体利益最大化不仅是海洋经济功能定位开展的依据，而且是实现海洋有序开发和可持续发展的根本保证。第二，通过组织机构进行协商和调整，在海洋经济功能定位的过程中，推动相关各地区、各部门和企业、居民的代表就功能定位中可能出现的问题进行充分协商。在出现不一致性功能重叠问题，且有关各方不能达成一致时，可以邀请专家论证。由多位权威专家学者组成的专家组在考察和了解各方意见的基础上，形成专家建议，在协商的基础上确定最终的解决方案。

第三节　海洋经济功能定位的主要方法

一　叠加比较分析法

该方法的核心思想是综合探测搜集获得的信息，权衡各种条件，选择特定海域的合理定位。在这一过程中各种信息如资源条件、环境状况、历史演变、开发基础、经济社会需求以及传统功能定位被组合起来，在此基础上可以通过对该海域开发情况、产业发展情况以及海域使用计划进行综合比较分析，以决定海域的合理的功能定位。叠加比较分析法特别有利于解决功能不一致情况下，判断和选择适合该海域自然条件的主导功能问题，而且能够避免各功能空间发展的无序、重复甚至互相冲突。尽管叠加比较分析法可以通过对比分析选择特定海域的主要功能，但该方法主要依赖各种资料信息，如环境状况、资源禀赋条件和相关的经济社会发展水平与需求情况的简单比较，各种因素的重要程度，对主要海洋经济功能的影响情况，以及各要素之间的关系和作用机制难以准确地体现，因而会影响特定海域海洋功能定位的准确性和有效性。

二　多指标综合评价法

多指标综合评价法可以部分克服上述叠加比较分析法的弊端。在多指标评价中，主要根据不同经济功能建立指标体系，指标要求能够准确全面地代表功能定位所依据的自然禀赋条件、海域的环境和资源开发情况以及当地的经济社会发展需求，这些指标构成了一个完整的相互联系的系统。多指标综合评价法可以用来评价特定海域的功能定位与该海域的自然资源条件和经济社会需求之间是否匹配，以及针对该海域的功能划分是否明晰。多指标综合评价法与以往的指标评价法相比，在考察海域自然条件和资源环境的前提下，将经济社会条件与自然条件结合起来，能够全面地对海洋经济功能进行定位。以上变化反映了当前海洋经济功能定位的长期总体变化趋势，即由传统的主要以海洋自然条件为基础进行特定海域的经济功能定位转变为结合海洋自然条件、资源环境条件和经济社会条件对特定海域经济功能进行定位。从多指标综合评价法的研究机理来看，综合评价的关键是确定指标在系统中的权重，确定权重的方法主要有模糊数学模型、数学公式推导以及多元统计分析中的主成分分析等方法。多指标综合评价法的优点在于可以通过对研究对象构成的系统进行分解，并确定每一个对象在系统中的重要性，来实现选择和排序。该方法主要通过对每一个研究对象赋值，反映系统内各组成部分的关系和性质，以实现对系统的总体评价的目标。在海洋经济功能定位研究中，由于海洋经济功能会受到复杂外部条件的影响，如特定海域的自然禀赋、资源环境条件和经济社会条件。因此，在选择多指标综合评价法进行海洋经济功能定位时，需要解决指标的不确定性以及定性指标的衡量问题。在实际的研究中，针对海洋经济功能指标存在的不确定性问题，在考虑海洋因素难以被长期测量和获得稳定数据的前提下，选择平均值或常态值作为衡量数据。例如，在研究特定区域海洋水质问题时，由于获得的关于该区域的测量值只是表示该时点的海水成分浓度的瞬时值，而不是长期稳定值，该值会随着海洋外部条件的变化而改变，这种改变甚至会产生较大差异。同时由于海洋水体的流动性，难以捕捉到固定存在的值和明晰的范围界限，因此，在研究中以某个时间段的数据平均值和近似值来表示该指标值。另一个问题是定性指标的衡量问题，在实际研究中，在描述海洋特征时，考虑到海洋变化难以准确描述，常常以模糊的描述来代替，如用"不足""变化""适宜""好坏"来描述某一特定海域的主要特征。因此在描述海洋功能时既存在准确的描述，也存在大量的模糊描述。针对上述两个问题，在海洋经济功能评价中，模糊综合评价法被大量采用。从模糊综合评价法的内容来看，它是将模糊数据分析原理与模糊评价方法结合形成的系统分析手段，该方法以数学语言来处理多层次的复杂的系统问题，实现定量研究与定性分析的有效结合以及精确信息与模糊描述信息的有效结合，因此在包括海洋经济功能研究的很多学科领域被大量地应用，有效解决了很多问题。在有些情况下，对特定海域经济功能进行定位需要将准确信息与模糊评价分析结合起来，例如，在描述港口区的条件时，需要确定港口区的合理的水位范围和周边地质情况，需要根据准确信息进行功能选择，同时一些因素如避风条件、深水线距离等通常以模糊界定方式来表示，也需要包括在评价指标体系中。多指标综合评价法在运用中的关键问题是确定指标的权重。该评价法主要有两种方法，一种是根据变量之间的数量关系以及相互的影响程度来确定权重，如采用因子分析法和主成分分析法等；另一种是通过经验判断决定指标的重要程度，这种确定权重的方法包括专家预测法和层次分析法等。在实际研究中，客观赋权法与主观赋权法相比较能够更加准确地反映指标在功能定位中的真实的重要程度，但是由于缺乏有效的海洋经济数据收集与统计体系，主观赋权法被大量使用，特别是主观赋权法考虑了各种功能定位的阈值，尽管会受到评价者的主观感受和经验的影响，但在对海洋经济功能已经具备基本认识的基础上，通过将多位专家学者的经验判断与海洋经济功能层次结合起来，可以有效地确定海洋经济功能定位中各影响因素的影响程度，为变量赋值。

三　综合平衡分析法

综合平衡分析法建立在协同理论的基础上，该理论自20世纪70年代由德国著名学者哈肯首次提出以来，已经在理论研究和经济社会实践中得到广泛应用。该理论的核心思想是分析和解释在系统与外部环境进行物质和信息交换的过程中，组成系统的各子系统如何实现优化以完成系统总目标。在这一过程中，各子系统需要形成合力、互相合作、共同促进总目标的实现。在海洋经济研究中，海洋功能被看作总系统，各海洋功能定位被看作协同理论中的子系统，根据指标体现子系统之间或子系统与总系统的参数，分析子系统在总系统中的运行状况以及发展机制，各子系统的参数反映海洋经济各功能之间的协调程度以及合理的结构关系。从该视角来看，海洋经济系统可以被看作一个复杂的复合系统协同衍化进程。海洋系统在与外部环境的交换过程中，形成物质流和能量流，在海洋经济系统的形成、发展、完善、衰弱、转化的过程中促进经济系统向平衡状态调整和转化。这种机制产生的效果类似罗杰斯蒂方程所描绘的，复杂系统的协同衍化进程不是线性发展的，而是呈现出明显的曲折发展脉络，协同衍化过程中的正向和负向的反馈交流机制同样需要得到关注。

综合平衡分析法在确定特定海域海洋经济的主导功能时有重要的作用，在研究中，特定海域的海洋经济被看作总系统，相互关联的海洋经济功能被看作子系统，在确定主导功能的时候，需要对各子系统进行协调研究、对各种关系综合考量，促进海洋经济各子系统的优化配置与协调。当各子系统存在竞争关系和互损关系时，需要根据海洋经济功能定位的原则进行选择和协调，以实现对海洋合理利用和优化配置的目标。在运用综合平衡分析法时，研究人员的经验、对海洋经济系统的理解和对主要原则与问题的认识程度会影响该方法在实践运用中的效果，由于缺乏固定的协调机制和量化的研究方法，该方法在运用过程中会较大程度地受到人为因素的影响和干扰，例如，在确定特定海域的主导功能时，该方法会受到该时期地区经济发展目标的影响，而在一定程度上出现忽视特定海域的自然资源等客观因素的问题。因此，综合平衡分析法在得到广泛使用的同时，需要对该方法在程序和依据的理论方面进行完善，建立基本稳定的、科学合理的平衡程序以及基于定量分析的科学方法，以满足在海洋经济日益得到关注、海洋经济管理日益精细化的情况下，对海洋经济合理功能定位提出的新挑战和新目标。

四　空间组合结构统计法

空间组合结构统计法主要是利用空间与属性的关系分析海洋经济功能衍化规律。在空间组合结构模型中，变量被用来表示和分析海洋经济系统及各子系统关系的变化，包括空间结构的相对稳定与该子系统内部结构和性质的变化，子系统内部结构和性质的相对稳定与空间结构的变化，空间结构的变化与子系统内部结构和性质的变化。海洋经济功能的空间关系可以用数学模型表示如下，即经济功能在空间上发生改变，而原有的属性没有发生变化；经济功能在空间上发生改变，而原有的属性也发生变化；经济功能在空间上没有发生变化，而原有的属性发生变化。

在特定区域海洋经济功能选择中，空间组合结构统计法可以发挥重要作用，特别是该方法可以动态地反映海洋经济功能变化和区域变化特征。自然禀赋条件、资源环境条件和经济社会需求的调整可以结合在相关研究中，以反映上述条件在海洋经济空间变化与属性变化中的作用以及衍化发展趋势。空间组合结构统计法与土地空间组合结构统计法类似，用来全面反映空间和属性的变化特征的指标包括贡献度指标，即从空间角度选择指标来表示海洋经济功能对地区经济社会发展的贡献程度，例如，可以结合特定经济功能区域在全部功能区域中的比重与功能区在海洋区域中的比重来分析该海洋经济功能区在整个空间系统中的重要性。在上述指标构成中，结合了功能区多度与面积比。面积比体现具有某种海洋经济功能的特定区域在整个空间系统中的比重，表示海洋功能区在整体海洋空间中的相对数量；功能区多度体现特定功能海域在全部具有相同功能的海洋空间中的比重，反映具有某种功能的海域的分布情况。

第四节　中国主要海域的海洋经济功能定位

在对海洋经济可持续发展中的战略重点进行分析之前，必须结合中国当前各海域的实际情况，对各海域进行具体的海洋经济功能定位，进而为提高各海域的经济、社会以及环境等各方面的综合效益，制定促进海洋经济整体可持续发展的战略计划提供必要的理论及实践指导。[①]

一　渤海海域主要经济功能定位

渤海海域的部分重点海洋经济功能区包括四个方面。①天津—黄骅海域，重点功能区主要有天津等两个港口区、马东东等大型油田和油气区、长芦等三个主要盐田区、塘沽等增殖和养殖区、天津海岸与湿地自然保护区、汉沽等三个特别保护区等。该海域的海洋经济功能定位为港口区域的专业化开发、滩海地区的油气采集、盐田的水质环境保护、渔业资源利用区和保护区的生态环境建设。②辽西—冀东海域，重点功能区主要有秦皇岛、锦州等港口区，北戴河、兴城海滨等多个旅游区，昌黎等三个主要养殖区，北戴河等自然保护区，绥中、锦州等油气区以及滦南等盐田区。该海域的海洋经济功能定位为滨海旅游、海岸生态环境保护、港口码头的建设、油气资源勘探开发以及渔业资源利用。③辽河口邻近海域，重点功能区有太阳岛等油气区、营口等盐田区、盖州滩等养殖区、大凌河口等自然保护区。该海域的海洋经济功能定位为海滩油气资源的勘探与开发、湿地生态环境保护、盐区的挖潜和技术改造以及毗邻河口海域的环境综合治理。④辽东半岛西部海域，重点功能区有营口等港口区、复州湾等盐田区、盖州等养殖区、长兴岛旅游区、营口海蚀地貌景观保护区等。该海域的海洋经济功能定位为港口及海上交通运输、渔业资源开发及利用、海岸

[①]　部分功能区名称参考中国海洋局《全国海洋功能区划概要》，海洋出版社，2012。

及岛屿景观环境保护等。

二　黄海海域主要经济功能定位

黄海海域的部分重点海洋经济功能区域包括三个方面。①苏北海域，重点功能区有南通等港口区、连云港等养殖区和增殖区、云台山旅游区、淮北盐田区。该海域的海洋经济功能定位为港区及其他深水码头建设、渔业资源利用、沿海自然资源保护以及海岸防灾、抗灾等。②胶州湾毗邻海域，重点功能区有青岛等港口区、崂山等旅游区、胶州湾等养殖区。该海域的海洋经济功能定位为港口建设、渔业资源利用及养护、滨海旅游以及海洋产业和科学实验研究。③辽东半岛东部海域，重点功能区有大连等港口区、金石滩等旅游区、大孤山半岛等养殖区及鸭绿江口湿地自然保护区。该海域的海洋经济功能定位为港口以及大型专业化码头建设、滨海旅游、海珍品增殖基地以及沿海湿地生态环境保护。

三　东海海域主要经济功能定位

东海海域的部分重点海洋经济功能区域包括三个方面。①闽南海域，重点功能区有厦门等港口区、东山等养殖区、东山岛等旅游区、厦门珍稀海洋物种保护区及漳江口红树林生态系统保护区等。该海域的海洋经济功能定位为海上交通运输和渔业资源利用、滨海旅游、海洋防灾以及珍稀濒危生物物种保护等。②闽中海域，重点功能区有闽江口等港口区、湄州岛等旅游区、兴化湾等养殖区、闽江口鳝鱼滩湿地自然保护区等。该海域的海洋经济功能定位为港口建设、渔业资源利用和养护、旅游资源开发等。③长江口—杭州湾海域，重点功能区有太仓等港口区、钱塘江等旅游区、长江口水产种质资源保护区、海宁黄湾自然保护区等。该海域的海洋经济功能定位为国际航运中心建设、滨海旅游、增殖、恢复渔业资源、海域环境污染防治，以及保护湿地、海湾和海岛生态环境等。

四　南海海域主要经济功能定位

南海海域的部分重点海洋经济功能区包括四个方面。①西沙群岛海域，重点功能区有西沙群岛海洋捕捞区、宣德群岛等旅游区、西沙群岛珊瑚礁自然保护区。该海域的海洋经济功能定位为海岛生态旅游、渔业资源开发利用和养护、珊瑚礁等自然保护区管理。②海南岛西南部毗邻海域，重点功能区有亚龙湾等旅游区、莺歌海等油气区、洋浦港等港口区、三亚珊瑚礁保护区、铁炉港等养殖区、莺歌海盐田区。该海域的海洋经济功能定位为滨海旅游、油气资源开发、珊瑚礁资源保护、生态养殖、盐和盐化工以及天然气化肥等。③粤西海域，重点功能区有阳江等港口区、水东湾等滨海旅游区、鸡打港等养殖区、硇洲自然景观保护区及乌猪洲海洋特别保护区。该海域的海洋经济功能定位为港口建设、渔业资源利用开发以及红树林资源保护。④珠江口及毗邻海域，重点功能区有惠州等港口区、珠江口油气区、莲花山等旅游区、珠江口等地的养殖区、珠江口中华白海豚保护区及广东惠东港海龟保护区等。该海域的海洋经济功能定位为海域环境综合整治、港口体系建设、石油和天然气的勘探与开发以及滨海旅游业。

第十章
中国海洋经济可持续发展机制

第一节　中国海洋资源的可持续开发与利用
机制设计

海洋资源的可持续开发利用是可持续理念在海洋资源领域的体现，制定中国海洋资源开发与利用战略的意义在于通过有效的机制设计来引导经济主体对海洋资源进行选择性开发与利用，在保证海洋资源可持续利用的前提下发展海洋经济。其与以往的传统资源开发理念的区别主要表现在以下几个方面。

一　坚持可持续发展的海洋资源观，同步进行海洋开发与海洋保护

随着"可持续""跨期""代际公平"等视角和理念深入人心，在经济全球化的大环境下，世界各国对资源的抢夺战愈演愈烈，而在陆路资源日渐枯竭的情况下，海洋已逐步成为资源战争的主战场。因此，各国应对世界范围内日益严峻的资源危机所秉持的资源观，已然成为指导各国海洋经济发展战略选择与制定的理论依据。

而随着沿海地区经济的高速增长以及对海洋开发广度与深度的不断拓展，传统与粗放型的海洋经济发展方式导致的海洋资源消耗强度大、废弃排放物多、海洋生态环境负荷过载等问题也越来越严重，海洋经济及其与

资源环境、社会发展之间不相协调等问题日益影响到海洋经济的健康持续发展，直接或间接扰乱了海洋经济乃至国民经济正常的发展秩序。产生这些问题的最主要原因在于我们在海洋开发过程中只重视海洋的资源功能，而忽视了海洋的生态和环境功能，缺乏对海洋资源开发的科学规划，从而导致海洋开发活动和海洋经济发展与海洋实际功能的错位。因此，在进行海洋资源的开发与利用、获得丰厚的资源利益的过程中，绝不能以牺牲海洋资源、破坏海洋生态环境为代价，必须坚持可持续发展的海洋资源观，遵循海洋自然生态规律，注重海洋开发与海洋保护并行，对海洋资源与环境进行重新培植，以争取海洋生态、经济、社会效益的统一。

二 重视海洋资源的永续性，提升海洋资源的内涵价值

包括可再生资源在内，任何资源都不是可任人类毫无顾忌、永无止境地无序开发下去的，因此，在海洋资源的开发过程中，一定要重视海洋资源的永续性，注重海洋资源开发与海洋生态环境保护的协调性，努力使海洋资源尤其是海洋矿产资源、海洋土地资源、海洋空间资源等海洋非再生性资源保持一定的储量，以实现海洋资源的可持续利用。一方面，可以技术手段为切入点，从提高中国海洋资源开发的技术创新水平、提升海洋资源的开发效率入手，不断促进海洋科技成果向生产力的转化；另一方面，还需注重海洋资源利用的集约性，改善海洋资源周边环境，提高海洋服务业产业化效率，进而提升海洋资源的内涵价值。

三 完善海洋资源综合管理体制，健全海洋资源开发利用法律法规

目前中国海洋资源的管理模式基本遵从陆域自然资源开发与管理的习惯，根据资源的属性，按照行业进行分类管理。而这种行业管理体制本身就存在许多问题，各部门出于利益竞争的需要，惯于从自身利益出发进行资源的开发规划，彼此之间很难做到协调发展，难以顾及国家的长远发展和整体效益。这种管理模式根本无法适应海洋资源与海洋生态环境的协调有序发展。

一直以来中国关于海洋资源开发与管理的相关制度都不够健全和完

善，由陆域资源管理习惯衍生出的海洋管理模式难以适应海洋资源与海洋生态环境的协调有序发展，致使部分海域、海岛开发秩序混乱、用海矛盾突出，相关部门对海洋资源开发利用的无偿、无序、无度现象难以作为。因此要对海洋资源进行可持续的开发与利用，就需从海洋资源的经济管理手段入手，完善海洋资源综合管理体制，健全海洋资源开发利用的相关法律法规。一方面，国家应从海洋经济发展的全局出发，强化宏观调控的职能，树立海洋资源开发管理的全局观念，引导地方政府及相关海洋管理机构加强对各部门的利益协调工作，依法治海、科学管海，有效解决海洋资源开发过程中的各种矛盾与冲突；另一方面，要制定科学的海洋地缘战略，明晰海洋生物资源的权属与集约管理，进而维护并拓展海洋权益，有效保护中国的海洋国土，谋求全面的海洋地缘优势。

四 合理规划海洋资源开发战略，推动绿色化海洋资源利用进程

海洋资源种类的多样性、应用范围的广泛性决定了人们在开发利用海洋资源的过程中必然面临很多的选择。但陆域自然资源的开发经验又告诉我们，走这种粗放式的资源开发路线是不可行的。中国的海洋资源丰富，但目前在海洋资源的利用上主要还是以耗竭性的不可再生海洋资源为主，这势必会带来海洋资源浪费、海洋生态环境恶化等外部性问题。因此，我们必须以可持续发展的资源观为导向，对海洋资源的开发和利用进行合理规划，建立以可再生的海洋资源为主的能源开发战略机制。

一般来说，绿色海洋资源主要包括海洋植物、动物、微生物等海洋可再生资源，以及海洋海水资源、海洋能源资源、海洋旅游资源、海洋化学资源等不可再生能源中的非耗竭性海洋资源。中国目前对绿色海洋资源的利用程度仍然不高，原因一方面在于我们当前的海洋科技发展水平不能满足对一些绿色海洋资源的开发需要，另一方面也在于中国对绿色海洋资源的重视度不够，对海洋资源的开发利用缺乏科学而合理的规划。另外，对这些绿色资源进行研究可发现，如海水温差能、潮汐能、波浪能、盐差能和海流能等海洋能源资源，以及海洋海水资源、海洋空间资源等绿色海洋资源，大多用于代表海洋经济未来发展方向的海洋新兴产业，尤其是战略

性海洋新兴产业。因此，我们必须将绿色海洋资源的开发利用与中国海洋产业的发展规划相结合，在进行合理的产业结构升级的过程中，有计划、有目的地进行海洋资源的开发，进而推动绿色化海洋资源利用进程。

第二节　中国海洋经济可持续发展的生态环境保护机制设计

一　完善海洋生态环境管理体制，实现海洋环境良性循环

随着中国海洋经济地位的攀升，海洋生态环境保护问题已经逐渐为人们所重视，但目前中国海洋生态环境管理体制存在着诸多弊端，严重制约了中国海洋生态环境的良性循环。其一，目前中国所实行的海陆环保体系彼此独立，互不相干；其二，海洋生态环境保护涉及的范围比较广，中国海洋环境管理部门杂而不精。受管理权限以及利益之争的影响，各管理部门分别在各自的领域开展针对海洋环境的管理工作，彼此缺乏合作和交流，这不仅造成了管理资源的浪费，而且引发了各类管理矛盾。因此，新形势下的海洋环境保护工作必须从改革海洋生态环境管理体制入手。

第一，要确立治海先治陆、海陆联动的治理观念。目前中国的海洋环境问题绝大多数是陆域污染带来的，所以必须先切断陆域污染的源头，切实有效地实现海洋环境的净化。而在对陆地环境进行治理的同时不能忽视对海洋环境的保护，必须实行海陆联动的治理模式，建立海陆联动的环境执法体系。第二，应由国家海洋行政主管部门负责，统筹规划，构建一个符合中国陆海环境和经济发展需要的海洋环境管理网络。将全国陆海领域所有从事环境保护的机构和个人纳入管理网络，进行统一且有序的管理，争取做到协调互补、资源共享，以实现海洋环境保护的最优配置，保证海洋环境保护工作的健康协调发展。

二　加大海洋保护资金的投入，增强海洋环境保护人才力量

海洋不同于陆地，其特殊的自然条件决定了人们在海洋上从事的任何

活动都需要借助适当的载体，通过特定的手段来进行，而对于比陆地面积更为广阔的海洋来说，对其环境的保护工作自然也比陆地更为艰巨，需要更多人力、物力的支持。鉴于目前中国海洋资源的开发以及海洋环境污染情况，应进一步加大对海洋保护资金的投入，增强海洋环境保护人才力量。

其一，要建立海洋环境保护资金的可持续投入机制。第一，需转变投资机制中政府的主导地位，强调政府的引导和监督功能，健全监管机制，明确政府的公益性、非营利性的投资范围；第二，建立以市场为主导的社会化、多元化投资机制，重构投资体系政策，重塑公平、合理的投资环境，完善海洋环境保护的税收激励机制；第三，积极拓宽海洋环境保护的资金融通渠道，规范海洋环境保护的投融资信贷机制，降低投资者准入门槛，鼓励民间资本向海洋环境保护领域流入。其二，要加强海洋环境保护人才培养机制建设。一方面，需针对目前中国海洋环境现状，根据所涉及的海洋环境管理、海洋环境规划、海洋环境法律、生态、物理、化学等专业比例情况，合理整合、构建海洋环境保护专业化队伍；另一方面，需强化涉海教育，建立有效的人才培养机制和积极的人才引进机制，通过自我培养和外部引进两种方式，提高海洋人才素质，为海洋环境保护领域输送合格人才，稳定海洋环境保护工作队伍。

三　健全海洋环境保护法律法规体系，提高全社会海洋保护意识

海洋环境的有效保护，一方面有赖于健全的海洋法规和严格的执法管理，另一方面有赖于全社会公众的积极有效参与。但受由来已久的历史观念的影响，中国人民的海洋意识一直比较淡薄，对海洋环境的保护观念更是没有从根本上形成。此外，中国关于海洋生态环境保护方面的法律法规的建立明显滞后于其他海洋活动领域，海洋生态环境保护法律法规体系还不够健全，这严重影响着海洋环境保护工作的正常有序开展和规范化管理。因此，我们必须尽快健全海洋环境保护法律法规体系，提高全社会的海洋保护意识。

第一，要加强与海洋环境保护相关的法制建设，完善海洋环境保护工作规章制度，健全海洋环境保护法律法规体系。在海洋环境立法方面，要

加强包括海洋环境保护工作人员考核与上岗制度、海洋环境保护机构的资质认证制度、海洋排污权交易制度、海洋环境保护的有偿服务等规章制度的建立和健全工作；在海洋环境执法方面，应尽快完善海洋环境保护执法体制，增强行政执法意识，提高行政执法人员的素质，加大对海洋环境保护执法活动的监督力度。由此，用法律法规来约束参与海洋环境保护管理工作的每一个机构和个人，使海洋环境保护工作取得法治化、规范化的进展。

第二，要提高全社会的海洋保护意识。一方面，可从海洋科学知识的普及入手，让公众更多地了解海洋资源以及海洋生态环境保护的重要性，进而增强全体社会的海洋保护意识；另一方面，可充分发挥媒体以及海洋科学教育机构、各种海洋协会的作用，加大海洋环境保护以及相关法律法规的宣传力度，创造全民参与的海洋环境保护文化。

第三节　中国海洋经济可持续发展的科技创新机制设计

一　加强海洋科技基础研究，培养自主创新能力的科技创新

目前，中国的海洋科技总体水平还不高，海洋技术发展滞后，不能满足海洋科学研究快速发展的需要，与发达海洋强国之间仍存在很大差距。其原因主要有两大方面。一方面，中国的科技基础条件差，海洋基础研究能力尚显不足，有待提高，这是造成海洋科技发展整体水平不能满足海洋经济发展的需要的根本原因。目前中国大多数基础性研究项目属短期项目，缺乏长期性和连续性的基础性海洋科技研究，这引发了海洋科技研究项目的应用性较差、研究成果储备不足、成熟度低等问题。另一方面，中国海洋科学技术的自主化程度不高，尤其是在海洋开发的关键核心技术以及深海技术研发方面，自主创新能力可谓很低，相关科学研究尚处于盲目跟从国外技术的阶段。科技创新能力不足严重束缚整个海洋科技的进步，制约海洋经济的发展，阻碍全国海洋战略的实施。因此，我们必须从完善

海洋科技基础条件、加强海洋科技基础研究、培养海洋科技的自主创新力入手，大力提高整个海洋科技的总体水平。

第一，应在加强海洋科技基础设施建设的同时，积极推进海洋科学研究试验基地的建设；此外，要加快海洋科学数据公共服务平台建设，实现全面的、多层次的海洋信息资源共享与服务；要加强科技研发和标准制度的结合，推进具有自主知识产权的海洋技术标准的研究和制定，进一步完善海洋行业标准体系。

第二，要以深化近海研究为重点，将研究视角逐步拓展到深海、大洋、全球海域范围，提高国际海域与极地考察的国际竞争能力；在加大前沿性和探索性较强的研究力度的同时，更要注重各个海洋科学分支学科间的均衡协调发展；围绕国家战略需求，加强对重大科学问题的突破性研究，积极推进中国"数字海洋"建设。

第三，需要将海洋基础理论研究与应用研究相结合，高起点、高水平地开展自主创新研究，提高海洋科技的自主创新能力。加强近海、重点海域的资源、环境的常态化调查和观测，综合协调国家海洋调查活动，提高深远海和极区的调查探测能力，不断加大海洋科技的自主创新能力的培养力度，提高对海洋的整体认知和预测能力。

二　健全海洋高新技术产业体系，培育战略性海洋新兴产业

现代海洋科学研究需要高精尖技术的支撑，目前中国海洋科学研究与世界海洋技术发达国家之间的差距在逐渐缩小，但中国的海洋科技产业，尤其是高新技术产业还未形成完善的体系，这致使海洋科技成果的转化以及技术收益的获取不能形成良性的循环。发展以海洋环境技术、资源勘探开发技术、海洋通用工程技术为主的海洋高新技术，健全海洋高新技术产业体系，促进海洋资源的高效、持续利用是中国海洋科技可持续发展的重要步骤。而与此同时，培育具有知识技术密集、物质资源消耗少、成长潜力大、综合效益好等特征的战略性海洋新兴产业更是建设海洋科技强国的必然选择。

海洋科技产业化的实质是实现海洋科技的产业化和商品化，将海洋科

技成果转化为生产力，以体现科技成果的社会效益和经济效益的过程。其过程可概括为海洋技术的开发（基础研究和应用研究）—试验生产—海洋技术扩散—商品化生产四大步骤。而要完善海洋科技产业体系，就需要从四个步骤入手，逐步制定战略措施。① 第一，需推动以海洋监测技术、海洋生物技术、海洋矿产资源勘探开发和海水利用技术等为代表的海洋高新技术发展项目；第二，需围绕中国海洋经济发展方式转变和结构调整的重大需求，以海洋生物资源、海水资源、可再生能源、油气资源、战略性资源为重点，在海洋工程及装备技术、海洋油气资源勘探开发技术、海洋可再生能源开发与利用技术、海水资源综合开发利用技术、海洋生物资源开发与高效综合利用技术等与战略性海洋新兴产业相关的科技项目的核心技术上取得重大突破，推进海洋开发技术由浅海向深远海的战略拓展，提升工程装备制造技术水平和产业化能力；第三，需组织跨领域、跨学科、跨国别的海洋技术联合工作机制，大力完善技术开发、试验生产、技术扩散，尤其是技术商品化生产这四大程序的相应体制机制建设。

三 加大海洋科技投入力度，培养海洋科技人才

中国海洋科技研究起步相对于发达国家来说比较晚，而且长期以来对海洋科技方面的投入严重不足，海洋科技相关人才更是极度匮乏，这严重限制了中国科技的发展和相关研究成果的转化。而随着世界海洋科技竞争的日渐激烈，以及中国综合经济实力的提升，加大海洋科技投入力度，培养海洋科技人才已经迫在眉睫。其一，在海洋科技人才的培养方面，要从加强海洋科技知识的普及入手，逐步深化海洋高等教育改革，进而强化海洋重点学科的人才建设。其二，在加大对海洋科技投入的具体策略方面，要实行多元化、多渠道的调控机制。一方面，政府要加强宏观调控力度，合理配置和引导政府财政资金，构建一个包括政府、企业、民间、外资等主体的海洋科技投入体系，引导社会资本合理、有效地投向海洋科技创新

---

① 部分建议参考国家海洋局制定的《国家"十二五"海洋科学和技术发展规划纲要》内容，但此规划纲要除部分领域展望到 2020 年外，规划期仅为 2011—2015 年，存在一定局限性。

项目；另一方面，可通过完善相应金融及保险机制，建立海洋开发研究专项资金，扩大海洋高新技术产业商贷规模，引导创投、风投基金以及民间资本对海洋新兴产业投资，通过设立高技术产业保险险种等手段对海洋科技的发展给予制度上的支持。

四　推进技术创新，提高产业科技含量

人类社会对陆地资源的利用经验告诉我们，海洋产业不能再重复陆地工业的低层次发展，应该走更重质量的集约型发展道路，而海洋产业高投入、高技术的特征决定着技术创新对提高整个海洋产业的科技附加值乃至效率水平的重要性，这势必对整个产业的科技水平提出更高的要求。海洋产业科技水平的提高可从宏观和微观两个层次入手。一方面，对于涉海企业来说，应注重提高企业的创新管理能力，加大 R&D 投资力度，引进海洋高新管理人才；另一方面，必须注重海洋科技市场的培育以及对海洋高科技产业发展的制度支持，加大对海洋的科技投入和资金投入，通过政策性的指引诱导产业的投资方向，从而促进整个产业的科技创新和进步。

第四节　中国海洋经济可持续发展的国际
合作机制设计

由于海洋经济具有强于陆域经济的国际性特征，中国若要发展海洋经济、建设海洋强国就必须实施"走出去"的外向型经济战略，必须积极参与各种国际交流与合作，将自己投入国际经济大循环，进而提高海洋国际地位。而海洋国际合作战略的设计应从以下几方面入手。

一　在积极维护国家海洋权益的基础上，广泛开展海洋国际合作

随着国际经济政治形势及国际海洋事务、海洋环境的变化，世界各国对自己国家管辖海域外权益的争夺变得越来越激烈。中国也不例外，我们

与其他沿海国家，尤其是与海洋邻国有关海洋权益的竞争形势也日渐严峻，这势必对中国参与当下的海洋国际合作产生严峻的挑战。所以，我们在进行具体的海洋国际事务合作时，务必将海洋的维权维稳工作放在第一位，科学处理海洋竞争与海洋合作的关系，树立正确的海洋维权和海洋国际合作的大局观和全局观。在与包括美国、俄罗斯、日本、印度及欧盟国家在内的海洋强国的海洋合作和竞争中，应以"沟通并合作"为主；在处理与朝鲜、韩国、日本等同中国在海上接壤的国家的海权纠纷时，应秉承邓小平同志提出的"主权属我，搁置争议，共同开发"的主张，积极争取海上合作，尽量以和平的方式解决问题；对于如南北极公海领域等中国海域外的海洋资源区的争夺，我们应按照"扩大合作范围，建立利益共同体"的原则进行竞争合作。与此同时，我们还需进一步拓宽中国海洋对外交流与合作的领域，使中国海洋国际合作走得更远些、脚步迈得更大些，从而提升海洋维权与国际合作的各项能力。

二 创新海洋国际合作方式，提升海洋业务发展成效

目前中国参与的海洋国际合作项目多样，所涉及的领域也越来越广，这些海洋国家合作事务为中国的海洋经济发展提供了一定的财力、物力和智力支持。在未来的海洋国际合作中，我们应进一步创新海洋国际合作方式，以努力提升由此带来的海洋业务发展成效。首先，我们需以提高中国海洋国际地位、争取在海洋界的话语权为重点，进一步探索新的海洋国际合作方式，开拓新的海洋国际合作交流领域。在进行海洋国际合作中，逐步提高国内涉海企业的生产水平，提高海洋产品的国际竞争力，优先占领国际海洋市场。其次，我们需结合中国海洋科技发展与海洋产业发展实践，进一步加强海洋高新技术产业的国际合作，优化海洋产业结构，并通过对外海洋科技交流与合作，引进先进的海洋技术设备，学习国际先进的海洋管理经验，获取国际海洋信息和资料，从而弥补中国海洋科技与管理方面的不足。最后，在进行国际海洋合作过程中，我们还需大力夯实国际合作支撑平台，深度拓展海洋发展空间，加强海洋生态环境保护与海洋资源有序开发的国际合作，努力壮大国际化专业队伍。要注重实效且要不断

开拓创新，有选择、有侧重、有步骤地进行区域性和全球性国际海洋合作；要注重我们自己的比较优势，争取在有传统优势的海洋领域创造性地提出区域性或全球性海洋合作新主题；要注重海洋人才的培养，努力将中国自己的海洋科学家推上有话语权的世界平台，并借着海洋国际合作的机会积极引进有能力的海洋人才，为我所用。

三　健全海洋国际合作机制，完善相关法律法规

目前中国对外进行海洋合作的范围越来越广，相应的配套设施尤其是对外国际合作的软环境建设必须跟上，这就需要我们从海洋国际合作机制及相关法律法规两大方面入手来提高海洋国际合作的软实力。首先，海洋国际合作领域的涉及面非常广，但合作的立足点无外乎海洋资源开发利用、海洋环境保护合作、海洋科学技术、海洋经济管理四方面基本内容，因此我们应从这四点入手，本着努力拓宽合作渠道、提高海洋经济实力的原则，发挥国家的宏观调控职能和地方政府的监督管理职能，建立健全海洋国际合作机制，尽可能细化并完善各项涉外海洋相关法律法规。其次，在进行海洋国际合作的过程中，我们不仅要吸引大量的国外资金支持，而且要引进国外宝贵的海洋发展经验、先进的科学技术及配套设施，以及优秀的海洋科技及管理人才等。因此我们必须制定必要且完善的合作机制，有计划、有步骤、有目标地对外开放，"走出去"的同时一定要"引进来"。充分发挥主要国际及区域组织和非政府组织在海洋经济合作中的重要作用，发挥其为我所用的巨大潜力，努力突破当前海洋经济发展过程中的资金、技术、管理瓶颈，努力实现海洋科技的产业化发展，提升海洋产业科技水平。最后，我们开展海洋对外合作的前提是，我们有为人所用的资本。因此我们在进行海洋国际合作战略设计时，必须以提升自己的海洋经济实力、保证在国际交换中的比较优势为基本准则。一方面，我们需加强国家宏观调控的职能意识，将海洋国际合作战略与全国海洋经济发展战略相结合，按照沿海区域、海洋发展领域分阶段、分层次、有计划地进行开发与合作；另一方面，还需进一步加强对外合作的宣传力度，制定对涉海外商投资的优惠政策，拓宽对外合作的领域和范围，同时要强化国内海

洋部门的规范及监督职能，规范外商的行为。

第五节　中国海洋经济可持续发展的制度
创新机制设计

一个国家或地区的经济发展模式是否合理取决于其发展过程中资源的利用效率、环境的友好程度和可持续发展潜力。因此，我们可以也必须通过合理的制度设计、制定科学的海洋发展战略和规划，明确海洋经济发展的政策与思路，以发展中国海洋经济，提高中国的综合竞争优势，跻身于世界海洋强国之林。

一　建立以提高海洋经济可持续发展能力为根本的海洋正式规则体系

以法律法规为主要内容的海洋正式规则，是海洋经济制度的重要内容，也是目前各国实施海洋综合管理的主要手段，主要指的是国家司法机构正式颁布的与海洋事务相关的各种法律法规，以及各种海洋管理机构制定和实施的各种具有法律性质与法律效力的规范。这种方法的特点是具有权威性、强制性、规范性、稳定性。目前中国已经出台了多个有关海洋资源保护、海洋环境保护、海域使用等的法律法规，但海洋经济可持续发展的法律体系还不够健全、有待完善。

首先，中国海洋法律法规体系的设计应以提高海洋的可持续发展能力为立法的根本。相关司法机构必须加紧调查目前海洋发展各领域中的法律空白，以及相关配套条例和实施办法，及时出台符合中国海洋发展实际的法律法规，建立以经济建设为中心，提高整个海域可持续发展能力的综合性海洋法律法规体系。

其次，中国海洋法律法规体系的设计应将法律的实用性作为立法的主要目的。针对目前现有的法律法规适用性差、操作性不强的问题，相关司法机关应专门成立负责调研的团队，及时针对涉海法律的实施状况进行具体调研，就具体情况及时出台各式修订方案并提交审议，以提高法律法规的适用性。就目前来看，除了前文提到的海洋资源开发利用、海洋环境保护、海洋国际合作相关法律法规亟须建立或完善外，目前中国的涉海金融立法、涉海财税立法、海洋环境保护法律法规、海洋生态补偿与海洋排污权交易制度、海洋环境产权制度等方面的法律法规也存在着许多问题，亟待相关部门出面解决。

再次，中国海洋法律法规体系的设计必须将执法的监管机制置于其中。就中国目前海洋执法的现状而言，必须加大对海洋执法的监管力度，建立健全海洋执法的监督机制。一方面，海洋经济可持续发展的法律法规体系应以经济学中的契约理论和组织理论为基础理论，通过建立健全海洋执法的监督机制来降低产权制度和政府规制过程中产生的高额交易费用，使海洋法律法规成为中国实现经济可持续发展的有效保障；另一方面，相关部门可通过增设海洋监管岗位、加大违法惩治力度等各种科学且有效的监管方法来加大海洋执法的监管力度，提高海洋执法成效。

最后，中国海洋法律法规体系的设计必须以人为本。必须加强海洋涉法人才的建设，重视涉海法律人才的培养和培训。一方面，从短期效应来看，需加强对当前涉海执法人员的素质培训，完善涉海执法人员的用工机制和绩效考核机制，在岗位竞聘中引入竞争机制，以提高海洋执法人员的执法意识；另一方面，从长期效应来看，需从基础教育入手，注重高等院校海洋涉法专业的设置，通过细化海洋涉法课程等方式，构建完善的海洋涉法人才培养机制，为海洋执法领域不断输送人才。

二　建立以提高海洋人才素质为重点的海洋非正式规则体系

中国海洋经济制度体系的设计必须以资源运用的代际协调和公平性为基本理念，尊重海洋经济体系的异质性和结构性，充分考虑政府、涉海生产者、涉海消费者等各方利益。在利用海洋经济系统的动态演进规律的基础上，将国内外经济、政治、社会、环境等因素置于整个非正式规则体系的范畴内，以全面提高海洋经济效率、优化海洋环境质量、在可持续发展的基础上有效配置海洋资源为最终目标。

首先，增强国民的海洋意识，培养正确的海洋观。一直以来，受种种因素的影响，中国人的海洋意识普遍比较淡薄，海洋观念不强，因此，对海洋科技知识的普及工作就显得至关重要。对于海洋人才的培养，要从加强海洋知识的普及入手。一方面，需在各级各类学校、社区广泛开展海洋教育，逐步深化海洋高等教育改革，进而强化海洋重点学科的人才建设；另一方面，各地区可通过各种途径建设包括海洋自然博物馆、科普馆在内的各种形式的海洋科普教育基地，加强对海洋知识的宣传教育工作，提高全民海洋意识。

其次，普及海洋知识教育，建立健全海洋教育机制。应逐步深化海洋高等教育改革，培养海洋科技人才，建立以增强全民海洋意识、提高海洋人才素质为重点的海洋教育机制。对于普通高等院校，可增设与海洋科技知识相关的专业课程，注重基础课程与海洋经济可持续发展需求的结合，提高大学生的基本海洋知识水平；对于涉海院校，应注重海洋环境、海洋科技、海洋管理等涉海专业的设置，以及涉海专业课程的选择，提高海洋科学知识的教育水平，从而培养高层次的创新型海洋科技人才；对于中小学以及社区的海洋教育，则重在强化中小学生及居民对海洋的了解和保护意识，力争做到涉海教育从孩子抓起、从普通民众抓起。

最后，珍视海洋人才，注重高精尖人才的培养与引进。对于海洋重点学科的人才建设，可通过自我培养与外部引进两种方式进行。一方面，可重点依托大学科技园、海洋高技术产业基地、科技兴海基地等机构，加大资金投入力度，努力培养具有科技献身精神、德才兼备、素质优良的科技创新人才；另一方面，需进一步完善包括外来人才引进机制在内的有利于创新人才涌现的政策环境，并逐步优化海洋科技人才队伍布局，从而加强战略性海洋新兴产业领域的创新团队建设。

三 建立以政府规制为主体的海洋制度实施机制

由于中国的海洋制度建设常落后于海洋发展的实践，完全依靠制度来进行海洋管理工作是不可行的。我们必须建立完善的海洋管理实施机制，积极弥补海洋法律法规方面的不足，以保证正式和非正式规则的实施，促进海洋管理工作的有序进行。而按照新制度经济学的理论，产权制度、政府规制、经济组织制度是经济制度的核心内容，因此对海洋制度实施机制的设计应从以下三方面入手。

首先，破除国有垄断局面，推进体制创新改革。一般情况下，对于国有股"一股独大"的企业来说，股权的过度集中在一定程度上制约公司治理的民主化，进而影响公司的经营效率。由于目前中国海洋经济的垄断主要是国有海洋企业的体制性垄断，这种垄断的局面并不利于海洋产业向更高层次的发展，是其处于边际收益递减、规模不经济状态的主要原因。另外，对于企业而言，无创新就无剩余价值、超额利润可言，但以垄断为特征的国有控股涉海企业，由于体制因素的影响，其技术创新动力完全被压制，造成资源配置的无效。因此，若要改变这种状态，应引入适当、有效的竞争，明晰产权归属，从产业体制和政策方面对海洋产业做出改变和调整。

一方面，应积极推进海洋产权制度的国企改革，降低国有化的垄断成分，分散公司股权，进一步发挥以盈利为目的的中小股东的主观能动性，提高公司的经营管理水平，改变盲目地扩大公司经营规模、加大公司经营成本的现状，进而提高公司规模效率；另一方面，应建立符合市场和经济发展规律的现代企业制度，提高涉海企业尤其是国有控股企业的技术创新动力及管理水平，进而降低各类管理成本，提高纯技术效率及资源的利用效率；此外，针对股权过于集中、国有成分过大、规模收益递减的国有涉海企业的经营现状，在逐步缩小国有企业投资规模的同时，要积极出台针对涉海民营企业的倾斜政策，尽快降低海洋产业的制度与行政性进入壁垒，鼓励民间资本的进入。

其次，转变政府职能，放松政府管制。由于海洋行政管理的主体是政府行政机构，因此，与中国海洋经济可持续发展相配套的制度体系必须以政府为主体，并将经济社会中的各领域囊括至整个体系内。根据哈佛学派贝恩的 SCP 范式理论，进入壁垒通过市场结构影响着市场的绩效。而以管制性进入壁垒为主的中国海洋市场是一个竞争不足的寡占市场，政府管制是造成其体制性垄断和无效市场竞争的根源。因此，要提高整个海洋经济的效率，必须从进入壁垒入手，打破政府管制的局面，完善市场机制，积极促进有效竞争的产生，让市场的力量来调配资源，从而实现资源的有效配置。

一方面，必须通过合理的制度安排，充分调动生产者、消费者、政府监管部门等社会各方面的积极性、创造性来发展海洋经济，最终提升以可持续发展为衡量标准的海洋综合竞争实力；另一方面，政府还必须进一步转变职能，强化其生态责任和绿色职能，增强政府的宏观管理、协调、监督和服务职能。此外，还需通过制定科学的、符合生态规律的海洋资源开发战略、海洋科技发展战略和海洋经济管理措施，提高政府对海洋环境保护的宏观调控能力，进而推动海洋环境与海洋经济的协调发展。

最后，转变海洋经济增长方式，积极有序推进经济组织制度创新。一直以来，以第二产业发展为主的中国陆域经济发展模式，对海洋经济的发展产生一定的影响。历史上形成的"重工业过重、轻工业过轻"的结构性矛盾一直没有得到合理解决，长期发展下去难免出现问题。因此，必须转变海洋经济增长方式，积极有序推进经济组织制度创新。

一方面，中国海洋经济组织制度的设计，必须以资源运用的代际协调和公平性为基本理念，在尊重海洋经济体系的异质性和结构性，充分考虑包括政府、涉海生产者、涉海消费者等在内的各方利益以及国内外经济、政治、社会、环境等因素的基础上，利用海洋经济系统的动态演进规律，全面实现经济效果、环境质量的整体优化和海洋资源持续性的有效配置；另一方面，中国海洋经济组织制度的设计应以提高海洋经济发展水平为中心，以使海洋经济发展战略成为中国实现经济可持续发展的有效保障为总体目标。此外，中国海洋经济组织制度的设计必须以政府为主体，以涉及范畴囊括经济社会各领域为目标。必须通过合理的制度安排，充分调动生产者、消费者、政府监管部门等社会各方面的积极性、创造性，以发展海洋经济，最终提升以可持续发展为衡量标准的海洋综合竞争实力。

参考文献

[1] 《马克思恩格斯选集》第 1 卷，人民出版社，1995。

[2] 《马克思恩格斯选集》第 4 卷，人民出版社，1995。

[3] 《马克思恩格斯全集》第 3 卷，人民出版社，2002。

[4] 《马克思恩格斯全集》第 20 卷，人民出版社，1971。

[5] 《马克思恩格斯全集》第 13 卷，人民出版社，1962。

[6] 《马克思恩格斯全集》第 23 卷，人民出版社，1972。

[7] 《资本论》第 1 卷，人民出版社，1975。

[8] 《资本论》第 3 卷，人民出版社，1975。

[9] 《1848 年经济学哲学手稿》，人民出版社，2000。

[10] 诺思：《经济史中的结构与变迁》，陈郁等译，上海三联书店、上海人民出版社，1994。

[11] 诺思：《制度、制度变迁与经济绩效》，刘守英译，上海三联书店，1994。

[12] 凡勃伦：《有闲阶级论》，商务印书馆，1997。

[13] 康芒斯：《制度经济学》（上册），于树生译，商务印书馆，1962。

[14] 科斯、阿尔钦、诺思等：《财产权利与制度变迁》，上海三联书店，1994。

[15] 阿姆斯特朗、赖纳：《美国海洋管理》，林宝法、郭家梁、吴润华译，海洋出版社，1986。

[16] 鲍基斯：《海洋管理与联合国》，海洋出版社，1996。

[17] 赫尔曼·戴利等：《珍惜地球——经济学、生态学、伦理学》，马杰等译，商务印书馆，2001。

[18] 福斯特：《生态危机与资本主义》，耿建新译，上海译文出版社，2006。

［19］平狄克、鲁宾费尔德：《微观经济学》（第四版），中国人民大学出版社，2000。

［20］黑格尔：《历史哲学》，商务印书馆，1989。

［21］丹尼斯·米都斯等：《增长的极限——罗马俱乐部关于人类困境的报告》，李宝恒译，吉林人民出版社，1997。

［22］芭芭拉·沃德、勒内·杜博斯：《只有一个地球——对一个小小行星的关怀和维护》，《国外公害丛书》编委会译，吉林人民出版社，1997。

［23］吉野作造：《明治文化集》第2卷，日本评论社，1928。

［24］世界环境与发展委员会：《我们共同的未来》，王之佳、柯金良译，吉林人民出版社，1997。

［25］马尔库塞：《单向度的人》，张峰等译，重庆出版社，1993。

［26］马汉：《海权对历史的影响（1660—1783）》，安常容等译，中国人民解放军出版社，2006。

［27］詹姆斯·奥康纳：《自然的理由：生态学马克思主义研究》，唐正东、臧佩洪译，南京大学出版社，2003。

［28］《孙中山全集》第2卷，中华书局，1956。

［29］中国海洋年鉴编纂委员会：《中国海洋年鉴》，海洋出版社，1999—2015。

［30］国家海洋局：《中国海洋统计年鉴》，海洋出版社，1999—2015。

［31］蒋铁民：《中国海洋区域经济研究》，海洋出版社，1990。

［32］杨金森：《中国海洋开发战略》，华中理工大学出版社，1990。

［33］杜大昌编著《海洋环境保护与国际法》，海洋出版社，1990。

［34］张宇燕：《经济发展与制度选择》，中国人民大学出版社，1993。

［35］卢现祥：《西方新制度经济学》，中国发展出版社，1996。

［36］鹿守本：《海洋管理通论》，海洋出版社，1997。

［37］张德贤：《海洋经济可持续发展理论研究》，中国海洋大学出版社，2000。

［38］万以诚、万岍选：《新文明的路标——人类绿色运动史上的经典文献》，吉林人民出版社，2000。

［39］管华诗、王曙光：《海洋管理概论》，中国海洋大学出版社，2003。

［40］徐质斌、牛福增：《海洋经济学教程》，经济科学出版社，2003。

［41］孙斌、徐质斌：《海洋经济学》，山东教育出版社，2004。

［42］袁庆民：《新制度经济学》，中国发展出版社，2005。

［43］褚金同：《海洋能资源开发利用》，化学出版社，2005。

［44］徐质斌：《中国海洋经济发展战略研究》，广东经济出版社，2007。

［45］徐胜：《海洋经济绿色核算研究》，经济科学出版社，2007。

［46］李珠江、朱坚真：《21 世纪中国海洋经济发展战略》，经济科学出版社，2007。

［47］封志明：《资源科学导论》，科学出版社，2007。

［48］王琪等：《海洋管理从理念到制度》，海洋出版社，2007。

［49］纪建悦、林则夫：《环渤海地区海洋经济发展的支柱产业研究》，经济科学出版社，2007。

［50］曾文婷：《生态学马克思主义研究》，重庆出版社，2008。

［51］刘容子、吴姗姗：《环渤海地区海洋资源对经济发展的承载能力研究》，科学出版社，2009。

［52］帅学明、朱坚真：《海洋综合管理概论》，经济科学出版社，2009。

［53］韩增林、王泽宇：《海洋循环经济发展模式与布局研究——以辽宁省为例》，辽宁师范大学出版社，2009。

［54］朱坚真：《海洋资源经济学》，经济科学出版社，2010。

［55］朱坚真：《海洋经济学》，高等教育出版社，2010。

［56］中国国家海洋局：《中国海洋发展报告（2011）》，海洋出版社，2011。

［57］中国国家海洋局：《全国海洋功能区划概要》，海洋出版社，2012。

［58］陈可文：《中国海洋经济学》，海洋出版社，2003。

［59］章道真：《收回渔业贷款的几种做法》，《中国金融》1955 年第 15 期。

［60］张达广：《新中国海运地理十年》，《陕西师范大学学报》1960 年第 1 期。

［61］陈汉欣、林幸青：《我国港口布局原则的初步探讨》，《中山大学学报》1960 年第 3 期。

［62］广东省湛江专署水产局：《关于海洋捕捞渔业社队经营管理的几个问题的探讨》，《中国水产》1964 年第 8 期。

［63］钟海运：《国外主要港口对"C&F"和"CIF"价格条件的解释和运

用》，《国际贸易问题》1975 年第 2 期。

[64] 孙凤山：《海洋经济学的研究对象、任务和方法》，《海洋开发》1985
年第 3 期。

[65] 权锡鉴：《海洋经济学初探》，《东岳论丛》1986 年第 4 期。

[66] 张耀光：《海洋经济地理研究与其在我国的进展》，《经济地理》
1988 年第 2 期。

[67] 杨金森：《海洋资源的战略地位》，《海洋与海岸带开发》1991 年第 3
期。

[68] 吴克勤：《海洋资源经济学及其发展》，《海洋信息》1994 年第 2 期。

[69] 余修斌、任若恩：《全要素生产率、技术效率、技术进步之间的关系
及测算》，《北京航空航天大学学报》2000 年第 2 期。

[70] 陈万灵：《海洋经济学理论体系的探讨》，《海洋开发与管理》2001
年第 3 期。

[71] 张耀光、崔立军：《辽宁区域海洋经济布局机理与可持续发展》，《地
理研究》2001 年第 3 期。

[72] 安筱鹏、韩增林、杨荫凯：《国际集装箱枢纽港的形成演化机理与发
展模式研究》，《地理研究》2002 年第 4 期。

[73] 韩增林、刘桂春：《海洋经济可持续发展的定量化研究》，《地域研究
与开发》2003 年第 3 期。

[74] 刘芍佳、孙霈、刘乃全：《终极产权论、股权结构及公司效率》，《经
济研究》2003 年第 4 期。

[75] 王琪、高中文、何广顺：《关于构建海洋经济学理论体系的设想》，
《海洋开发与管理》2004 年第 1 期。

[76] 高战朝：《英国海洋综合能力建设状况》，《海洋信息》2004 年第
3 期。

[77] 伍业锋、赵明利、施平：《美国海洋政策的最新动向及其对中国的启
示》，《海洋信息》2005 年第 4 期。

[78] 修斌：《日本海洋战略研究的动向》，《日本学刊》2005 年第 2 期。

[79] 刘新华、秦仪：《论中国的海洋观念和海洋政策》，《毛泽东邓小平理

论研究》2005 年第 3 期。

[80] 张景全：《日本的海权观及海洋战略初探》，《当代亚太》2005 年第 5 期。

[81] 韩增林、狄乾斌：《海域承载力的理论与评价方法研究》，《地域研究与开发》2006 年第 1 期。

[82] 姜旭朝、张晓燕：《中国涉海产业类上市公司资本结构与公司绩效实证分析》，《产业经济评论》2006 年第 2 期。

[83] 刘康、姜国建：《海洋产业界定与海洋经济统计分析》，《中国海洋大学学报》（社会科学版）2006 年第 3 期。

[84] 石莉：《美国的新海洋管理体制》，《海洋信息》2006 年第 3 期。

[85] 朱凤岚：《亚太国家的海洋政策及其影响》，《当代亚太》2006 年第 5 期。

[86] 张耀光、刘锴、王圣云：《关于中国海洋经济地域系统时空特征研究》，《地理科学进展》2006 年第 5 期。

[87] 杨虎涛：《两种不同的生态观——马克思生态经济思想与演化经济学稳态经济理论比较》，《武汉大学学报》（哲学社会科学版）2006 年第 6 期。

[88] 孟方：《欧盟新海事政策绿皮书解读》，《中国船检》2006 年第 9 期。

[89] 马涛、任文伟、陈家宽：《上海市发展海洋经济的战略思考》，《海洋开发与管理》2007 年第 1 期。

[90] 于谨凯、李宝星：《我国海洋产业市场绩效评价及改进研究——基于 Rabah Ami 模型、SCP 范式的解释》，《产业经济研究》2007 年第 2 期。

[91] 马志荣：《海洋意识重塑：中国海权迷失的现代思考》，《中国海洋大学学报》（社会科学版）2007 年第 3 期。

[92] 戴桂林、公维晓：《我国海洋经济发展政策》，《中国水运》（学术版）2007 年第 3 期。

[93] 韩立民、都晓岩：《海洋产业布局若干理论问题研究》，《中国海洋大学学报》2007 年第 3 期。

［94］金永明：《日本的海洋立法新动向及对我国的启示》，《法学》2007年第5期。

［95］乔翔：《中西方海洋经济理论研究的比较分析》，《中州学刊》2007年第6期。

［96］张伯玉：《日本通过第一部海洋大法》，《世界知识》2007年第9期。

［97］刘康、霍军：《海岸带承载力影响因素与评估指标体系初探》，《中国海洋大学学报》（社会科学版）2008年第4期。

［98］刘百桥：《中国海洋功能区划体系发展构想》，《海洋开发与管理》2008年第7期。

［99］韩立民、栾秀芝：《海域承载力研究综述》，《海洋开发与管理》2008年第9期。

［100］刘曙光、姜旭朝：《中国海洋经济研究30年：回顾与展望》，《中国工业经济》2008年第11期。

［101］姚伟峰、邱询旻、杨武：《中国企业产权结构对技术效率影响实证研究》，《科学学与科学技术管理》2008年第12期。

［102］朱炳元：《关于〈资本论〉中的生态思想》，《马克思主义研究》2009年第1期。

［103］马彩华、游奎、马伟伟：《海域承载力与海洋生态补偿的关系研究》，《中国渔业经济》2009年第3期。

［104］姜旭朝、张继华、林强：《蓝色经济研究动态》，《山东社会科学》2010年第1期。

［105］刘涛、曹广忠等：《区域产业布局模式识别：指标体系与实证验证》，《地理科学》2010年第2期。

［106］崔力拓：《河北省海域承载力多层次模糊综合评价》，《中国环境管理干部学院学报》2010年第2期。

［107］李志伟、崔力拓：《河北省近海海域承载力评价研究》，《海洋湖沼通报》2010年第4期。

［108］宋国明：《英国海洋资源与产业管理》，《国土资源情报》2010年第4期。

［109］ 万希平：《生态马克思主义的理论价值与当代意义》，《理论探索》
2010 年第 5 期。

［110］ 朱坚真、闫玉科：《海洋经济学研究取向及其下一步》，《改革》
2010 年第 11 期。

［111］ 周秋麟、周通：《国外海洋经济研究进展》，《海洋经济》2011 年第
1 期。

［112］ 王敏旋：《世界海洋经济发达国家发展战略趋势和启示》，《新远
见》2012 年第 3 期。

［113］ 孙康、柴瑞瑞、陈静锋：《基于协同演化模拟的海洋经济可持续发
展路径研究》，《中国人口·资源与环境》2014 年第 S3 期。

［114］ 狄乾斌、韩增林：《海洋经济可持续发展评价指标体系探讨》，《地
域研究与开发》2009 年第 3 期。

［115］ 徐胜、董伟、郭越、宋维玲：《我国海洋经济可持续发展评价指标
体系构建》，《海洋开发与管理》2011 年第 3 期。

［116］ 刘明：《区域海洋经济可持续发展能力评价指标体系的构建》，《经
济与管理》2008 年第 3 期。

［117］ 王双：《我国海洋经济的区域特征分析及其发展对策》，《经济地
理》2012 年第 6 期。

［118］ 狄乾斌、刘欣欣、王萌：《我国海洋产业结构变动对海洋经济增长
贡献的时空差异研究》，《经济地理》2014 年第 10 期。

［119］ 刘明：《中国海洋经济发展潜力分析》，《中国人口·资源与环境》
2010 年第 6 期。

［120］ 陈金良：《我国海洋经济的环境评价指标体系研究》，《中南财经政
法大学学报》2013 年第 1 期。

［121］ 伍业锋：《海洋经济：概念、特征及发展路径》，《产经评论》2010
年第 3 期。

［122］ 韩增林、刘桂春：《海洋经济可持续发展的定量分析》，《地域研究
与开发》2003 年第 3 期。

［123］ 王长征、刘毅：《论中国海洋经济的可持续发展》，《资源科学》

2003 年第 4 期。

[124] 刘岩、李明杰：《21 世纪的日本海洋政策建议》，《中国海洋报》2006 年 4 月 7 日，第 3 版。

[125] 孙志辉：《撑起海洋战略新产业》，《人民日报》2010 年 1 月 4 日，第 20 版。

[126] 胡锦涛：《坚定不移沿着中国特色社会主义道路前进　为全面建成小康社会而奋斗》，《人民日报》2012 年 11 月 9 日，第 1 版。

[127] 都晓岩：《泛黄海地区海洋产业布局研究》，博士学位论文，中国海洋大学，2008。

[128] 付会：《海洋生态承载力研究》，博士学位论文，中国海洋大学，2009。

[129] 徐敬俊：《海洋产业布局的基本理论研究暨实证分析》，博士学位论文，中国海洋大学，2010。

[130] 纪明：《低碳经济背景下的碳博弈问题研究》，博士学位论文，吉林大学，2011。

[131] 国家海洋局科技司：《欧洲综合海洋科学计划》，国家海洋局信息中心译，2003。

[132] 陈明建：《海洋功能区划中的空间关系模型及其 GIS 实现（以莱州湾为例）》，中国海洋大学海洋环境学院研究报告，2003。

[133] 国家海洋局：《中国海洋环境状况公报（1999—2015）》，中国海洋信息网，http://www.coi.gov.cn/gongbao/huanjing/。

[134] 国家海洋局：《中国海洋经济统计公报（1999—2015）》，中国海洋信息网，http://www.coi.gov.cn/gongbao/jingji/201603/t20160308_33765.html。

[135] 《国民经济和社会发展第十二个五年规划纲要》，中央政府门户网站，http://www.gov.cn/2011lh/content_1825838.htm。

[136] 《中华人民共和国国民经济和社会发展第十三个五年规划纲要》，新华网，http://news.xinhuanet.com/politics/2016lh/2016-03/17/c_1118366322.htm。

[137] 张坤：《21 世纪加拿大海洋战略》，http://www.comra.org/dyzl/050729.

htm，最后访问日期：2005 年 12 月 18 日。

[138] Herbert Marcuse, *Ounter-revolution and Revolt* (Boston: Beacon Press, 1972).

[139] William Leiss, *The Limits to Satisfaction* (Toronto: University of Toronto Press, 1976).

[140] Martinez-Alier, J., "Ecological Economics: Energy, Environment, and Society," Blackwell Ambridge, 1987.

[141] William Leiss, *The Limits to Satisfaction: An Essay on the Problem of Need and Commodities* (McGill: Queen's University Press, 1988).

[142] Costanza, R., *Ecological Economics: the Science and Management of Sustainability* (New York: Columbia University Press, 1991).

[143] Reiner Grundmann, *Marxism and Ecology* (Oxford: Oxford University Press, 1991).

[144] Andre Gorz, *Capitalism, Socialism, Ecology* (London and New York: Verso, 1994).

[145] Wackernagel, Mathis, William Rees, "Our Ecological Footprint", *Gabriola, British Columbia and Philadelphia*, Pennsylvania: New Society Publishers, 1995.

[146] Herman, E., *Daly Beyond Growth: The Economics of Sustainable Development* (Boston: Beacon Press Books, 1996).

[147] John Bellamy Foster, *Ecology Against Capitalism* (New York: Monthly Review Press, 2002).

[148] Holling, C. S., "The Resilience of Terrestrial Ecosystems: Local Surprise and Global Change," in Clark, W. C. and Munn, R. E., eds., *Sustainable Development of the Biosphere* (Cambridge: Cambridge University Press, 1986).

[149] Fatrell M. J., "The Measurement of Productive Efficiency," *Journal of the Royal Statistical Society*, 120 (3), 1957.

[150] Daly, Herman, "On Economics as a Life Science," *Journal of Political*

Economy, 76, 1968.

[151] Clark, C. W., "The Economics of Overexploitation," *Science*, 1973.

[152] Golley, F. B., "Rebuilding a Humane and Ethical Decision System for Investing in Natural Capital," in A. M. Jansson, M. Hammer, C. Folke, and R. Costanza, eds., *Investing in Natural Capital: the Ecological E-conomics Approach to Sustainability* (Washington DC: Island press, 1994).

[153] Rimmer, P, J., "A Conceptual Framework for Examining Urban and Regional Transport Needs in Southeast Asia," *Pacific View*, 57 (1), 1977.

[154] Pontecorvo G., Wilkinson M., et al., "Contribution of the Ocean Sector to the U. S. Economy," *Science*, 208, 1980.

[155] Cook, E., "The Consumer as Creator: A Criticism of Faith in Limitless Ingenuity," *Energy Exploration and Exploitation*, (3) 1982.

[156] Briggs, H., Townsend, R., Wilson, J., "An Input-output Analysis of Maine's Fisheries," *Marine Fisheries Review*, 44 (1), 1983.

[157] Fare, Rolf, Shawna Grosskoft, Mary Norris, "Productivity Growth, Technical Progress, and Efficiency Change in Industrialized Countries: Reply," *American Economic Review* (87), 1997.

[158] Cleveland, C. J., "Biophysical Economics: Historical Perspective and Current Research Trends," *Ecological Modeling*, 38, 1987.

[159] Hayuth, Y., "Rationalization and Deconcentration of the US Container port System," *Professional Geographer*, 40 (5), 1988.

[160] Proops, J. L. R., "Ecological Economics: Rationale and Problem Are-as," *Ecological Economics*, 1, 1989.

[161] Costanza, R., "What is Ecological Economics," *Ecological Economics*, 1989.

[162] Victor, P., "Indicators of Sustainable Development: Some Lessons from Capital Theory," *Ecological Economics*, 4, 1991.

[163] Costanza, R. , H. E. , Daly, "Natural Capital and Sustainable Development," *Conservation Biology*, 6, 1992.

[164] Di Jin, Hauke L. , Kite-Powell, Eric Thunberg, Andrew R. Solow, Wayne K. Talley, "A Model of Fishing Vessel Accident Probability," *Journal of Safety Research*, 33, 2002.

[165] Di Jin, Porter Hoagland, Tracey Morin Dalton, "Methods Linking Economic and Ecological Models for a Marine Ecosystem," *Ecological Economics*, 46 (3), 2003.

[166] Yohei Sasakawa, "Reflections on Marine Day," *Hip & Ocean Newsletter Selected Papers*, (95), 2004.

[167] Geoff W. , Escott, "The Theory and Practice of Coastal Area Planning: Linking Strategic Planning to Local Communities," *Coastal Marragement*, 32, 2004.

[168] Shunsuke Managi, James J. Opaluch, Di Jin, Thomas A. , Grigalunas, "Technological Change and Petroleum Exploration in the Gulf of Mexico Original Research Article," *Energy Policy*, 33 (5), 2005.

[169] Gouverna, Elisabeth, et al. , "Dynamics of Change in the Port System of the Western Mediterranean Sea," *Maritime Policy and Management*, 2005.

[170] Ir, Cathy Plasman, "Implementing Marine Spatial Planning: A Policy Perspective," *Marine Policy*, 32, 2008.

[171] Paul M. , Gilliland A. , Dan Laffoley, "Key Elements and Steps in the Process of Developing Ecosystem Based Marine Spatial Planning," *Marine Policy*, 32, 2008.

[172] Larry Crowder, Elliott Norse, "Essential Ecological Insights for Marine Ecosystem Based Management Marine Spatial," *Marine Policy*, 32, 2008.

[173] Malte Faber, "How to be an Ecological Economist," *Ecological Economics*, 66 (1), 2008.

[174] Stefan Baumgartner, Martin Quaas, "What is Sustainability Economics," *Ecological Economics*, 69 (3), 2010.

［175］University of Wollongong, "Marine Policy," *Tropical Coasts*, (5) 2004; Alistair Mcllgorm, "What can Measuring the Marine Economies of Southeast Asia Tell Us in Times of Economic and Environmental Change," *Tropical Coasts*, 16 (1), 2009.

［176］B. Golany, Y. Roll, "An Application Procedure for DEA," OMEGA Int. J, of Mgmt Sci. , 17 (3), 1989.

［177］Costanza, R. , B. M. , Hannon. , "Dealing with the 'Mixed Units' Problem in Ecosystem Network Analysis," Wulff F. Field J. G. , Mann K. H. , eds. , *Network Analysis of Marine Ecosystems: Methods and Applications*, *Coastal and Estuarine Studies Series*, (Springer-Verlag, Heidleberg, 1989).

［178］Boulding, K. , "The Economics of the Coming Spaceship Earth," Jarrett H. , ed. , *Environmental Quality in a Growing Economy* (Baltimore: The Johns Hopkins University Press, 1966).

［179］El Serafy, S. , "The Environment as Capital," Costanza R. , Ecological Economics, *The Science and Management of Sustainability* (New York: Columbia University Press, 1991).

［180］Viederman, S. , "Public Policy: Challenge to Ecological Economics," Jansson A. M. , Hammer M. , Folke C. , Costanza R. , eds. , *Investing In natural Capital: the Ecological Economics Approach to Sustainability* (Washington DC: Island Press, 1994).

［181］Rorholm Niels, "Economic Impact of Marine-oriented Activities: A Study of the Southern New England Marine Region," *University of Rhode Island*, Dept. of Food and Resouce Economics, 1967.

［182］"Gross Product Originating from Ocean: Related Activities," *Bureau of Economic Analysis*, Washington DC, 1974.

［183］Alistair Mcllgorm, "Economic Value of the Marine Sector Across the APEC Marine Economies," *Draft Report to the APEC Marine Resource Conservation Working Group Project* (The Centre for Marine Policy, University of Wollongong, Australia, 2004).

[184] Fishery and Oceans Canada, "Canada's Oceans Action Plan for Present and Future," 2005 – 12 – 18, http://www. dfo-mpo. gc. ca/oceans— habitat/oceans/oap-pao/pdf/oap_e. pdf.

[185] NERC, "Oceans 2025," 2008 – 12 – 16, http://www. oceans2025. org/PDFs/Oceans_2025. pdf.

[186] The Committee of Ocean Policy, "U. S. Action Plan," 2008 – 12 – 16, http://ocean. ceq. gov/oap—update012207. pdf.

后 记

很喜欢那首赞美诗，是因为它的歌词——"蓝天是白云最美的故乡，大地是小草生长的地方，海洋是河流安歇的暖房，梦想是未来幸福天堂……"每次听到它，我都不禁会想：梦想是什么？到底哪里才是人类憩息的天堂？记得很清楚，第一次接触"海洋经济"是 2010 年年初的一个晚上，在恩师纪玉山教授家门口的那个叫作"时间牛排"的餐厅，与老师和几位师兄、师姐一起吃饭、聊天。当老师提出这个概念时我的脑袋一片混沌，却未曾想，自此，我置身于海洋世界不能自拔。

其实，早在古希腊时代，海洋学家狄米斯托克就曾预言，"谁控制了海洋，谁就控制了一切"。随着人类社会以各种姿态向海洋的大举进军，国际海洋竞争也变得日趋激烈。尤其是自 20 世纪 90 年代开始，海洋逐渐吸引着越来越多国家的关注。1994 年，《联合国海洋法公约》正式生效，沿海各国拥有了属于自己的海洋国土，各国需捍卫的主权疆域也从陆地扩展到了远洋。自 1998 年被联合国命名为国际海洋年后，各沿海国家更是纷纷建立海洋综合管理机构和海洋战略研究机构，开始制订和实施国家海洋方案。进入 21 世纪后，世界主要海洋国家纷纷调整各自的海洋发展战略，如美国、加拿大、澳大利亚、韩国和日本等国家均根据本国国情制定出新的海洋发展战略。在对本国主权管辖海域加以开发、利用和保护的同时，加紧向海底和大洋的勘探开发，意欲向广袤的海洋索取战略资源，争取在海洋中的有利地位和战略利益。

但人类对陆域资源的疯狂掠夺带来的种种后果时刻提醒着我们在对海洋资源的开发利用过程中，必须走集约型的发展道路，注意海洋发展的可持续性。很多人对雨果的这句话很熟悉："在这个世界上，比陆地宽广的是海洋，比海洋宽广的是天空，比天空还要宽广的，是人的心灵。"人类、自然、社会的和谐共处的根本在于人类本身的选择，人的心灵才是人类永远的憩息地。因此，对于海洋这块地球上最后的开辟疆域，人类到底选择怎样的耕耘方式，则是决定着人类未来的生存与发展的关键。

中国是一个历史悠久的海洋大国，拥有着丰富的海洋资源和海洋发展经验。早在三国时期就有人提出"舟辑为舆马，巨海化夷庚"的海洋发展战略；2000多年前的韩非子就有着"寄形于天地而万物备，历心于山海而国家富"的海洋意识。尽管如此，受传统"重陆轻海"思想以及各种战争因素的影响，中国的海洋事业一直未得到真正的振兴。自20世纪60年代在中国近海发现油气资源开始，中国与周边国家的海洋权益之争也是越来越频繁，尤以东海、南海海域为甚。日菲越等国不断采用各种手段妄图霸占中国南海、东海岛屿，掠夺海洋资源。日本在东海对钓鱼岛进行非法"国有化"，菲律宾在南沙群岛多次因海域的主权问题与我方进行对峙，越南也因西沙群岛之争与中国冲突不断。这些海权争端无不源于对海洋资源的抢夺。随着海洋技术的发展，海洋资源的国际竞争形势日趋严峻，未来几十年乃至一百年，中国与邻国的海洋冲突仍将不可避免，这是中国走向海洋大国的必由之路。

新中国成立后，从诸多沦丧的海权被收回开始，中国海洋经济才迎来了真正腾飞的曙光。尤其是自20世纪90年代席卷整个沿海地区的海洋开发热潮蔓延开始，海洋经济得到了持续快速的发展。"十一五"期间，中国海洋经济平均增长13.5%，持续高于同期国民经济增速。到2015年，全国海洋生产总值已高达64669亿元，比上年增长7.0%，海洋生产总值占国内生产总值的9.6%。其中，海洋产业增加值为38991亿元，海洋相关产业增加值为25678亿元。海洋经济在整个国民经济体系中发挥着越来越重要的作用，已逐步成为中国建设海洋强国和21世纪海上丝绸之路国家战略的重要支撑和中国经济可持续发展的新增长点。

近些年来，中国的海洋经济已取得了一些可喜的成绩，而海洋经济的发展也越来越被国家重视，目前海洋经济的发展已经上升至国家发展战略层面，海洋经济的发展问题已从理论走向实践，成为中国经济发展的科学基础。但与此同时，在中国的海洋开发过程中，如海洋资源开发利用无序、海洋生态环境负荷过载、海洋科学技术不能适应海洋经济发展、海洋经济制度体系不够健全等许多影响海洋经济可持续发展的问题陆续出现，并随着海洋经济在中国国民经济发展中地位的提升逐渐引起全国各界人士的重视。尤其是在新常态背景下，中国海洋经济发展所处的内部和外部发展环境都发生了深刻变化，发展高质量的蓝色 GDP 对于建设海洋强国以及经济健康发展的重要意义进一步凸显。在新时期，中国到底应选择以怎样的方式来发展海洋经济，如何将"创新、协调、绿色、开放、共享"五大发展理念与可持续发展理念融入海洋经济发展中，则是发展海洋经济的重中之重。

在近年来的科研心血付梓之际，内心的感恩之情无以言表。感谢恩师纪玉山教授把我"推下海"，对于恩师敏锐的科研嗅觉，不得不由衷地敬佩和折服！感谢王倩师姐、纪明师弟、刘洋师弟对我的无私帮助，你们的鼓励和支持是我最大的财富！但由于海洋经济属新兴学科，国内外研究成果较少，相关文献资料有限，尤其是在做实证研究过程中，受数据资料的限制，错漏难免，敬请读者不吝批评指正。

程　娜

2017 年 3 月 22 日

图书在版编目(CIP)数据

可持续发展视阈下中国海洋经济发展研究／程娜著
. -- 北京：社会科学文献出版社，2017.6
ISBN 978 - 7 - 5201 - 0889 - 8

Ⅰ.①可… Ⅱ.①程… Ⅲ.①海洋经济 - 经济发展 -
研究 - 中国 Ⅳ.①P74

中国版本图书馆 CIP 数据核字(2017)第 123365 号

可持续发展视阈下中国海洋经济发展研究

著　　者／程　娜

出 版 人／谢寿光
项目统筹／高　雁
责任编辑／颜林柯　崔红霞

出　　版／社会科学文献出版社·经济与管理分社 (010) 59367226
　　　　　　地址：北京市北三环中路甲 29 号院华龙大厦　邮编：100029
　　　　　　网址：www.ssap.com.cn
发　　行／市场营销中心 (010) 59367081　59367018
印　　装／三河市尚艺印装有限公司

规　　格／开　本：787mm × 1092mm　1/16
　　　　　　印　张：17.5　字　数：266 千字
版　　次／2017 年 6 月第 1 版　2017 年 6 月第 1 次印刷
书　　号／ISBN 978 - 7 - 5201 - 0889 - 8
定　　价／75.00 元